CAX工程应用丛书

SketchUp

8.0 中文版 从入门到精通

丁源 崔鹏 编著

清华大学出版社

北 京

内 容 简 介

本书从实际操作者的角度深入浅出地讲解了 SketchUp 8.0 的详细功能，并结合作者丰富的设计作图经验，分别用实例介绍 SketchUp 运用于建筑、室内、景观设计的不同侧重点及其相关技巧，基本涵盖了 SketchUp 在设计中所运用的相关范围。本书共 18 章，其中第 1~5 章为基础讲解，第 6~18 章为应用案例。基础部分包括 SketchUp 基础知识、工作界面、绘图环境设置、常用绘图工具、建模思路的使用方法等；案例部分包括室内设计、建筑设计和景观设计等应用。本书配有多媒体教学光盘和大量模型文件，以提高读者的学习效率，方便上机演练。

本书图文并茂、重点突出，既可作为大中专院校、高职院校建筑设计、室内设计、景观设计专业以及社会相关培训班的教材，也可以作为 SketchUp 建筑设计初学者及建筑设计人员的自学用书。

图书在版编目（CIP）数据

SketchUp 8.0 中文版从入门到精通 / 丁源，崔鹏编著.—北京：清华大学出版社，2013
　（CAX 工程应用丛书）
ISBN 978-7-302-33757-7

Ⅰ.①S… Ⅱ.①丁… ②崔… Ⅲ.①建筑设计－计算机辅助设计－应用软件 Ⅳ.①TU201.4

中国版本图书馆 CIP 数据核字（2013）第 211418 号

责任编辑：王金柱
封面设计：王　翔
责任校对：闫秀华
责任印制：王静怡

出版发行：清华大学出版社
　　　网　　址：http://www.tup.com.cn，http://www.wqbook.com
　　　地　　址：北京清华大学学研大厦 A 座　　　　邮　编：100084
　　　社 总 机：010-62770175　　　　　　　　　　邮　购：010-62786544
　　　投稿与读者服务：010-62776969，c-service@tup.tsinghua.edu.cn
　　　质 量 反 馈：010-62772015，zhiliang@tup.tsinghua.edu.cn
印 装 者：北京鑫海金澳胶印有限公司
经　　销：全国新华书店
开　　本：190mm×260mm　　　　**印　张**：23.75　　　　**字　数**：608 千字
　　　　　　（附光盘 1 张）
版　　次：2013 年 11 月第 1 版　　　　　　　　**印　次**：2013 年 11 月第 1 次印刷
印　　数：1～3000
定　　价：59.00 元

产品编号：048054-01

前言

SketchUp 是相当简单易学的强大工具，即便是不熟悉计算机的建筑师也可以很快地掌握它。它融合了铅笔画的优美与自然笔触，可以迅速地建构、显示和编辑三维建筑模型，同时拥有强大的软件接口，能与多种主流设计软件交换数据，如：AutoCAD、3ds Max、Piranesi 等。随着 SketchUp 软件的普及，越来越多的软件推出了与之相关的导出插件，从而与它更好地兼容。

SketchUp 8.0 是一个更加人性化、智能化的三维设计软件，它在以往版本的功能基础上增加了一些新的使用功能和工具，使软件的功能更加完善和强大。例如在工具栏中增加了一键还原工具，在电脑自动重置时，不需要再手动复原，具体的新功能将会在第一章中有介绍。

本书以 SketchUp 8.0 为软件平台，详细讲述了 SketchUp 8.0 建筑设计、景观设计和室内设计的绘制方法。书中所讲解的内容均是一名优秀的室内设计师必备的 SketchUp 8.0 绘图知识，同时书中给出了大量来自建筑设计行业实践应用的典型案例。以 SketchUp 8.0 软件使用功能为主线，针对每个知识点辅以相应的实例进行了详细讲解，使读者能够快速、熟练、深入地掌握 SketchUp 8.0 软件的使用技巧。

全书主要分为两个部分：基础知识和案例讲解部分，其中基础知识包括第 1~5 章，案例包括第 6~18 章。

第 1 章　介绍 SketchUp 8.0 中文版操作界面和绘图环境的设置方法，SketchUp 8.0 的 7 种显示方式、软件的打开与保存的方法等。

第 2 章　介绍 SketchUp 8.0 绘图工具，包括最基础的绘制二维图形的方法，根据讲解过程给出了相应的绘制实例。

第 3 章　介绍 SketchUp 8.0 常用工具，包括编辑工具、标准工具、坐标轴工具以及相机工具栏、视野工具栏和漫游工具栏的使用，帮助读者学会使用基本的绘图与修改操作工具及编辑对象特性的方法等内容。

第 4 章　介绍 SketchUp 8.0 辅助绘图工具，主要包括工具栏的介绍与绘图设置等内容。

第 5 章　介绍 SketchUp 8.0 的建模思路，包括创建群组工具和对"面"的详细讲解。

第 6 章　介绍如何使用 SketchUp 8.0 来绘制室内家具，包括电视柜、办公桌以及展示柜等。

第 7 章　介绍利用 SketchUp 8.0 绘制景观建筑小品，如景观亭、廊架及休闲广场遮阳伞等。

第 8 章　介绍使用 SketchUp 8.0 软件绘制一个简单的别墅模型及其周边环境的设计，是将前面学习的基础工具全面运用的一个综合性小实例。

第 9 章　介绍景观园林的小庭院设计，在建模的基础上赋予恰当的材质，添加应景的组件，以丰富场景，是景观园林专业学习的一个很好的案例。

第 10 章　介绍运用 SketchUp 8.0 绘制单元住宅楼，包括建筑外立面、窗户及阳台的绘制方法，楼体的美化以及添加配景。

第 11 章　介绍使用 SketchUp 8.0 软件绘制一个欧式办公楼，相对于前面的案例，增加了绘制难度及细节，可以在熟练使用的基础上，更加深入运用到 SketchUp 8.0 的一些不常用的工具。

第 12 章　介绍 SketchUp 8.0 软件与 CAD 软件、天正软件之间的导入导出的方法。

第 13 章　介绍使用 SketchUp 8.0 绘制现代的住宅楼设计，包括 CAD 平面图的导入、每层建筑立面的绘制及后期处理。

第 14 章　介绍使用 SketchUp 8.0 软件绘制一个屋顶花园以及屋顶花园的设计手法和必备的元素。

第 15 章　介绍一个住宅单元的绘制步骤，包括小区的建筑及景观，是一个综合的案例。

第 16 章　介绍一个住宅小区的绘制步骤，与上一章的风格不同，但运用的工具大体相同。

第 17 章　介绍运用 SketchUp 8.0 绘制一个城市休闲广场，包括景观设计和公共设施的绘制。

第 18 章　详细介绍一个居住小区的景观设计，从绿化到铺装，景观小品及水景的设计与绘制方法，是一个非常详细、丰富的景观设计的讲解实例。

本书图文并茂、重点突出，既可作为大中专院校、高职院校以及社会相关培训班的教材，也可以作为 SketchUp 建筑设计初学者及建筑设计人员自学用书。本书中有部分实例采用 CAD 软件制作的平面图纸，图纸及模型文件在随书光盘相应的章节中提供读者学习使用。

本书中的操作步骤是绘图途径中的一种，而不是唯一的绘制方法，也可以使用其他方法解决，读者可以自行尝试。本书中的"注意"为本步操作的注意点，否则可能造成操作不成功。本书中每步操作的目的已经在前注明，方便读者理解处理此问题的思想脉络。

本书主要由丁源、崔鹏执笔编写，何嘉扬、张杨、周文华、丁学英、吕广宪、孙万泉、黄利、王清、唐明明、黄利、吴永福、郑明辉、刘力、陈磊、李秀峰、张小勇也参与了部分章节的编写。虽然作者在本书的编写过程中力求叙述准确、完善，但由于水平有限，书中欠妥之处在所难免，希望读者和同仁能够及时指出，共同促进本书质量的提高。

读者在学习过程中遇到与本书有关的问题，可以发邮件到编者邮箱 comshu@126.com，编者会尽快给予解答。

编者

2013.9

目录

第 1 章　SketchUp 的界面与绘制环境

　　SketchUp 是一套直接面向设计方案创作过程的设计工具，其创作过程不仅能够充分表达设计师的思想而且完全满足与客户即时交流的需要,它使得设计师可以直接在电脑上进行十分直观的构思,是三维建筑设计方案创作的优秀工具。

📥 学习目标

- SketchUp 简介
- SketchUp 的工作界面
- SketchUp 的绘图环境
- SketchUp 的显示方式
- SketchUp 的物体选择方式
- SketchUp 的阴影设置

1.1　SketchUp简介

　　在建筑设计中,一份好的设计方案通常需要用精美的效果图来展现,可以是手绘的也可以是软件制作的。如今,建筑设计类软件已不仅仅是制作最终效果图的工具,也日益成为辅助设计的一种软件。

　　SketchUp 8.0 是一个极受欢迎且易于使用的 3D 设计软件,常用于建筑效果图、景观规划效果图、室内设计效果图和工业设计效果图等的制作。

　　在创作过程中,用户可以通过相对简单的操作实现复杂的设计效果,这不但为设计师带来了边设计边表现的全新体验,也使设计师与客户之间的即时沟通与同步思维成为可能,因此简便易行的操作成为了 Google SketchUp 在功能方面的一大特色。

　　草图大师 SketchUp 是一个表面上极为简单,实际上却令人惊讶地蕴含着强大功能的构思与表达的工具,草图大师可以极其快速和方便地对三维创意进行创建、观察和修改。传统铅笔草图的优雅自如, 现代数字科技的速度与弹性,通过草图大师得到了完美结合。

　　草图大师与通常过多地让设计过程去配合软件完全不同,他是专门为配合设计过程而研发的。在设计过程中,通常习惯从不十分精确的尺度、比例开始整体的思考,随着思路的进展不断添加细节。当然, 如果你需要,你可以方便快速进行精确的绘制。

　　并且现在 SketchUp 8.0 也相应地出了一系列的渲染工具和相应的软件,成为基本可以独立出效果图纸,渲染结果最终图的软件。也就是说它正在从设计构思向设计完成品兼收发展。Google SketchUp 能够让你自由创建 3D 模型,同时还可以将制作成果发布到 Google Earth 上和其他人共享, 或者是提交到 Google's 3D Warehouse。

当然也可以从 Google's 3D Warehouse 得到想要的素材，以此作为创作的基础。具体功能：SketchUp 8.0 能把 3D 的建筑场景以 NPR 手绘风格化渲染输出。除了建筑师用于满足客户的要求外，漫画家、插画家也可以用来代替大量重复背景的绘制。

1.2 SketchUp的打开与保存

SketchUp 的打开和保存的方法和常用的绘图软件相似，都是在菜单栏中的文件的下拉菜单中控制。

1. 打开

SketchUp 有两种打开方法：

- 在电脑桌面上，找到 SketchUp 的快捷图标，如图 1-1 所示。
- 双击鼠标左键，或者在快捷方式上单击鼠标右键，弹出下拉菜单，选择"打开"，如图 1-2 所示。

图 1-1 快捷图标

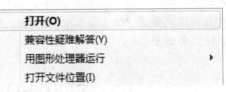

图 1-2 下拉菜单

2. 保存

SketchUp 有两种保存方法：

- 打开软件后，单击菜单栏中的"文件"→"保存"命令，首次保存模型，将弹出"另存为"对话框，选择图纸要保存的位置，并在选择区下方，"文件名"处输入模型名称，单击"确定"按钮即可，如图 1-3 所示。
- 如果是第二次以上保存图纸，单击菜单栏中的"文件"→"保存"，或按 Ctrl+S 键，图纸内容将自动保存至上一次保存的位置。

图 1-3 保存模型

1.3　SketchUp的工作界面设置

SketchUp 的主要部分包括标题栏、菜单栏、工具栏、绘图区、状态栏以及数值输入框。下图显示了 SketchUp 用户界面，如图 1-4 所示。

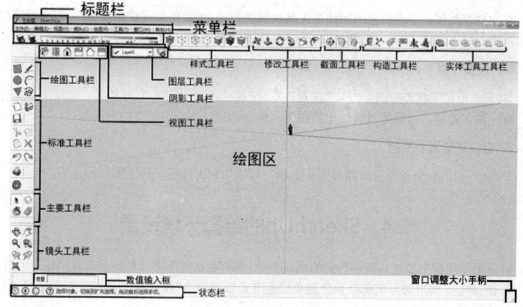

图 1-4　SketchUp 用户界面

1．标题栏

标题栏包含右侧的标准 Microsoft Windows 控件（关闭、最小化和最大化）和当前打开的文件的名称。

当您启动 SketchUp 时会显示一个空白的绘图区。如果标题栏显示空白文件的名称为"无标题"，这表示尚未保存。

2．菜单栏

标题栏下方显示菜单。大多数的 SketchUp 工具、命令和设置都可以在这些菜单中找到。这些菜单包括：文件、编辑、视图、镜头、绘图、工具、窗口和帮助，如图 1-4 所示。

3．工具栏

工具栏位于应用程序左侧、菜单下方，包含一套用户定义的工具和控件。SketchUp 启动时会打开"开始"工具栏。在"视图"→"工具栏"菜单下选择"工具栏"即可显示其他工具栏。

4．绘图区

绘图区是创建模型的区域。绘图区的 3D 空间通过绘图轴标识出来。绘图轴是三条互相垂直且带有颜色的直线。这些轴帮助您在工作时感受 3D 空间的方向感。绘图区还包含一个简单的人物模型，让人有 3D 空间的感觉。

5. 状态栏

状态栏是位于绘图区下方的一块长长的灰色矩形区域，如图 1-5 所示。

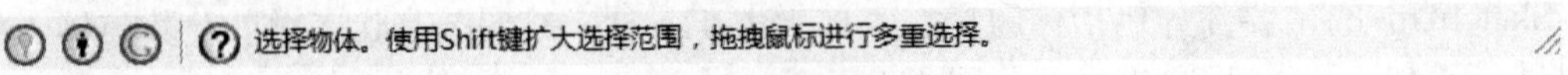

选择物体。使用Shift键扩大选择范围，拖拽鼠标进行多重选择。

图 1-5　状态栏

状态栏左侧显示了当前使用的绘图工具的相关提示，包括使用键盘快捷键即可完成的特殊功能。查看状态栏可了解各种 SketchUp 8.0 工具的高级功能。

6. "度量"框

"度量"框位于状态栏的上方。"度量"框会在绘制过程中显示尺寸信息。此外，可在"度量"框中输入数值，以操控当前选定的图元，例如创建一条特定长度的直线等。

7. 窗口调整大小手柄

"度量"框的右侧就是窗口调整大小手柄，可以用来更改应用程序窗口的大小。

1.4　SketchUp的绘图环境设置

设置绘图环境主要就是调整当前的系统单位，将其默认状态下的单位改为我国建筑业常用的"毫米"单位。如果每一次都要设位置单位会非常繁琐且浪费时间，这样可以在设置好之后，使用单位模板。

1.4.1　设置单位

SketchUp 在默认的情况下是以美制"英寸"为绘图单位的。通常将系统的绘图单位改为我国规范中的要求——"公制毫米"，精度为"0mm"。具体操作步骤如下：

步骤01 单击"菜单"栏→"窗口"→"模型信息"命令，弹出"模型信息"对话框中选择"单位"选项，单击"格式"右边的倒三角，选择"十进制"、"毫米"，精确度选择"0.0mm"，如图 1-6 所示。

步骤02 按 Enter 键完成绘图单位的设置。

1.4.2　使用模板

如果每一次绘图都要设置绘图环境，会很繁琐。在 SketchUp 中可以直接调用"模板"来绘图，"模板"中绘图的环境已设置好。具体操作步骤如下：

步骤01 单击"菜单"栏→"窗口"→"系统使用偏好"命令，弹出"系统使用偏好"对话框，在"模板"列表中选择"建筑设计-毫米"，这是以公制毫米为单位的建筑设计作图环境模板，如图 1-7 所示。

步骤02 但此时系统并不是以"毫米"为单位模板。需要关闭 SketchUp，然后重新启动软件，系统才装载指定的毫米模板。

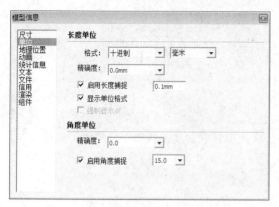

图 1-6　修改后的绘图单位

图 1-7　"系统使用偏好"对话框

实际上在第一次使用 SketchUp 软件时就应该加载"毫米 2D"模板，这是一个一劳永逸的做法，以后作图就不需要再设置绘图单位了。

另外，如果系统默认的模板难以满足需求，读者可以自行设置常用的绘图环境，存为自己的模板。具体操作步骤如下：

步骤 01　选择"文件"→"另存为模板"命令，弹出"保存为模板"对话框。

步骤 02　输入自定义的名称，然后单击"注释"列表，编辑定义模板绘图环境信息。勾选"设置为默认模板"复选框，单击"保存"按钮，即完成模板保存。

1.4.3　设置场景的坐标系

与其他三维建筑设计软件一样，SketchUp 也使用坐标系来辅助绘图。

打开 SketchUp，当视图处于二维视图时，绘图区显示两条轴线，红色轴线代表水平直线即 Y 轴，绿色轴线代表与红轴位于同一水平面并且垂直于红轴的 X 轴；当视图处于三维视图时，即透视图，红色与绿色轴线不变，多出一条与红色、绿色垂直的蓝色轴线，即 Z 轴。

根据设计师的需要，可以对默认的坐标轴的原点、轴向进行更改。具体操作步骤如下：

步骤 01　单击"构造"工具栏中的"坐标轴"按钮 ，重新定义坐标系统，可以看到此时屏幕中的鼠标指针变成了一个坐标轴，如图 1-8 所示。

步骤 02　移动鼠标到需要重新定义的坐标原点，单击鼠标左键，完成原点的定位。

步骤 03　转动鼠标到红色的 Y 轴需要的方向位置，单击鼠标左键，完成 Y 轴的定位。

步骤 04　再转动鼠标到绿色的 X 轴方向，单击鼠标左键，完成 X 轴的定位。

步骤 05　此时可以看到屏幕的坐标系已经被重新定义了。

如果想在绘图时出现如图 1-9 所示的用于辅助定位的十字光标，就像在 AutoCAD 中绘图的十字光标一样，可以通过以下步骤来实现：

图 1-8　鼠标指针的变化

图 1-9　辅助定位的十字光标

步骤 01　单击"菜单"栏→"窗口"→"系统使用偏好"命令，弹出"系统使用偏好"对话框，选择"绘图"选项，如图 1-10 所示。

步骤 02　在"绘图"栏中选中"显示十字准线"复选框即可完成。

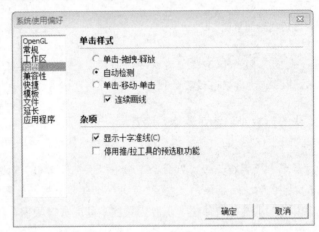

图 1-10　选择"绘图"选项

本节中讲解的"设置场景坐标轴"与"显示十字准线"这两个操作并不常用，特别对于初学者来说，只需了解即可。

1.4.4　工具栏的调用

单击"菜单"栏→"查看"→"工具栏"命令，把常用到的命令打开，勾选"大工具栏"、"风格"、"图层"、"阴影"、"标准"、"视图"工具命令，方便在绘图中使用，提高绘图效率。

1.5　SketchUp的7种显示方式

在做设计方案时，设计师为了让甲方能更好地了解方案形式，理解设计意图，往往会从各种角度、用各种方式来表达设计效果。SketchUp 作为面向设计的软件，提供了大量的显示模式，以便设计师选择表现手法。

在做室内设计时，周围都有闭合的墙体。如果要观察室内的构造，就需要隐去一部分墙体，但隐藏墙体后不利于房间整个效果的观察。由于有些计算机的硬件配置较低，因此需要经常在"线框"模式与"实体显示"模式之间切换。而在 SketchUp 中通过"样式"工具栏很容易实现这种切换。

　　SketchUp 提供了一个"样式"工具栏，该工具栏共有 7 个按钮，分别代表了模型常用的 7 种显示模式。这 7 个按钮的功能从左到右依次是"X 射线"、"后边线"、"线框"、"消隐"、"着色（阴影）"、"材质贴图"、"单色"。SketchUp 默认情况下选用的是"材质贴图"模式。

- "X 射线"按钮的功能是使场景中所有的物体都透明化，就像用"X 光"照射的一样。在此模式下，可以在不隐藏任何物体的情况下非常方便地查看模型内部的构造，如图 1-11 所示。

图 1-11　"X 射线"模式

- "后边线"按钮的功能是将场景中的所有物体的看不见的部分以虚线的方式显示，在这种模式下场景中模型的材质、贴图和面都是有效的，但此模式下的显示速度非常快，如图 1-12 所示。

图 1-12　"后边线"模式

- "线框"按钮的功能是将场景中的所有物体以线框的方式显示，在这种模式下场景中模型的材质、贴图和面都是失效的，但此模式下的显示速度非常快，如图 1-13 所示。

图 1-13　"线框"模式

● "消隐"按钮的功能是在"线框"的基础之上将被挡在后面的物体隐去，以达到"消隐"的目的。此模式更加有空间感，但是由于在后面的物体被消隐，无法观测到模型的内部，如图 1-14 所示。

● "着色"按钮的功能是在"消隐"的基础上将模型的表面用颜色来表示，如图 1-15 所示。这种模式是 SketchUp 默认的显示模式，在没有指定表面颜色的情况下系统用风格中设定好的前景色来表示正面，用背景色表示反面。

图 1-14　"消隐"模式

图 1-15　"着色"模式

- "材质贴图"按钮的功能是在场景中的模型被赋予材质后，显示出材质与贴图的效果，如图 1-16 所示。如果模型没有材质，那么此按钮无效。
- "单色"按钮的功能是在"消隐"的基础上用前景色对模型进行填充，以达到将模型与背景颜色区分的目的，如图 1-17 所示。

图 1-16　"材质贴图"模式

图 1-17　"单色"模式

> **技巧提示**　根据 7 种显示模式的不同，要针对具体情况进行选择。例如：在进行室内设计绘图时，由于需要看到内部的空间结构，可以用"X 射线"；绘制建筑方案时，在图纸没有完全绘制好时，可以选择"着色"模式，以提高绘图速度。图形绘制好后，可以使用"材质贴图"模式，使效果更清晰、完美。

1.6　边线显示设置

SketchUp 的中文名称是"建筑草图大师"，即该软件的功能趋向于设计方案的手绘。手绘方案时图形的边线往往会有一些特殊的处理，如两条直线相交时出头、使用有一定弯曲变化的线，这样的表现手法在 SketchUp 中都可以实现。

选择"窗口"→"样式"命令，在弹出的"样式"对话框中选择"编辑"选项卡，然后选择"边线" 选项，如图 1-18 所示。

　　"边线"栏中共有 7 个复选框，分别是"显示边线"、"后边线"、"轮廓"、"深度暗示"、"延长"、"端点"、"抖动"。如图 1-19 所示的水池模型，是这 7 个复选框都没有选中时的显示模型，此时边线是以最细的线条显示。

图 1-18　边线设置

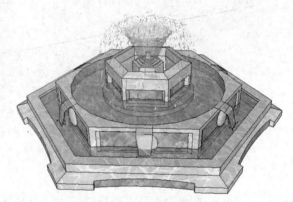

图 1-19　细线显示

- "轮廓"：选中该复选框，系统以较粗的线条显示边界线，如图 1-20 所示。
- "深度暗示"：选中该复选框，系统以非常粗的深色线条显示边界线，如图 1-21 所示。

图 1-20　轮廓线显示

图 1-21　深度暗示显示

- "延长"：选中该复选框，系统在两条或多条边界线相交处用出头的延长线表示，这是手绘线条常用的表现方法，如图 1-22 所示。
- "端点"：选中该复选框，系统在两条或多条边界线相交处用较粗的端点线表示，这也是一种手绘线条的常用表现手法，如图 1-23 所示。

图 1-22　延长显示

图 1-23　端点显示

- "抖动线"：选中该复选框后，模型中两条或多条边界线相交处会出现线条交叉的状态，这也是一种手绘线条的常用表现手法，如图 1-24 所示。

图 1-24　抖动线显示

在"样式"对话框中"边线"栏中的复选框是可以多选的，也就是说可以同时选中几种线型。但不宜过多，否则会影响绘图速度，如有需要，可在绘制好之后再叠加需要的边线效果。

1.7　物体的选择方式

三维软件与二维软件的区别是，相对于二维软件多了一个 Z 轴，代表高度。在选择物体时则要注意到高度方向的选择。在 SketchUp 中，通常的作图模式是先选择物体，再进行后续设计。

1.7.1　一般选择

在 SketchUp 中，选择物体的方法是单击工具栏中的"选择"按钮，操作步骤如下：

步骤 01　单击工具栏中的"选择"按钮，此时屏幕上的光标将变成一个黑色箭头形状。

步骤 02　选中屏幕中的所要选择的物体，被选中的物体用黄色加亮显示，如图 1-25 所示。

步骤 03　单击工具栏中的"选择"按钮，与不同的功能键组合，其组合功能不同。

- 按住 Ctrl 键不放，屏幕上的光标变成 ▸+，此时单击其他物体，可以将其增加到这个选中集合中。
- 按住 Shift 键不放，屏幕上的光标变成 ▸+/-，此时再单击未选中的物体，可以将其增加到选中集合中；单击已选择的物体，则将该物体从选择集合中减去。
- 同时按住 Ctrl 键与 Shift 键不放，屏幕上的光标变成 ▸-，此时单击已选中的物体，则将该物体从选中集合中减去。
- 在已有物体被选择的情况下，单击屏幕空白处，则取消所有的选择。
- 在发出选择指令后，使用 Ctrl+ A 组合键，可以选择屏幕上所有显示的物体。

图 1-25 物体用黄色加亮显示

1.7.2 框选与叉选

框选与叉选是在视图中的两种不同选择方式，可根据绘图中的需要来选择最适宜的选择方式，提高作图效率。

- 框选：是单击工具栏中的“选择”按钮后，用鼠标从屏幕的左侧到屏幕的右侧拉出一个框，这个框是实线框，如图 1-26 所示。只有被这个框完全框进去的物体才被选择，如图 1-27 所示，有两个被实线框框进去的物体是黄色加亮显示状态。

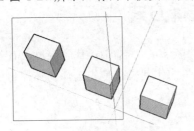

图 1-26 实线框

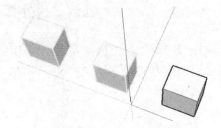

图 1-27 两个物体被选择

- 叉选：是单击工具栏中的“选择”按钮后，用鼠标从屏幕的右侧到屏幕的左侧拉出一个框，这个框是虚线框，如图 1-28 所示。凡是虚线框触碰到的，包括只框选到线的一部分，整根线和面都会被选中，如图 1-29 所示。

第2章 SketchUp 的绘图工具

SketchUp 是一款三维设计软件，所有的模型都是由二维的图形经过编辑后生成的。三维建模的一个最重要的方式就是"从二维到三维"。绘制好二维形体后，将二维形体直接"拉伸"成三维模型。所以二维形体一定要绘制准确，否则拉伸成三维模型再修改会很复杂。本节将介绍二维图形的绘制方法。

📥 学习目标

- SketchUp 矩形工具
- SketchUp 直线工具
- SketchUp 圆形、圆弧工具
- SketchUp 多边形工具
- SketchUp 徒手画笔工具

2.1 矩形工具

在 SketchUp 中包含一个"绘图"工具栏，如图 2-1 所示。"绘图"工具栏中的 6 个工具，分别是"矩形"、"线"、"圆"、"圆弧"、"多边形"和"徒手画笔"。接下来介绍矩形工具的使用方法。

矩形工具通过定位两个对角点来绘制规则的平面矩形，并且自动封闭成一个"面"。发出矩形绘图命令有两种方法：一是单击工具栏中的"矩形" █工具，二是单击"绘图"→"矩形"命令。

图 2-1 "绘图"工具栏

1. 绘制一个矩形

绘制一个矩形的操作步骤如下：

步骤 01 单击"绘图"工具栏中的"矩形" █工具，此时屏幕上的光标变成一支带矩形的铅笔。

步骤 02 在屏幕上单击确定矩形的第一个角点，然后拖动鼠标至所需要的矩形的对角点上，如图 2-2 所示。

步骤 03 在需要的矩形的对角点上再次单击，完成矩形的绘制。SketchUp 将这 4 条位于一个平面的直线直接转换成了另一个基本的绘图单位——面，如图 2-3 所示。

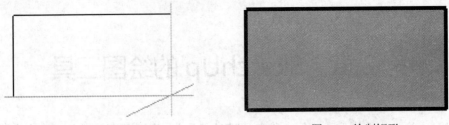

图 2-2　定位矩形对角点　　　　　　　　　　图 2-3　绘制矩形

2. 在几何体平面上绘制矩形

以在一个长方体的一个面上绘制矩形为例，操作步骤如下：

步骤 01　单击"绘图"工具栏中的"矩形"工具，发出绘制矩形的命令。

步骤 02　将光标放置在长方体的一个面上。当光标旁出现"在表面上"字样的提示时，单击鼠标左键确定矩形的第一个角点，并且拖动鼠标，此时的图形在长方体的面上，如图 2-4 所示。

步骤 03　在需要的矩形的对角点上再次单击，完成矩形的绘制。这时可以观察到，原来的一个面被分割成两个面，如图 2-5 所示。

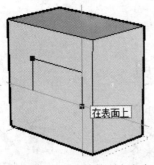
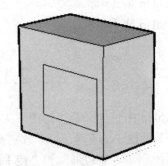

图 2-4　在长方体的面上定点　　　　　　图 2-5　在长方体的面上绘制矩形

　在原有的面上绘制矩形可以完成对面的分割。这样做的好处是在分割后的任意一个面上都可以进行三维的操作，这种方式在建模中经常用到。

3. 使用输入具体尺寸的方法绘制矩形

使用输入具体尺寸的方法来绘制矩形，操作步骤如下：

步骤 01　单击"绘图"工具栏中的"矩形"工具，确定矩形的第一个角点。

步骤 02　在屏幕上拖动鼠标，确定矩形的第二个角点，可以看到屏幕右下角处的数值输入框前出现"尺寸"字样，如图 2-6 所示，表明此时可以输入矩形的尺寸。

步骤 03　输入矩形的"长度，宽度"，然后按 Enter 键，即可完成精确数值的矩形绘制。例如，输入"1000，2000"，即可绘制一个长为 2000mm，宽为 1000mm 的矩形，如图 2-7 所示。

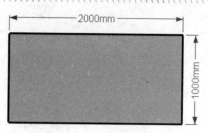

2000mm

1000mm

尺寸 6931mm, 3889mm

图 2-6　"尺寸"字样　　　　　图 2-7　绘制的矩形

　在数值输入框中输入精确的尺寸来作图，是 SketchUp 建立模型的最重要的手法之一。

4．绘制非 XY 平面的矩形

在默认情况下，矩形绘制在 XY 平面中，这与大多数三维软件操作的方法一致。下面介绍如何将矩形绘制到 XZ 和 YZ 平面中，具体操作步骤如下：

步骤 01　单击"绘图"工具栏中的"矩形"工具▬，确定矩形的第一个角点。

步骤 02　拖动鼠标确定矩形的另一个对角点，注意此时在非 XY 平面中定位点。

步骤 03　找到正确的空间定位方向后，按住 Shift 键不放以锁定鼠标的移动轨迹，如图 2-8 所示。

步骤 04　在需要的位置再次单击，可以看到 SketchUp 又把矩形转换成了一个"面"，完成此例的 XZ 平面矩形的绘制，如图 2-9 所示。

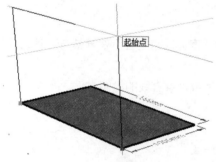
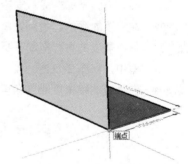

图 2-8　定位空间中的对角点　　　　　图 2-9　XZ 平面中矩形的绘制

　在绘制非 XY 平面的矩形时，定位第二个对角点非常困难，这时往往需要转成三维视图，以达到一个较好的观测角度。

在绘制矩形时，如果长宽比满足"黄金分割"的比率，则在拖动鼠标定位时会在矩形中出现一根虚线表示的对角线，如图 2-10 所示。此时绘制的矩形满足黄金分割比，比例是最协调的。

19

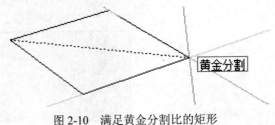

图 2-10   满足黄金分割比的矩形

 矩形的绘制虽然很简单，但是使用频率很高。在各大三维建筑设计软件中，长方形房间大多都是先使用矩形绘制出二维形体，然后拉伸成三维模型的。

2.2   直线工具

SketchUp 在画线工具上比另一个三维设计软件 3ds Max 功能强大，可以直接输入尺寸和坐标点，并且有捕捉功能和追踪功能。

"线"工具可以用来绘制一条或多条直线段、物体的边界、多边形以及闭合的形体。

2.2.1   绘制一条直线

绘制一条直线的具体操作步骤如下：

- 步骤 01   单击"绘图"工具栏中的   （线）按钮 ✐，或者选择"绘图"→"线"命令，此时屏幕上的光标变成一支铅笔。
- 步骤 02   在需要的线的起始点处单击鼠标左键。
- 步骤 03   沿着需要的方向拖动鼠标，此时线段的长度会动态地显示在屏幕右下角的数值输入框中，如图 2-11 所示。
- 步骤 04   在线段的结束点处再次单击鼠标左键，完成这条直线的绘制。

长度 |695mm

图 2-11   线段的长度

 在直线没有绘制完成时，按 Esc 键可以取消这次操作。在绘制完成一条直线后，连续绘制直线时，上一条直线的终点就是下一条直线的起始点。

2.2.2   指定长度直线的绘制

在作图时，绘制指定长度的直线是非常重要的，根据实际尺寸来定位线段是建模的基本要求，SketchUp 的导入、导出接口非常多，能与许多软件结合作图，所以在 SketchUp 中一定要使用非常精确的尺寸，否则导入、导出后要更改就相当困难了。绘制指定长度直线的具体操作步骤如下：

步骤 01　单击"绘图"工具栏中的 ✎（线）按钮，在屏幕上指定线段的第一点。

步骤 02　然后在屏幕右下角的数值输入框中输入线段的长度，按 Enter 键结束操作，直线绘制完毕。

2.2.3　绘制与 X、Y、Z 轴平行的直线

在实际操作时，绘制正交直线，即与 X、Y、Z 轴平行的直线更有实用价值，因为无论是在建筑设计还是在室内设计中，根据施工的要求，墙线、轮廓线和门窗线基本上都是相互垂直的。绘制与 Z 轴平行的直线的具体操作步骤如下：

步骤 01　单击"绘图"工具栏中的 ✎（线）按钮，在屏幕上需要的位置单击以确认直线的起始点。

步骤 02　在屏幕上移动光标以对齐 Z 轴，与 Z 轴平行时，光标旁会出现"在蓝轴上"的提示，如图 2-12 所示，表明此时绘制的直线与蓝轴平行。

步骤 03　按住 Shift 键不放并移动光标，此时系统将此直线锁定平行于 Z 轴（蓝轴），移动光标到直线的结束点，再次单击，完成与 Z 轴平行直线的绘制，如图 2-13 所示。

图 2-12　在蓝轴上　　　　　　　　图 2-13　与 Z 轴平行的直线

2.2.4　直线的捕捉与追踪功能

所谓"捕捉"就是在定位点时，自动定位到特殊点的绘图模式。SketchUp 自动打开了 3 类捕捉，即端点捕捉、中点捕捉和交点捕捉，分别如图 2-14～图 2-16 所示。在绘制几何物体时，光标只要遇到这 3 类特殊的点，便自动"捕捉"上去，这是软件精确作图的表现之一。

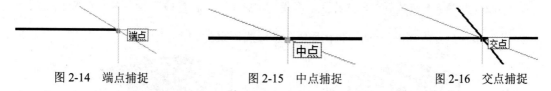

图 2-14　端点捕捉　　　　　　图 2-15　中点捕捉　　　　　　图 2-16　交点捕捉

"追踪"的功能就相当于辅助线，能够更方便地作图。如图 2-17 所示，场景中已经有两条相互垂直的直线，这时需要绘制出另外两条直线，使得这 4 条直线成为一个矩形。从一条直线的一个端点开始绘制直线，拖动光标，拉出红色虚线的追踪轴，以对齐另一条直线的端点。

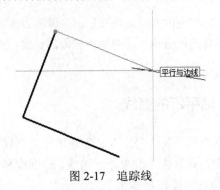

图 2-17　追踪线

> **技巧提示**　"捕捉"与"追踪"功能是自动开启的，在实际工作中，精确作图的每一步要么用数值输入，要么就用捕捉功能。

2.2.5　裁剪直线

从已有直线外一点向已有直线引垂线，如图 2-18 所示。SketchUp 会从垂足开始将已有直线分成两条首尾相接的直线，此时选中直线一端，将只有被选中的一段黄亮显示，如图 2-19 所示。如果将绘制的垂线删除，已有的直线将重新恢复成一条直线。

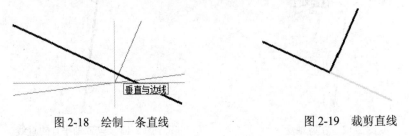

图 2-18　绘制一条直线　　　　　　　　　　图 2-19　裁剪直线

2.2.6　分割表面

在 SketchUp 中可以通过绘制一条起始点与终止点都在面边界线上的直线来分割这个面。

步骤 01　在一个面上绘制一条直线，这条直线的起始点与终止点都在面的边界线上，如图 2-20 所示。

步骤 02　直线绘制完成后，再选择面，会发现原来的一个面变成了两个面，如图 2-21 所示。

如果删除这个分割面的直线，两个面又会还原成原来的一个面。

 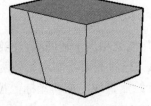

图 2-20　在面上绘线　　　　　　　　　　图 2-21　一个面变成两个面

2.3　圆形工具

圆形作为一个几何形体，在各类设计中是一个出现得非常频繁的构图要素。在 SketchUp 中，画圆的工具可以用来绘制圆形以及生成圆球（圆柱）体的"面"。绘制一个圆形的具体操作步骤如下：

步骤 01　单击"绘图"工具栏中的 ● （圆）按钮，此时屏幕上的光标变为一支带圆圈的铅笔。
步骤 02　在圆心所在位置单击并拖动光标，如图 2-22 所示。
步骤 03　移动光标拉出圆的半径，并再次单击，完成圆形的绘制，如图 2-23 所示。

同样可以绘制实际尺寸的圆形，方法是绘制完圆形后，在屏幕右下角的数值输入框中输入圆的半径 50，然后按 Enter 键结束操作，如图 2-24 所示。

在 SketchUp 中圆形实际上是由正多边形所组成的，只是操作时并不明显，但是导出到其他软件后就会发现问题。所以在 SketchUp 中绘制圆形时可以调整圆的片段数（即正多边形的边数），方法是在发出绘制圆的命令后立即在屏幕右下角的数值输入框中输入"片段数 s"，如"6s"表示圆的片段数为 6，也就是此圆用正六边形来显示（如图 2-25 所示）。

半径 50

图 2-22　定位圆心　　　　　图 2-23　绘制圆形　　　图 2-24　输入圆半径绘制圆形

"18s"表示圆用正十八边形来显示（如图 2-26 所示），然后再绘制圆形。可以看到，尽量不要使用片段数少于 18 的圆。

图 2-25　六边形表示的圆　　　　　图 2-26　十八边形表示的圆

一般来说不用去修改圆的片段数，使用默认值即可。如果片段数过多，会引起面的增加，这样会使场景的显示速度变慢。在将 SketchUp 导入到 3ds Max 中时尽量减少场景中的圆形，因为圆形导入到 3ds Max 中时会产生大量的三角面，在渲染时会占有大量的系统资源。对于导出时圆形物体的处理，本书在下篇中会有详细的介绍。

2.4　圆弧工具

1. 圆弧的绘制

圆弧是圆形的一部分，在 SketchUp 中绘制圆弧的具体操作步骤如下：

步骤 **01** 单击"绘图"工具栏中的⌒（圆弧）按钮，此时屏幕上的光标变为一支带圆弧的铅笔。

步骤 **02** 在圆弧的起始点处单击，并移动光标。

步骤 **03** 在圆弧的结束点处再次单击，此时创建了一条直线，这就是圆弧的弧长。

步骤 **04** 在弧长的垂直方向移动光标，到需要的位置时再次单击，此时创建的是圆弧的矢高，如图 2-27 所示，至此圆弧也就完成了。

圆弧的弧长与矢高都可以在屏幕右下角的数值输入框中输入实际尺寸，然后按 Enter 键结束操作。用这样的方法可以绘制精确尺寸的圆弧。

2. 半圆的绘制

绘制半圆的矢高时，移动光标（注意光标提示的变化），如果光标出现"半圆"的提示，这时单击完成圆弧的绘制，这个圆弧就是一个标准半圆，如图 2-28 所示。

图 2-27 绘制圆弧　　　　　　　　　　　　图 2-28 绘制半圆

3. 半圆与其他形体在平面中相切

绘制一圆弧与一条已知直线相切，定位好圆弧的起始点与终止点，保证圆弧的终止点捕捉到已知直线的一个端点上，然后移动光标，定位矢高，当光标移动到一定程度时，圆弧会变成青色，并且提示"正切到顶点"，如图 2-29 所示。

单击完成圆弧的绘制，则此时的圆弧与已知的直线相切，如图 2-30 所示。使用同样的方法可以绘制圆弧与其他几何体相切。

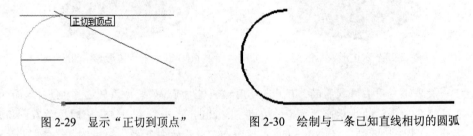

图 2-29 显示"正切到顶点"　　　　图 2-30 绘制与一条已知直线相切的圆弧

与"圆"相似，圆弧也是由正多边形组成的，同样可以在发出绘制圆弧的命令后立即在屏幕右下角的数值输入框中输入"片段数 s"来调整圆弧的片段数。

2.5　多边形工具

在 SketchUp 中，使用正多边形工具可以创建边数为大于 3 的正多边形。前面已经介绍过圆与圆弧都是由正多边形组成的，所以边数较多的正多边形基本上就显示成圆形，如图 2-31

所示，左侧为正十二边形，右侧为正三十六边形。

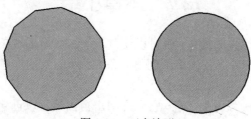

图 2-31　正多边形

创建正多边形的具体操作步骤如下（以创建正八边形为例）：

步骤 01　单击"绘图"工具栏中的▼（多边形）按钮，此时屏幕上的光标变为一支带多边形的铅笔。

步骤 02　在屏幕右下角的数值输入框中输入"边数 s"，这里输入"8s"，表示绘制正八边形，然后按 Enter 键。

步骤 03　在屏幕上单击，以确认正八边形中心点的位置。

步骤 04　移动光标到需要的位置，再次单击，以确认正八边形的半径。同样可以在屏幕右下角的数值输入框中输入正八边形的半径，然后按 Enter 键，用精确的尺寸绘制出正八边形。

 在 SketchUp 中，边数达到一定程度后，"多边形"与"圆"就没有什么区别了。这种弧形模型构成的方式与 3ds Max 是一致的。

2.6　徒手画笔

徒手画笔工具常用来绘制不规则的、共面的曲线形体。绘制的具体操作步骤如下：

步骤 01　单击"绘图"工具栏中的 ⤵（徒手画笔）按钮，此时屏幕上的光标变为一支带曲线的铅笔。

步骤 02　在绘制图形的起点处单击并按住左键拖拽并移动。

步骤 03　移动光标来绘制所需要的徒手曲线，如图 2-32 所示。

步骤 04　释放鼠标以完成徒手曲线的绘制。

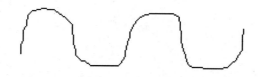

图 2-32　徒手画笔

 一般情况下很少用到"徒手画笔"工具，因为这个工具绘制的曲线很随意，比较难掌握。建议读者在 AutoCAD 中绘制完成这样的曲线，然后导入 SketchUp 中进行操作。

2.7　本章小结

直线是用于画出一条笔直的线条，既可以绘制水平和垂直的线条也可以绘制斜线。而弧线是通过两点和一次拖曳，或者第三次单击创建一条弧线，通常用在建筑阳台或者景观底面、铺装等的设计手法上。

徒手画相对于直线和圆弧更加随意，它允许用户自由绘画以创建徒手画的图像，由于他的随意性，在建筑制图中很少用到，因为建筑制图中的尺寸数据相对严谨。圆形是可以通过单击确定圆心和定义直径来画出圆形。

多边形是简化了的圆形，常规多边形可以与圆形相同的方式创建。矩形是四个边的多边形，定义一个矩形可以通过调整和输入长和宽的数值来实现。在以后的练习中，大家可以很快熟练掌握绘图工具。

第3章 SketchUp 的常用工具

无论是建筑设计还是室内设计，一般都可以归结为两个阶段，即方案设计和施工图设计。在方案设计阶段，需要绘制方案设计图，该图纸需要表达功能、空间、环境、结构、造型和材料的一个大体方案。而在施工图设计阶段需要绘制施工图，施工图要求有大量详细的、精确的标注，因为工程施工人员需要依照施工图完成建筑施工。所以与 3ds Max 相比，SketchUp 软件的优势是可以绘制施工图，而且是三维的施工图。

学习目标

- SketchUp 编辑工具
- SketchUp 标注工具
- SketchUp 坐标轴工具
- SketchUp 相机工具和视野工具
- SketchUp 窗口工具和漫游工具

3.1 编辑工具

一般来说，绘图软件的操作命令可分为两大类：一类是绘图命令，一类是修改命令。本节将介绍修改命令。修改命令是在绘图命令的基础上对已经绘制的图形进行再编辑，以达到更为复杂形体的要求。

3.1.1 移动和复制物体

在 SketchUp 中对物体的移动和复制是通过一个命令完成的，只不过具体的操作方法有些不一样。发出移动或复制物体的命令有两种方法：一种是直接单击"编辑"工具栏中的（移动/复制）按钮，另一种是选择"编辑工具"→"移动"命令。

进行移动/复制操作也有两种方法：一种是先选择物体，再选择（移动/复制）命令；另一种是先选择（移动/复制）命令，再选择物体。

移动物体的操作方法如下：

步骤 01 选择需要移动的物体，此时物体处于被选择状态。

步骤 02 单击"编辑"工具栏中的（移动/复制）按钮，发出移动命令，此时光标变成一个四方向的箭头。

步骤 03 单击物体，单击的那一点就是物体移动的起始点。

步骤 04 向着需要移动的方向移动光标，如图 3-1 所示。

最常见的移动方向就是 X、Y、Z 坐标轴向，移动到坐标轴方向上后，可以按住 Shift 键不放，以锁定移动方向。

步骤 05 在目标位置点处再次单击，以完成对物体的移动。

 在作图时往往会使用精确距离的移动，在移动物体时锁定移动方向后，可以在屏幕右下角的数值输入框中输入需要移动的距离，然后按 Enter 键，这时物体就会按照指定的距离进行精确的移动。

复制物体操作与移动物体类似，这里以复制 2 个正方形（边长 1000），相互之间的距离为 500 为例来说明复制物体的操作。

步骤 01 选择需要复制的正方形，此时物体处于被选择状态。

步骤 02 单击"编辑"工具栏中的 （移动/复制）按钮，发出移动命令。

步骤 03 单击正方形，单击的那一点就是物体移动的起始点。

步骤 04 按住 Ctrl 键不放，向着需要移动的方向移动光标，可以看到此时的光标变成一个带有"+"号的四方向箭头，表明此时是复制物体。

步骤 05 在屏幕右下角的数值输入框中输入"500"，按 Enter 键，表明复制移动的距离，效果如图 3-2 所示。

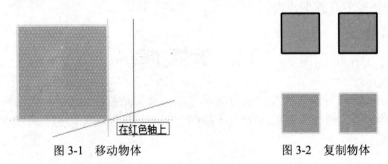

图 3-1　移动物体　　　　　　　　图 3-2　复制物体

3.1.2　偏移物体

偏移工具可以将在同一平面中的线段或面域沿着一个方向偏移一个统一的距离，并复制出一个新的物体。偏移的对象可以是面域、两条或两条以上首尾相接的线形物体集合、圆弧、圆或多边形。执行偏移复制物体的命令有两种方法：一种是直接单击"编辑"工具栏中的 （偏移复制）按钮，快捷键 F，另一种是选择"编辑工具"→"偏移"命令。

偏移一个面域的操作方法如下：

步骤 01 选择需要偏移的面域，此时面域处于被选择状态。

步骤 02 单击"编辑"工具栏中的 （偏移复制）按钮，发出偏移命令，此时屏幕上的光标变成两条平行的圆弧。

步骤 03 单击并按住鼠标左键不放，在屏幕上移动光标，可以看到面域随着光标的移动发生偏移，如图 3-3 所示。

步骤 04 当移动到需要的位置时释放鼠标左键，可以看到面域中又创建了一个长方形，而且由原来的一个面域变成了两个，如图 3-4 所示。

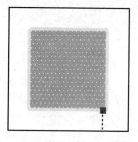

图 3-3　光标的移动

图 3-4　面域的偏移

正多边形和圆形的偏移与面域的偏移操作一致，请读者自行练习。

在实际操作中，可以在偏移时根据需要在屏幕右下角的数值输入框中输入物体偏移的距离，再按 Enter 键，以达到精确偏移的目的。一条直线或多条相交的直线是无法进行偏移的，会出现如图 3-5 所示的提示。

首先必须选择单一面，
或者两个（多个）在同一平面相连的边线。

图 3-5　无法偏移的情况

圆弧和矩形是可以进行偏移的图形，圆弧的偏移操作如图 3-6 所示。

图 3-6　圆弧的偏移

两条或两条以上首尾相接的直线也是可以使用偏移工具的，偏移操作如图 3-7 所示。对直线与圆弧组合进行偏移命令，操作如图 3-8 所示。

图 3-7　直线的偏移

图 3-8　直线与圆弧组合的偏移

在实际的操作中，面域偏移的操作要远远多于对线形物体偏移的操作，这主要是因为 SketchUp 是以"面"建模为核心的。

3.1.3　缩放物体

使用缩放工具可以对物体进行放大或缩小，缩放可以是 X、Y、Z 这 3 个轴向同时进行的等比缩放，也可以是以锁定任意两个轴向或锁定单个轴向的非等比缩放。发出缩放物体的命令有两种方法：一种是直接单击"编辑"工具栏中的 （缩放）按钮，另一种是选择"编辑工具" → "缩放"命令。被缩放的物体可以是三维的，也可以是二维的。

对三维物体等比缩放的操作方法如下：

步骤 **01**　选择需要缩放的三维物体。

步骤 **02**　单击"编辑"工具栏中的 （缩放）按钮，发出缩放命令，此时光标变成缩放箭头，而需要操作的三维物体被缩放栅格所围绕，如图 3-9 所示。

步骤 **03**　将光标移动到对角点处，此时光标处会出现提示"等比缩放：以相对点为轴"，表明此时的缩放为 X、Y、Z 这 3 个轴向同时进行的等比缩放，如图 3-10 所示。

图 3-9　缩放栅格图

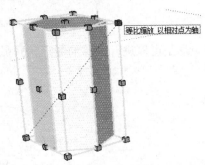

图 3-10　等比缩放

步骤 **04**　单击并按住鼠标左键不放，在屏幕上移动光标，向下移动是缩小，向上移动是放大，当物体缩放到需要的大小时释放鼠标左键，以结束缩放操作。

可以在缩放时根据需要在屏幕右下角的数值输入框中输入物体缩放的比率，再按 Enter 键，以达到精确缩放的目的。比率小于 1 为缩小，大于 1 为放大。

- 对三维物体锁定 Y、Z 轴（绿/蓝色轴）的非等比缩放的操作如图 3-11 所示。
- 对三维物体锁定 X、Z 轴（红/蓝色轴）的非等比缩放的操作如图 3-12 所示。

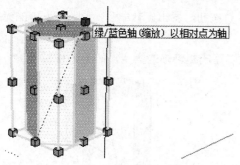

图 3-11　Y、Z 轴的非等比缩放

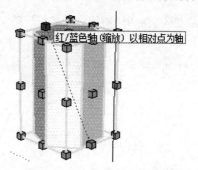

图 3-12　X、Z 轴的非等比缩放

- 对三维物体锁定 X、Y 轴（红/绿色轴）的非等比缩放的操作如图 3-13 所示。
- 对三维物体锁定单个轴向（以绿色轴为例）的非等比缩放的操作如图 3-14 所示。

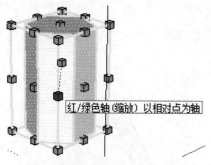

图 3-13　X、Y 轴的非等比缩放

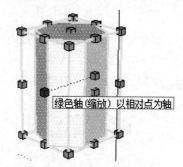

图 3-14　单个轴向的缩放

二维空间是由两个轴组成的，对二维物体进行缩放时，对两个轴操作的为等比缩放，如图 3-15 所示；而对任意一个轴向操作的为非等比缩放，如图 3-16 所示。

图 3-15　二维物体等比缩放

图 3-16　二维物体非等比缩放

　在屏幕右下角的数值输入框中输入的物体缩放的比率如果是负值，此时物体不但要被缩放，而且还会被镜像。

3.1.4　旋转物体

旋转工具可以对单个物体或多个物体的集合进行旋转，也可以对一个物体中的某一个部分进行旋转，还可以在旋转的过程中对物体进行复制。发出旋转物体的命令有两种方法：一种是直接单击"编辑"工具栏中的 ⟳（旋转）按钮，另一种是选择"编辑工具"→"旋转"命令。

对物体进行旋转的具体操作步骤如下：

步骤 01　选择需要旋转的物体或物体集。

步骤 02 单击"编辑"工具栏中的 🔁 （旋转）按钮，发出旋转命令，此时屏幕中的光标变成了量角器，如图 3-17 所示。

步骤 03 移动光标到旋转的轴心点处单击，以完成旋转轴的指定，如图 3-18 所示。

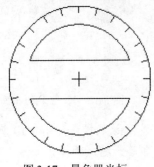

图 3-17　量角器光标

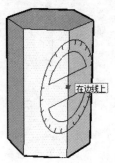

图 3-18　指定旋转轴

步骤 04 移动光标到所需的位置再次单击，这个定位点与旋转轴心形成了旋转参照边，如图 3-19 所示。

步骤 05 旋转光标到需要的位置再次单击，完成旋转操作，如图 3-20 所示。

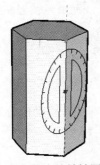

图 3-19　指定旋转轴图

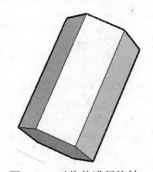

图 3-20　对物体进行旋转

可以在旋转时根据需要在屏幕右下角的数值输入框中输入物体旋转的角度，再按 Enter 键，以达到精确旋转的目的。角度值为正表示顺时针旋转，角度值为负表示逆时针旋转。

旋转时复制物体的具体操作步骤如下：

步骤 01 选择需要旋转的物体或物体集。

步骤 02 单击"编辑"工具栏中的 🔁 （旋转）按钮，发出旋转命令，此时屏幕上的光标变成了量角器。

步骤 03 按住 Ctrl 键不放，移动光标到旋转的轴心点处单击，以完成旋转轴的指定，此时可以看到光标上多了一个"+"号，表明是在复制物体。

步骤 04 移动光标到所需的位置再次单击，这个定位点与旋转轴心形成了旋转参照边。

步骤 05 旋转光标到需要的位置再次单击，在完成旋转操作的同时，场景中也出现了复制的物体，如图 3-21 所示。

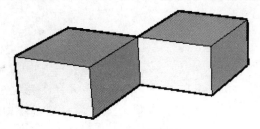

图 3-21　复制物体图

SketchUp 作为三维设计软件，绘制二维图形只是用作铺垫，其最终目的还是要建立三维模型。在 SketchUp 中建模的总体思路是从二维到三维，即先绘制好二维图形，然后使用三维操作命令将二维图形转换成三维模型。

SketchUp 的三维操作命令很少，但却很实用，能解决很复杂的问题。当然，SketchUp 也有其自身的缺陷，所以有时需要借助 3ds Max、AutoCAD 之类的软件来共同完成复杂的场景。

3.1.5　拆分物体

在 SketchUp 中，可以对线形物体进行拆分，包括直线、圆、圆弧和正多边形。对直线进行拆分的操作方法如下：

步骤 01　单击"常用"工具栏中的 （选择）按钮，选择物体，单击鼠标右键，弹出如图 3-22 所示的快捷菜单。

步骤 02　选择"拆分"命令，将光标沿着直线上下移动，这时系统会自动按照光标移动的位置来判断需要拆分的段数，如图 3-23 所示。

图 3-22　快捷菜单　　　　　　　　　　　　图 3-23　拆分的段数

步骤 03　一般情况下会使用输入分段数来拆分直线。在屏幕右下角的数值输入框中输入"4"，按 Enter 键，表明将此直线分成两段，如图 3-24 所示。

还可以使用同样的方法对圆、圆弧和正多边形进行拆分，如图 3-25 所示是对圆形的物体进行拆分。

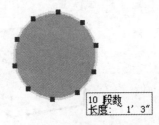

段数 4

图 3-24　直线分成四段　　　　　　图 3-25　对圆形进行拆分

对物体进行拆分后，分段点就是端点，这个点可以用来捕捉，这也是绘图时常用的一种
定位方法。

3.1.6　测量/辅助线

这个工具有两大功能：一是测量长度，二是绘制临时的直线形的辅助线。

- 步骤 01　单击"构造"工具栏中的 （测量/辅助线）按钮，此时鼠标变成卷尺图案，在所要
测量的直线一端单击。

- 步骤 02　沿直线方向移动鼠标，当鼠标停留在要测量的位置时，会自动出现直线尺寸，如图
3-26 所示。

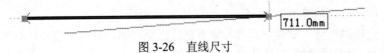

711.0mm

图 3-26　直线尺寸

- 步骤 03　图形全部绘制完成后，单击"常用"工具栏中的 （删除）按钮，以删除场景中所
有的辅助线。

用 SketchUp 建模时，很多情况下都是使用这个命令作出辅助线以定点或定位。

3.1.7　量角器/辅助线

量角器工具可以用来测量角度，也可以通过角度来创建所需要的辅助线。发出这个命令有
两种方法：一种是直接单击"构造"工具栏中的 （量角器/辅助线）按钮；另一种是选择"构
造工具栏"→"辅助量角线"命令。

使用"量角器/辅助线"工具测量角度的操作方法如下：

- 步骤 01　单击"构造"工具栏中的 （量角器/辅助线）按钮，可以看到此时屏幕上的光标变
成了一个量角器，量角器的中心点就是光标所在处，如图 3-27 所示。

- 步骤 02　在场景中移动量角器，量角器会根据模型表面的变化自动改变其自身角度，如图 3-28
所示。当量角器满足需要的方向时，可以按住 Shift 键不放以锁定此方向。

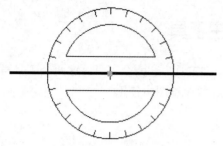

图 3-27　量角器的光标

图 3-28　量角器角度的变化

步骤 03　在需要测量角度的顶点处单击，这时量角器会自动附着在上面，如图 3-29 所示。

步骤 04　然后移动光标到需要测量角度的第一条边的一个关键点上，再次单击，以确认角度的第一条边，如图 3-30 所示。

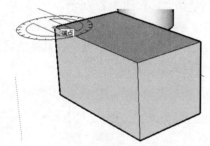

图 3-29　测量角度的顶点

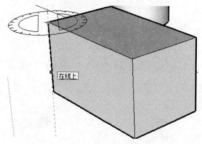

图 3-30　定位测量角度的第一条边

步骤 05　转动光标到需要测量角度的第二条边的一个关键点上，第三次单击，以确认角度的第二条边，如图 3-31 所示。此时测量角度完成，可以在屏幕右下角的数值输入框中查看测量的角度数值，同时在所测量角度的第二条边处出现了一条辅助线。

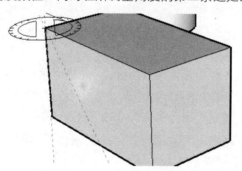

图 3-31　定位测量角度的第二条边

通过具体的角度来定位辅助线的操作方法如下：

步骤 01　发出命令，在角度的顶点处单击，使量角器光标附着在角度上。

步骤 02　然后移动光标到第一条边的一个关键点上，再次单击，以确认角度的第一条边。

步骤 03　在屏幕右下角的数值输入框中输入需要创建角度的数值（注意逆时针方向转向的角度为正，顺时针方向转向的角度为负），然后按 Enter 键。

步骤 04　在屏幕中所定角度的位置上可以看到出现了一条辅助线。

3.2 标注工具

本节主要介绍"标注设置与标注修改"和"文字工具"这两个工具。这两个工具虽然不能直接用来绘图，但是其辅助绘图功能十分强大，经常在绘图中使用。

3.2.1 标注的设置

不同类型的图纸对标注样式要求不一样，所以在图纸中进行标注的第一步就必须设置需要的标注样式。具体操作步骤如下：

步骤 01 单击菜单栏"窗口"→"模型信息"命令，在弹出的"模型信息"对话框中选择"尺寸"选项，可以进行文字大小及字体颜色的调整，如图 3-32 所示。

步骤 02 设置字体。单击"文本"→"字体"按钮，弹出"字体"对话框，根据国家有关的建筑制图规范，选择"仿宋"字体，字体的大小依照场景中模型的具体情况而定，如图 3-33 所示。单击"确定"按钮，完成字体的设置。

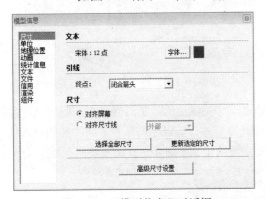

图 3-32 "模型信息"对话框

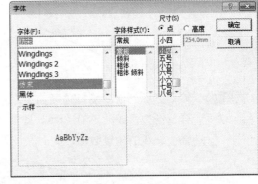

图 3-33 设置字体

步骤 03 在"标注引线"栏中设置端点的样式，单击"终点"右侧向下的下拉箭头，出现如图 3-34 所示的 5 个选项，即"无"、"斜线"、"点"、"闭合箭头"和"开放箭头"。系统的默认设置是"闭合箭头"，如果没有特殊的要求可以不改变此项设置。

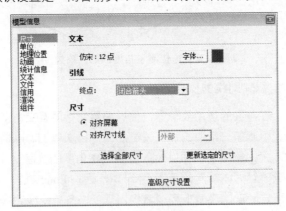

图 3-34 设置引线端点

步骤 04 在"尺寸"栏中有"对齐屏幕"与"对齐尺寸线"两个单选按钮。

- "对齐屏幕"表示标注中的文字始终是处于水平状态的，如图 3-35 所示。
- "对齐尺寸线"有 3 个选项，即"上面"、"中心"和"外部"，依次如图 3-36~图 3-38 所示。
  - ➤ "上面"指标注的文字在垂直于尺寸线上方。
  - ➤ "中心"指标注的文字打断尺寸线并位于尺寸中间。
  - ➤ "外部"指标注的文字垂直于尺寸线外部。

技巧提示 最常用的是系统默认的设置"对齐屏幕"，这时尺寸总保持与屏幕垂直，并且总是面向观看者的方向，这种文字的标注在很复杂的场景中查找尺寸时很方便。

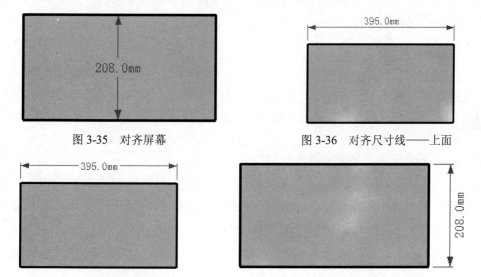

图 3-35　对齐屏幕　　　　　　　　　　图 3-36　对齐尺寸线——上面

图 3-37　对齐尺寸线——中心　　　　　图 3-38　对齐尺寸线——外部

技巧提示 AutoCAD 绘制建筑施工图与使用 SketchUp 绘制建筑施工图是不一样的。尺寸标注的引出点可以是端点、中点、交点和边线。SketchUp 标注圆的操作方法如下：

- 一种是单击"构造"工具栏中的 （尺寸标注）按钮，另一种是选择"工具"→"尺寸标注命令"。
- 移动光标，将半径标注拉出来，如图 3-39 所示，标注文字中的"R"，表示半径。
- 移动光标，将直径标注拉出来，如图 3-40 所示，标注文字中的"D"，表示直径。

图 3-39　标注半径　　　　　　　　　　图 3-40　标注直径

3.2.2 标注的方法

用户标注的操作方法如下：

步骤 01 单击"构造"工具栏中的 ▣（文本标注）按钮，发出命令，此时光标变成带文字提示的图标。

步骤 02 在需要标注的地方单击并按住鼠标不放，一定要注意标注点的位置。

步骤 03 拖动光标，将文本标注移动到正确的摆放位置后释放鼠标。

步骤 04 直接用键盘输入需要标注的内容，然后单击鼠标右键确认。

可以看到，用户标注与系统标注最大的区别就在于前者是自己输入的标注内容，而后者是系统定义的标注内容。

3.2.3 标注的修改

无论是尺寸标注还是文本标注，有时需要对标注的样式、标注的文字进行修改。要修改标注时，在标注上单击鼠标右键，弹出如图 3-41 所示的快捷菜单，然后从中选择相应的命令进行修改标注的操作。

1. 修改"编辑文字"的具体操作步骤如下：

步骤 01 将鼠标移动到需要修改的尺寸标注上，此时标注尺寸变成蓝色显示。

步骤 02 单击鼠标右键，弹出快捷菜单，在菜单中选择"编辑文字"命令，此时被选择的标注中的文字处于激活状态，如图 3-42 所示。

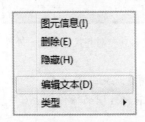

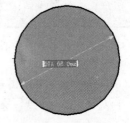

图 3-41　修改标注的右键菜单　　　　图 3-42　编辑文字

步骤 03 输入需要的代替文字内容，单击鼠标右键结束操作。

2. 修改"箭头"的具体操作步骤如下：

步骤 01 在标注上单击鼠标右键。

步骤 02 在弹出的快捷菜单中选择"箭头"命令，继续弹出二级菜单，如图 3-43 所示，可以看到当前的箭头形式是"闭合"。

步骤 03 可以按照需要将箭头形式改为"无"、"圆点"或"打开"状态。

3. 修改"标注引线"的具体操作步骤如下：

步骤 01 在标注上单击鼠标右键。

步骤 02　在弹出的快捷菜单中选择"标注引线"命令，继续弹出二级菜单，如图 3-44 所示。

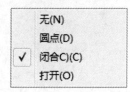

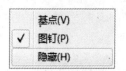

图 3-43　"箭头"的二级菜单　　　　　　图 3-44　"标注引线"的二级菜单

步骤 03　可以按照需要将标注引线的形式设置为"基点"、"图钉"或"隐藏"。

3.2.4　文字工具

利用"3D Text"工具，可以创建出具有三维立体空间效果的文字。

1. 创建三维文本

创建三维文本步骤如下：

步骤 01　单击"构造"工具栏中的 ◢（三维文本）按钮，弹出"放置三维文本"对话框，如图 3-45 所示。

步骤 02　在输入框内输入需要创建的文字内容，如"草图大师"。

步骤 03　单击"放置"按钮置入文字，此时光标变成移动工具并附带所键入的文字。

步骤 04　选择合适的位置单击，放置三维文本即完成操作，如图 3-46 所示。

图 3-45　设置三维文本　　　　　　　　　　图 3-46　文字工具

2. 设置文字属性

在弹出的"放置三维文本"对话框中，可以设置一些三维文本的属性。

- "字体"，单击下拉菜单可以更改文字的字体，如图 3-47 所示。
- "对齐"，用于设置在创建文字过程中光标与文字的位置关系。单击下拉菜单，有 3 种位置方案可供选择："左"、"中间"、"右"。
- "高度"，利用当前的单位设置文字的高度，高度值越大，文字越大；反之则文字越小，如图 3-48 所示，分别为文字高度 250 和 1000 的文字。

图 3-47　选择字体　　　　　　　　　　图 3-48　文字高度设置

3.3　坐标轴工具

"坐标轴"工具用来重新设定轴线的位置与方向，利用该功能既可以方便地在斜面上进行精确操作，又可以准确地缩放不在坐标轴平面的物体。

3.3.1　重新定位坐标轴

重新定位坐标轴的具体操作步骤如下：

步骤 01　选择"坐标轴"工具。此时光标会附着一个红绿蓝色的坐标符号，它将在模型中捕捉参考对齐点。

步骤 02　将光标移动到要放置新做坐标系的原点。通过参考工具提示确认是否放置在正确的点上，单击鼠标左键进行确定。

步骤 03　将光标移动到与红轴的新方向对齐。利用参考提示确认是否正确对齐，对齐后单击鼠标左键确定。

步骤 04　将光标移动到与绿轴的新方向对齐。利用参考提示确认是否正确对齐，对齐后单击鼠标左键确定，至此，完成坐标轴的重新设定。

3.3.2　对齐

有时在正视图绘制斜面时，需要将视图与所选的表面对齐，此时，可以在需要对齐的表面上单击鼠标右键，在弹出的快捷菜单中选择"对齐视图"即可，如图 3-49 所示。

对齐坐标轴可以使坐标轴与物体表面对齐，设定方法是在需要对齐的表面上单击鼠标右键，在弹出的快捷菜单中选择"对齐轴"即可，如图 3-49 所示。

图 3-49　对齐视图

3.4　相机工具栏和视野工具栏

"相机"工具栏包括 "转动"、 "平移"、 "缩放"、 "窗口缩放"、 "充满视窗"、 "撤消视图变更"和 "恢复视图变更"7 个工具。

3.4.1　转动工具

"转动"工具可以让相机围绕着模型旋转。观察模型外观十分方便。

旋转视图，单击"相机"工具栏中 （转动）按钮，在绘图窗口中按住鼠标左键并拖动，会使照相机自动围绕模型视图的大致中心旋转，如图 3-50 所示。

 对于滚动鼠标，在使用其他工具（漫游工具除外）的同时，按住鼠标中键可以临时激活转动工具，按住 Shift 键可以临时激活平移工具。

图 3-50　相机旋转前后的图片对比

3.4.2　平移工具

平移工具可以相对于视图水平或垂直地移动照相机，操作方式有两种：

- 单击"平移"按钮 ，激活平移工具，在视图中可以平移画面。
- 使用快捷键：按下键盘 H 键，可以换成平移工具。

3.4.3 缩放工具

缩放工具可以动态地放大或缩小当前视图，有以下三种操作方法：

- 使用缩放工具：单击"缩放"按钮🔍，在绘图窗口的任意位置按住鼠标左键，上下拖动即可。
- 使用鼠标中轴：向前滚动则放大视图，向后滚动则缩小视图。光标所在的位置是缩放的中心点，如图 3-51 所示。
- 视图居中：缩放工具的另一个扩展功能就是双击鼠标中轴。这样可以直接将双击的位置在视图里居中，有些时候可以省去使用平移工具的步骤，将模型放置于画面中间，如图 3-52 所示。

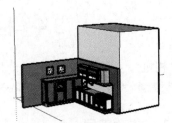

向前滚动中轴放大视图　　　　　　　　向后滚动中轴缩小视图

图 3-51　鼠标中轴控制视图大小

双击中轴之前　　　　　　　　　　双击中轴之后

图 3-52　视图居中

3.4.4 窗口缩放工具、充满视窗工具

窗口缩放工具🔍一般用来放大模型中的局部位置。以上面的整体厨房模型为例，放大厨房窗户，操作步骤如下：

步骤01　单击"相机"工具栏中的🔍（窗口缩放工具）按钮，单击鼠标左键不放，从左向右框选一个矩形，矩形范围包含需要放大的模型范围，将模型中的艺术窗户放大视图，如图 3-53 所示。

步骤02　将窗户完全框选进矩形后，松开鼠标，窗户模型视图已经放大，如图 3-54 所示。

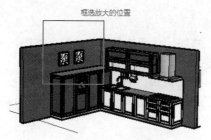

图 3-53　框选窗户

图 3-54　窗户模型放大

充满视窗工具是指将当前图纸里的所有模型全部显示在视图范围内，例如厨房的所有模型全部显示在窗口内，如图 3-55 所示。

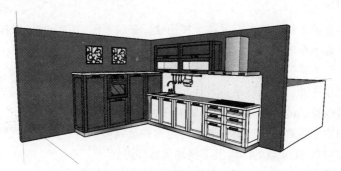

图 3-55　充满视窗

3.4.5　撤消视图变更工具、恢复视图变更工具

撤销视图变更工具：这个工具让模型返回到前一个视图，即撤销视图的变更。可以撤销盘旋、平移、放置照相机、环视等任何视图缩放命令。

恢复视图变更工具：即恢复到上一个视图。

3.4.6　视野工具

调整透视图（视野）：当激活缩放工具的时候，可以输入一个准确的值来设置透视或相机的焦距，也可以指定使用默认系统。例如，输入"45deg"表示设置一个 45°的视野，输入"35mm"表示设置一个 35mm 的照相机镜头。也可以在缩放的时候按住 Shift 键来进行动态调整。

3.5　漫游工具栏

漫游工具栏包括 "相机位置"、 "漫游"、 "绕轴旋转" 3 个命令。

3.5.1　相机位置工具

相机位置工具是指人们看模型的最佳视角，一般相机的高度为人们的视线高度，操作步骤如下。

步骤 01　单击"漫游"工具栏中的 👤 （相机位置）按钮，使用的是当前的视点方向，把照相机放在点取的位置上，并设置照相机高度为通常的视点高度 1600mm。

步骤 02　单击并拖动：这个方法可以让用户准确地定位照相机的位置和视线。很简单，先单击确定照相机（人眼）所在的位置，然后拖动光标到要观察的点，再松开鼠标即可。

3.5.2　漫游工具

漫游工具可以让用户像散步一样地观察模型。漫游工具还可以固定视线高度，然后在模型中漫步，操作步骤如下。

步骤 01　使用漫游工具：单击"漫游"按钮👣，在绘图窗口的任意位置按下鼠标左键，这时会放置一个十字符号。这是光标参考点的位置。继续按下鼠标不放，向上移动是前进，向下移动是后退，左右移动是左转和右转。

步骤 02　使用快捷键：鼠标移动的同时，按住 Shift 键，可以进行垂直或水平移动。按住 Ctrl 键可以移动的更快。"奔跑"功能在大的场景中是很有用的。

步骤 03　使用广角视野：在模型中漫游时通常需要调整视野。要改变视野，可以激活缩放工具，按住 Shift 键的同时上下拖动鼠标即可。

步骤 04　激活漫游工具后，也可以利用键盘上的方向盘进行操作。

3.5.3　绕轴旋转工具

绕轴旋转工具让照相机以自身为固定旋转点，旋转观察模型，操作步骤如下。

步骤 01　指定视点高度：使用绕轴旋转工具时，可以在参数控制栏中输入一个数值，来设置准确的视点距离地面的高度。

步骤 02　在使用漫游工具中环视：通常，按鼠标中键可以激活转动工具，但如果是在使用漫游工具的过程中，按鼠标中键激活的却是绕轴旋转工具，以厨房为例，做一个绕轴前后的试图对比，如图 3-56 所示。

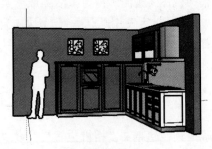

（a）绕轴旋转前　　　　　　　　　　（b）绕轴旋转后

图 3-56　绕轴旋转

3.6　本章小结

　　本章主要讲解 SketchUp 的常用工具，在以后的绘图中会经常用到，尤其是编辑工具，在绘图中起主要作用。在读完本章后，可以在软件中进行一些实际操作来熟练掌握这些常用工具。

第4章　辅助绘图工具

工具栏显示在菜单的下方，沿着 Windows 应用的左侧排列，包含了用户定义的一组工具和控件。默认情况下，工具栏包含基本的 SketchUp 工具组合，也就是入门工具。本章主要讲解辅助绘图工具，包括工具栏和绘图面板。

📥 学习目标

- SketchUp 各种工具栏介绍
- SketchUp 绘图工具介绍

4.1　工具栏的介绍

本节主要介绍 SketchUp 的其他辅助绘图工具，主要包括视图工具栏、样式工具栏、图层工具栏、截面工具栏、阴影工具栏中的工具。通过本章的介绍，读者能够进一步理解 SketchUp 的基础操作，更全面地学习相关设置，并在以后的章节中加以使用。

4.1.1　视图工具栏

视图工具栏是调整编辑图纸的不同视角的工具。

单击菜单栏中"查看"→"工具栏"→"视图"命令，弹出视图工具栏，如图 4-1 所示。视图工具在编辑对象时可以分别以等角透视图、顶视图、右视图、前视图、后视图、左视图方式显示对象，以客厅中的一组家庭影院音响为例，如图 4-2 所示。

图 4-1　视图工具栏

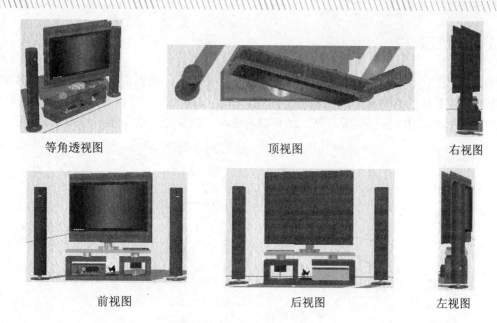

| 等角透视图 | 顶视图 | 右视图 |

| 前视图 | 后视图 | 左视图 |

图 4-2 不同视角的音响画面

4.1.2 样式工具栏

样式工具栏是指模型在视图中的 6 种显示模式，包括 X 光模式、后虚线模式、线框模式、消隐模式、着色模式、材质贴图模式和单色模式。

单击菜单栏中"查看"→"工具栏"→"样式"命令，弹出样式工具栏，如图 4-3 所示。

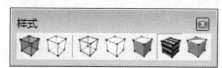

图 4-3 样式工具栏

- X 光模式：将所有的面都显示成面不透明，这样就可以透过模型编辑所有的边线。
- 后虚线模式：将场景中的所有物体的看不见的部分以虚线的方式显示。
- 线框模式：模型以一系列的简单线条显示。
- 消隐模式：以消隐模型显示模型，所有的面都会有背景色和隐线。
- 着色模式：着色模式将会显示所有应用到面的材质和根据光源应用的颜色。所有面的正反面颜色都不同。
- 材质贴图模式：在贴图着色模式中，应用到面的贴图都将被显示出来。在有些情况下，贴图会降低 SketchUp 的运行速度，所以也可以暂时取消此项。
- 单色模式：模型以一种单色颜色显示。

这 7 种显示方式在第一章中已经有讲解及配图，这里就再简单温习一下，在以后的制图过程中，会经常用到几个模式的切换，所以需要记住不同模式的含义。

4.1.3 图层工具栏

单击菜单栏中"查看"→"工具栏"→"图层"命令，弹出图层工具栏，如图 4-4 所示。

单击图层工具栏上的 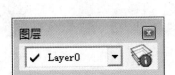 "图层管理"按钮，弹出图层面板，可以显示模型中的所有图层和图层的颜色，并指出模型是否可见，还可以查看和控制模型中的图层，如图 4-5 所示。

图 4-4　图层工具栏　　　　　　　　　图 4-5　图层面板

图层面板中的选项含义如下。

- 新建：单击窗口中的 ⊕ 按钮，新建一个图层，系统提示给图层命名，或者直接按 Enter 键接受默认的图层名称，如图层 1、图层 2 等，每个图层都有不同的颜色，如图 4-6 所示。
- 名称：这里列出模型中的所有图层。当前图层在名称前面有个点号的确认标记，单击图层名称可以重新命名，如图 4-7 所示。

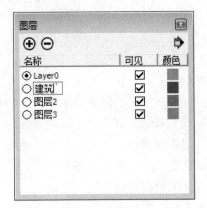

图 4-6　新建图层　　　　　　　　　图 4-7　图层命名

- 图层可见：通过单击图标切换图层的显示/隐藏。如果图标变灰，则该图层隐藏。如果把隐藏图层设置为当前图层，该图层自动变为可见。
- 图层颜色：显示每个图层的颜色。单击颜色样本可以为图层选择一个新的颜色。
- 按图层颜色显示：选中按图层颜色显示，渲染时图层的颜色会赋予该图层中的所有几何体。

- 删除图层：先选择一个图层，然后单击"常用"工具栏中的 （删除）按钮，将其删除。可以同时选择多个图层并删除。

> 如果要删除的图层中有物体模型，系统会自动弹出一个对话框提示要把物体移动到当前图层还是移动到默认图层，这里根据实际情况选择就可以了。SketchUp 不会在删除图层的同时删除其中的几何体。

- 清理图层：是指清理所有未使用的图层，在视图下的状态栏输入"wblock"，将自动清理图层。

4.1.4　截面工具栏

添加截面工具用来创建剖切效果，它们在空间的位置以及组和组件的关系决定了剖切效果的本质。单击菜单栏中的"查看"→"工具栏"→"截面"命令，弹出截面工具栏，如图 4-8 所示。它包含"添加剖面"、"显示/隐藏剖切"、"显示/隐藏剖面"三个命令工具。

- 添加剖面：是指给模型添加一个剖切面，是可以看到物体内部的结构。方法如下：

步骤 01　单击截面工具栏中的 ⊕（添加截平面）工具，光标处会出现一个新的剖面，移动光标到几何体上，剖面会对齐到每个物体表面上。

步骤 02　按住 Shift 键来锁定剖面的平面定位，在合适的位置单击放置，如图 4-9 所示。

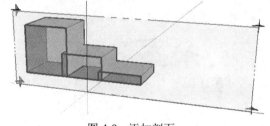

图 4-8　截面工具栏　　　　　　　　　　　　图 4-9　添加剖面

- 显示/隐藏剖切：可控制剖面的显示和隐藏。
- 显示/隐藏剖面：可以控制剖切对象的显示和隐藏。

4.1.5　阴影工具栏

"阴影设置"对话框可以控制 SketchUp 的阴影特性，包括显示、时间、日期以及具体的位置和朝向。

单击菜单栏中的"查看"→"视图"→"工具栏"→"阴影"命令，弹出如图 4-10 所示的阴影工具栏。单击第一个图标"阴影设置"按钮 ，弹出"阴影设置"对话框，如图 4-11 所示，用来调节不同的季节和时间段的光影效果。

图 4-10　阴影工具栏

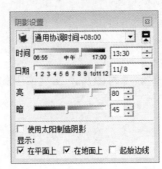

图 4-11　"阴影设置"对话框

- 使用太阳制造阴影：关闭或者打开所有的投影，如图 4-12 所示，（a）为关闭阴影状态，（b）为开启阴影状态。
- 时间：时间调整器可以用来调解设置阴影的时间。从日出到日落。为了更加精确，也可以输入一个精确值。
- 日期：日期调整器可以用来调节阴影的日期。例如输入 11 月 21 日，10:50 分，如图 4-13 所示。
- 亮：亮调节器可以调节模型视图中的光线强度。可以使表面变得光亮或者变暗。
- 暗：暗调节器可以调节模型周围的光线强度。可以使阴影下的区域变暗或者更亮。

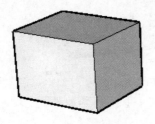

（a）关闭阴影状态

（b）开启阴影状态

图 4-12　显示投影

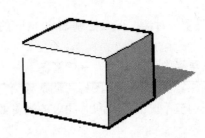

图 4-13　当前的日期阴影状态

4.2 绘图设置

本节主要介绍 SketchUp 中常见的绘图设置面板，面板的使用是 SketchUp 中比较重要的基础操作之一，尤其是材质面板、组件面板、样式面板等对于最终的效果有十分重要的意义。

4.2.1 模型信息面板

单击菜单栏中的"窗口"→"模型信息"命令，弹出模型信息面板，如图 4-14 所示。在模型信息面板可调节系统尺寸、单位、动画、地理位置、统计信息、信用、文件、文本和组件等选项。

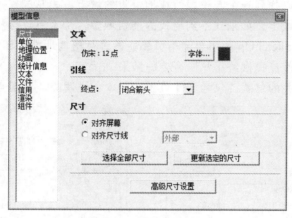

图 4-14 模型信息面板

- 尺寸：可以调节标注文字类型、字体大小、文字颜色、引线，或改变尺寸标注的外观，如图 4-15 所示。
- 单位：可以设置默认的角度和长度单位，如图 4-16 所示。
- 动画：可调节动画页面切换时间、页面延迟时间等参数，如图 4-17 所示。
- 统计信息：统计信息面板会显示模型中绘制要素的个数和类型。这个统计对出错检查是很有作用的，如图 4-18 所示。

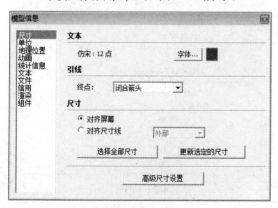

图 4-15 尺寸面板

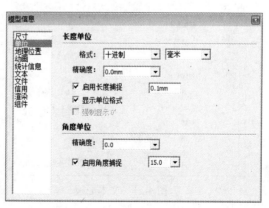

图 4-16 单位面板

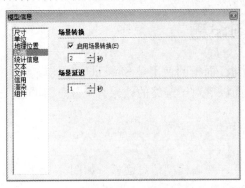

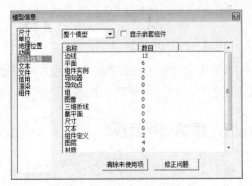

图 4-17　动画面板　　　　　　　　　　　　图 4-18　统计信息面板

- 地理位置：可以找到一个与模型所在地最近的城市。先从国家列表中选择一个国家，然后选择一个城市。如果找不到要找的确切城市，那么可以选择一个离得最近的，如图 4-19 所示。SketchUp 的阴影渲染引擎能够进行精确地数学计算。而大部分时候，一个详尽的城市就能提供给用户所需要的结果。
- 文件：文件相关的位置，包括文件位置、版本、说明等，如图 4-20 所示。

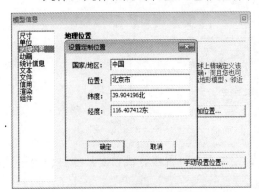

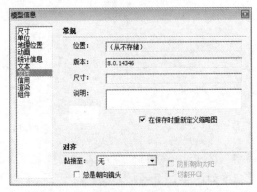

图 4-19　地理位置面板　　　　　　　　　　　图 4-20　文件面板

- 文本：可调整屏幕文本、引线文本的字体和颜色，以及引线本身，如图 4-21 所示。
- 组件：设置组件及群组的显示设置，如图 4-22 所示。

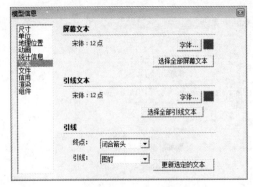

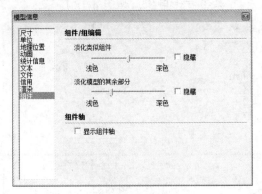

图 4-21　文本面板　　　　　　　　　　　　图 4-22　组件面板

4.2.2　样式面板

单击菜单栏中的"窗口"→"样式"命令，弹出样式面板。样式面板可调节图形显示的样式，样式面板中有"选择"、"编辑"、"混合" 3 个选项卡，如图 4-23 所示。

图 4-23　样式面板

在"选择"选项卡中可选择各种不同类型的页面风格，单击"选择"选项卡下的卷展栏，有 7 类样式可供选择，分别为手绘边线、Style Builder、预设样式、混合样式、照片建模、颜色集和直线，如图 4-24 所示。

- Style Builder 是手绘效果的视图画面，线条变粗糙，但是很随意，画面具有艺术气息。
- 手绘边线是指模型或建筑的线条和用铅笔绘画的效果一样，可以选择线条的粗细。
- 直线相对于其他风格较为简单，把模型用单线表示出来，线条简单规整。
- 颜色集是指可以在同一画面中，同时出现几种颜色的搭配。
- 预设样式一般包括建筑设计风格、工程风格等常见的视图。
- 混合样式将其他几种风格组合到一起，形成一种多样的形式。
- 照片建模是在根据照片底图绘制三维模型，在使用照片绘制时十分有用。

手绘边线

Style Builder

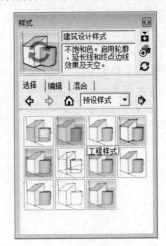

预设样式

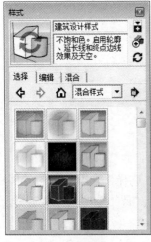

混合样式

照片建模

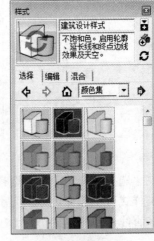

颜色集

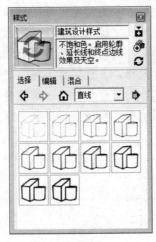

直线

图 4-24 选择不同样式

选择不同的样式，图纸文件会切换成不同的风格，如图 4-25 所示。

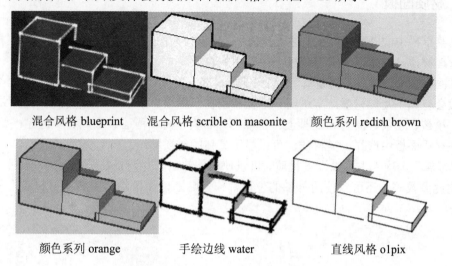

混合风格 blueprint　　混合风格 scrible on masonite　　颜色系列 redish brown

颜色系列 orange　　　　手绘边线 water　　　　直线风格 o1pix

图 4-25　页面风格图样式

在"编辑"选项卡中，可以对边线、平面、背景、水印、建模等进行设置，如图 4-26 所示。

- 边线设置：可以设置轮廓的宽度（如深粗线、延长线）等参数。
- 平面设置：可以设置模型前景色和背景色，以及模型的显示风格和启用透明度等参数。
- 背景设置：可设置背景颜色、天空颜色和地面颜色。
- 水印设置：为场景增加水印效果，可选择位图作为水印。
- 建模设置：可以设置模型在编辑时显示的颜色。

在"混合"选项卡中，可以设置几种模式的混合样式，如图 4-27 所示。

图 4-26　"编辑"选项卡

图 4-27　"混合"选项卡

4.2.3　材质面板

单击菜单栏中的"窗口"→"材质"命令，弹出材质面板。利用材质面板可以在材质库中选择和管理材质，也可以浏览当前模型中使用的材质。

材质面板有"选择"和"编辑"两个选项卡，在"选择"选项卡中，显示了不同类型的材质。一般会有如下几类材质：半透明、地毯和织物、屋顶、手绘、指定色彩、木质纹、围篱、标志物、植被、水纹、沥青和混凝土、百叶窗、石头、砖和覆层、金属、颜色等，如图 4-28 所示。在材质面板中选择一类材质，可以显示具体的材质贴图。

在"编辑"选项卡中可以设置材质。可以使用外部贴图并调整贴图的比例，也可以调整材质的透明度参数等，还可以使用外部的位图片作为贴图，如给物体附着木材材质，效果如图 4-29 所示。

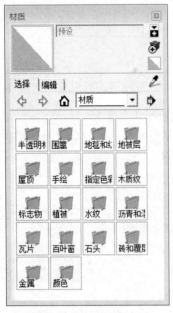

图 4-28　"选择"选项卡

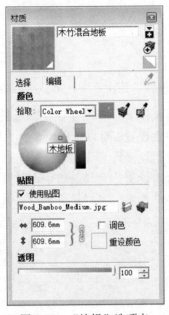

图 4-29　"编辑"选项卡

- 从面板中选择一个材质：单击选择进行填充的材质。激活的材质会在左上角的预览窗口中显示，同时会自动激活填充工具。
- 匹配材质：单击材质面板右上角的 ✐（提取材质）按钮。移动"吸管"光标到要提取的材质上并单击，该材质就会出现在材质预览窗口中，可以用当前材质来填充模型。
- 编辑材质：选择"模型中"标签，将显示场景中定义的所有材质。使用中的材质样本在右下角有三个小三角形，选择要编辑的材质，单击"编辑"按钮，可以进入材质编辑器，也可以双击材质进入编辑器。
- 面积计算：计算当前场景中使用某个材质的总面积。

4.2.4　组件面板

单击菜单栏中的"窗口"→"组件"命令，弹出组件面板。组件面板中列出了 SketchUp 组件库的目录，包括一系列的预设组件。可以从下拉列表中选择相应的库，如图 4-30 所示。

4.2.5　页面管理面板

单击菜单栏中的"窗口"→"页面管理"命令，弹出页面管理面板。此面板控制着页面的不同功能。创建一个新页面或编辑已有的属性时，会显示该面板，如图 4-31 所示。

图 4-30　组件面板

图 4-31　页面管理面板

- 添加页面：在当前设置下，添加新的页面到激活文档。
- 激活：如果对一个页面进行了任何改变，就需要激活页面。
- 删除：从当前文档中删除一个页面。先在页面列表中选择它的名称，然后删除。也可以使用页面标签的关联菜单。

4.2.6　雾化工具面板

单击菜单栏中的"窗口"→"雾化"命令，弹出雾化面板，如图 4-32 所示。

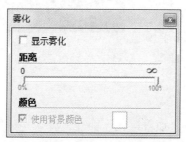

图 4-32　雾化面板

在场景中增加雾化效果，可以勾选"显示雾化"复选框，然后调节距离值以及背景颜色，如图 4-33 所示。

未使用雾化

使用雾化后

图 4-33　雾化显示

4.2.7　照片匹配面板

单击菜单栏中的"窗口"→"照片匹配"命令，弹出照片匹配面板，照片匹配能够通过跟踪照片建立一个 3D 模型或者是一个现有的模型和一张背景照片相匹配，如图 4-34 所示，将一个三维的喷泉模型与一张照片进行匹配。

照片匹配功能可以使场景中的模型文件和照片融合、匹配，例如将一个三维的花坛模型与一张照片进行匹配，如图 4-35 所示。

图 4-34　照片匹配面板

图 4-35　照片与模型融合

4.2.8　边线柔化面板

单击菜单栏中的"窗口"→"边线柔化"命令，弹出边线柔化面板，如图 4-36 所示。柔化/平滑边线可以在有角度的边线上自动应用柔化和平滑。这个操作可以很快地为复杂几何体产生光滑的效果，尤其对导入的模型十分有用。

- 垂线间的角度：可以修改需要柔化/平滑的角度大小。
- 光滑：可以同时柔化任何边线。
- 共面：可以柔化共面边线。

4.2.9　工具向导面板

单击菜单栏中的"窗口"→"工具向导"命令，弹出工具向导面板。该面板主要介绍 SketchUp 的基本命令，适合 SketchUp 初级用户。当把光标放在工具栏中的工具时，在工具向导面板中就会出现该命令的操作演示，如图 4-37 所示。

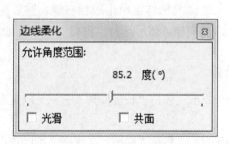

图 4-36　边线柔化面板

图 4-37　工具向导面板

4.2.10　参数设置面板

单击菜单栏中的"窗口"→"系统使用偏好"命令，弹出系统使用偏好面板。在系统使用偏好面板中可设置 OpenGL、绘图、兼容性、快捷、模板、文件和应用程序等选项，如图 4-38 所示。

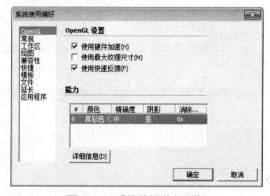

图 4-38　系统使用偏好面板

- OpenGL：让 SketchUp 使用系统的 3D 硬件加速功能。
- 绘图：绘图系统参数控制与鼠标有关的选项。
- 快捷：SketchUp 大部分命令都支持用户自定义的快捷键。
- 模板：SketchUp 支持文件模板的创造和使用，这样就可以设置一些默认的功能，把自己的基础几何体添加到新建文档中。
- 文件：显示 SketchUp 的文件查找路径。若要修改路径，先选择，然后单击"修改"按钮。

4.2.11 图元信息面板

在 SketchUp 中，通过"图元信息"面板来显示图元信息。通过"图元信息"面板不但可以查询物体的相关信息，还可以对物体的某些特性进行修改。

相对于选择物体或物体的集合的不同，"图元信息"面板中的相关内容也不一样，但无论哪一种"图元信息"面板，都包括"图层"与"隐藏"两个选项，所以可以通过"图元信息"面板更改物体的图层与隐藏被选择的物体。

启动"图元信息"面板的方法有两种：一种是在选择的物体上单击鼠标右键，然后在弹出的快捷菜单中选择"图元信息"命令；另一种是先选择物体，然后选择"窗口"→"图元信息"命令。

下面介绍几种常用类型物体的"图元信息"面板。

步骤 01 直线物体的"图元信息"面板如图 4-39 所示，包括"长度"文本框，可以查询与更改直线物体的长度。

步骤 02 圆弧物体的"图元信息"面板如图 4-40 所示，包括"面积"文本框，可以查询物体面积。

图 4-39　直线物体

图 4-40　圆弧物体

步骤 03 面域物体的"图元信息"面板如图 4-41 所示，包括"面积"文本框，可以查询面域的面积。

步骤 04 多个物体组成集后的"图元信息"面板如图 4-42 所示。

图 4-41　面域物体

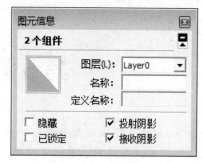

图 4-42　多个物体

4.3　本章小结

这一章节以工具栏和绘图面板的介绍为重点，详细讲述了所有工具的使用方法和在 SketchUp 中的位置，在初步学习的基础上，达到深入了解的效果。SketchUp 中的这些基本工具需要熟悉掌握，才能在以后的实际操作中绘制出理想的图纸。在后几章的案例中，会多次用到这些工具来熟练 SketchUp 的绘制技巧。

第 5 章　建模思路

关于 SketchUp 建模，需要形成一套自己的建模习惯，有好的习惯了，建模自然就快了，一般来说建模方式有几种，根据不同的模型需要来选择：一种是极为精细的建模，材质和细节都表现出来；一种是贴图建模，建立一个大的块体，通过贴图来表现材质和阴影；一种是块体示意模型，建立不同的块体，通过不同的色彩和材质来表现功能等。一般来说，养成建模的良好习惯才是最重要的，比如快捷键、制作组件、制作组群，还有就是灵活运用 SketchUp 所给的工具来完成自己想要的形状，这个是一个思考和探索的过程。

📥 **学习目标**

- SketchUp 以"面"为主的建模方法
- SketchUp 生成三维模型的主要工具
- SketchUp 群组

5.1　以"面"为核心的建模方法

在 3ds Max 中，模型可以是多边形、片面和网格的一种或几种形式的组合等。但是在 SketchUp 中，模型都是由"面"组成的。所以在 SketchUp 中的建模是紧紧围绕着以"面"为核心的方式来操作的。这种操作方式的优点是模型很精简，操作起来很简单，但缺点是很难建立形体奇特的模型。

5.1.1　单面的概念

由于 SketchUp 是以"面"为核心的建模方法，所以首先就必须要了解什么是"面"。在 SketchUp 中，只要是线形物体（如直线、圆、圆弧）组成了一个封闭、共面的区域，那么便会自动地形成一个面，如图 5-1 所示。

 有时封闭的、共面的线形物体无法形成面，这时需要进行补线，特别是将 AutoCAD 绘制的线形物体导入到 SketchUp 中时，经常会出现这样的问题。补线的目的就是重新指定一次封闭的区域，具体操作本书在后面将会介绍。

一个"面"实际上由两部分组成，即正面与反面。"正面"与"反面"是相对的，一般情况下需要渲染的面或重点表达的面是"正面"。如图 5-2 所示，场景中有两个面，圆面是水平的，正方形的面是垂直的，在这个观测角度上，水平的面是反面面向读者，垂直的面是正面面向读者。

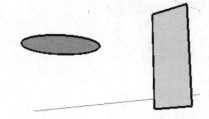

图 5-1 自动形成面   图 5-2 正面与反面的区别

面为什么要用"正面"与"反面"区别开来解释呢？这主要是在渲染过程中需要解决一个难题。渲染器在渲染一个场景时，是对场景中的每个面来进行光能运算的。

通常有两种渲染方式：一种是对正面与反面都进行渲染的"双面渲染"方式，另一种是只针对正面进行渲染的"单面渲染"方式。

三维设计软件渲染器的默认设置一般都是"单面渲染"。3ds Max 在默认情况下，扫描线渲染器中的"强制双面"复选框是未选中的。由于面数成倍增加，"双面渲染"比"单面渲染"要多花一倍的计算时间。所以为了节省作图时间，设计师在绝大多数情况下都是使用"单面渲染"。

如果单独使用 SketchUp 作图，可以不考虑"单面"与"双面"问题，因为 SketchUp 没有渲染功能。设计师往往会将 SketchUp 用作一个"中间软件"，即在 SketchUp 中建模，然后导入到其他的渲染器中进行渲染，如 Lightscape、3ds Max 等。在这样的思路指引下，用 SketchUp 作图时，必须对所有的面进行统一处理，否则进入到渲染器后，正反面不一致，无法完成渲染。

  SketchUp 的模型导入到 3ds Max 后就变成了 Editable Mesh（可编辑的网格），这是非常简洁的单面模型。相比目前比较流行的单面建模法，如 3ds Max 的 Editable Poly（可编辑的多边形）、ArchiCAD 和 AutoCAD，都不如 SketchUp 建立单面模型的速度快、面的数量少。

5.1.2 正面与反面的区别

在 SketchUp 中，通常用黄色或者白色的表面表示正面，用蓝色或者灰色的表面表示反面。如果需要修改正反面显示的颜色，需进行如下操作：

步骤 01 单击"菜单"栏→"窗口"→"样式"命令，在弹出的"样式"对话框中选择"编辑"选项卡。

步骤 02 选择"表面" 🌂 选项，调整前景颜色与背景颜色，如图 5-3 所示。用颜色来区分正、反面只不过是事物的外表。图 5-4 为调整正、反面显示的颜色的效果。

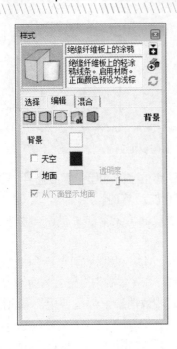

图 5-3　样式面板

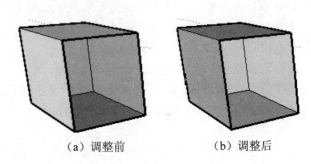

（a）调整前　　　　　　（b）调整后

图 5-4　调整正、反面显示的颜色的效果

在单面显示状态下，面对着观测者并且可以看到的面就是正面。

技巧提示　在 3ds Max 的默认情况下，只渲染正面而不渲染反面。所以在作室内设计图时，要把正面向内；而在绘制室外建筑图时，正面是需要向外的，而且正面与反面一定要统一方向。

5.1.3　面的翻转

在绘制室内效果图时，需要表现的是室内墙面的效果，所以这时的正面需要向内。在绘制室外效果图时，需要表现的是外墙的效果，所以这时正面需要向外。在默认情况下，SketchUp 将黄色的正面设置在外侧。

如图 5-5 所示，场景中有一个长方体，黄色的正面是向外的。如果是绘制室外效果图，可以不用调整。如果绘制室内效果图，则需要将面翻转。具体操作步骤如下：

步骤 01　在任意一个面上单击鼠标右键，在弹出的快捷菜单中选择"将面翻转"命令，将选择的黄色的正面翻转到里面去，而蓝色的反面显示在外侧，如图 5-6 所示。

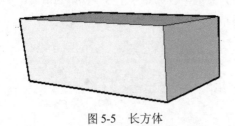

图 5-5　长方体

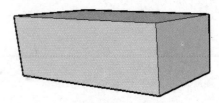

图 5-6　翻转后的长方体

步骤 02　在屏幕右下角的数值输入框中输入需要移动的距离，可以达到精确移动面的目的。

　一般来说，在建筑设计与室内设计中，由于墙体的几何关系，对于面的移动都会锁定一个轴向进行操作，即与 X、Y、Z 任意一轴平行进行移动。

对于面的复制，具体操作步骤如下：

步骤 01　单击"编辑"工具栏中的（移动/复制）工具，并且按住 Ctrl 键不放，此时光标上出现一个"+"号，再用光标选择场景中的一个面，如图 5-7 所示。

步骤 02　按住鼠标左键不放，移动光标拖出一个新面来，如图 5-8 所示。

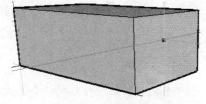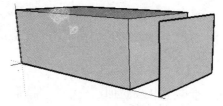

图 5-7　选择要复制的面　　　　　　　图 5-8　面的复制

　可以在屏幕右下角的数值输入框中输入需要移动的距离，也可以在数值输入框中输入"x个数"来复制多个面。如输入"x3"，表示复制 3 个面。

5.2　生成三维模型的主要工具

建立三维模型的一般思路是先绘制出二维的底面图，然后生成三维模型。相比 3ds Max 中复杂而繁多的三维模型生成命令，SketchUp 通过两个工具就能基本解决从二维到三维的问题。这两个工具就是"推/拉"与"路径跟随"。

5.2.1　"推/拉"工具

相比"路径跟随"工具，"推/拉"工具的作用更强大。在将二维图形生成三维图形的过程中，90％以上的操作要用到"推/拉"工具。SketchUp 的"推/拉"工具作用类似于 3ds Max 中的 Extrude（挤出）命令，只不过操作更直观一些。

使用"推/拉"工具可以推、拉面以增加厚度，使之成为三维模型，还可以增加或减少三维模型的体积。

发出"推/拉"命令有两种方法：一是单击"编辑"工具栏中的 ☘（拉伸）按钮，二是选择"工具"→"推/拉"命令。

将二维模型推/拉成三维模型的操作方法如下：

步骤 01　单击"编辑"工具栏中的 ☘（拉伸）按钮，然后选择需要推/拉的面，被选中的面将黄色高亮显示，如图 5-9 所示。

步骤 02　按住鼠标左键不放，向着需要推/拉的方向移动光标，可以看到此时选择的面增加了一个厚度，而且新增的面会随着光标的移动而移动，如图 5-10 所示。

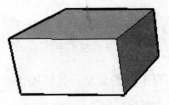

图 5-9　推/拉面　　　　　　　　　　　　　图 5-10　拉伸矩形

 步骤 03　在适当的位置释放鼠标左键，即可完成三维建模的建立。

可以在屏幕右下角的数值输入框中输入需要推/拉面的距离。例如，输入"3000"，表明推/拉 3000mm 的高度，这实际上就是房间的高度。设计中常用这样的方法建立室内的空间模型。

在三维模型中推/拉面，是指在保持形体几何特征的情况下对面进行移动。具体操作方法如下：

步骤 01　单击工具栏中的"推/拉"按钮，然后选择需要推/拉的面，如图 5-11 所示。这里选择此模型中凹进去的那个面。

步骤 02　按住鼠标左键不放，向着需要的方向移动光标，可以看到不仅是面随着移动，整个物体都随着发生变化，如图 5-12 所示。

步骤 03　在适当的位置释放鼠标左键即可。

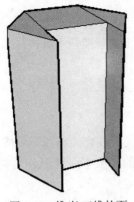

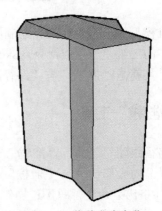

图 5-11　推/拉三维的面　　　　　　　　　　图 5-12　物体发生变化

可以观测到面的变化，但是整个物体的几何关系没有改变。

三维模型中对面进行推/拉与使用"移动/复制"工具对面进行的操作类似，只不过推/拉面时方向必须与面保持垂直，而移动/复制面时方向可以随意变化。

用推/拉的方法在三维模型中创建新的面。具体操作方法如下：

步骤 01　单击"编辑"工具栏中的 （拉伸）按钮，然后按住 Ctrl 键不放选择需要推/拉的面，可以看到屏幕上光标的旁边出现了一个"+"号，表明此时是在复制物体。

步骤 02　按住鼠标左键不放，向着需要的方向移动光标，产生一个新的面，如图 5-13 所示。

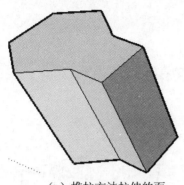

（a）推拉方法拉伸的面　　　　　　　　（b）用推拉方法创建新的面

图 5-13　用推/拉的方法在三维模型中创建新的面

步骤 03　在需要的位置释放鼠标左键，完成面的创建。

"推拉"工具是最重要的三维建模方法，可以有很多种应用，请读者结合实例多加练习，只有在练习中才能更好地掌握。

5.2.2　"路径跟随"工具

"路径跟随"是指将一个截面沿着某一指定线路进行拉伸的建模方式，与 3ds Max 中的 Loft（放样）命令有些类似，是一种很传统的从二维到三维的建模工具。发出"路径跟随"命令有两种方式：一是单击"编辑"工具栏中的 （跟随路径）按钮，二是选择"工具"→"路径跟随"命令。

使用"路径跟随"工具使一个截面沿着某一指定曲线路径进行拉伸的具体操作方法如下：

步骤 01　单击"编辑"工具栏中的 （跟随路径）按钮，发出命令。

步骤 02　根据状态栏中的提示单击截面，以选择拉伸面，如图 5-14 所示。

步骤 03　将光标移动到作为拉伸路径的曲线上，这时可以看到曲线变红，表明"路径跟随"命令已经锁定路径了，慢慢地沿着曲线移动光标，可以看到截面也随着逐步地拉伸，如图 5-15 所示。

步骤 04　移动光标到需要的位置，再次单击，完成路径跟随的操作。

使用"路径跟随"工具使一个截面沿某一表面路径进行拉伸的具体操作方法如下：

这时的路径不是曲线而是一个面，操作略有不同。

步骤 01　单击"编辑"工具栏中的 （跟随路径）按钮，发出命令。

步骤 02　然后根据状态栏中的提示单击截面，以选择拉伸面。

步骤 03 按住 Alt 键不放，将光标移动到顶部的面，这时系统会自动判断表面，这个面就作为路径的表面。

 按住 Alt 键进行选择是选择表面路径。

步骤 04 再次单击鼠标，表明确认选择作为路径的表面，结束操作。

常用这种方法来制作室内墙体的顶角欧式石膏线角。

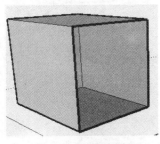

图 5-14 选择拉伸面

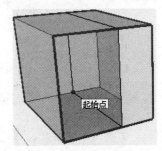

图 5-15 路径跟随

在 SketchUp 中并没有直接绘制球体的工具，但是球体这个特殊的几何体有时又需要出现在场景中，这就需要使用"路径跟随"命令。具体操作方法如下：

步骤 01 绘制如图 5-16 所示的两个半径相同且相交垂直的圆形。

步骤 02 设置绘图环境。选择"窗口"→"模型信息"命令，在弹出的"模型信息"对话框中选择"单位"选项，调整单位设置，如图 5-17 所示。

图 5-16 绘制相交的圆

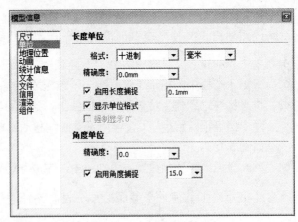

图 5-17 设置绘图单位

步骤 03 单击"绘图"工具栏中的 ■（矩形）按钮，在绘图区中依次单击矩形的两个对角点，绘制出矩形。

步骤 04 在屏幕右下角的数值输入框中输入"5400，4200"，按 Enter 键，在屏幕上将出现一个 5400mm×4200mm 的矩形，如图 5-18 所示。

步骤 **05** 单击"编辑"工具栏中的 按钮，再单击绘制好的矩形面并按住鼠标左键不放，向上移动到需要的位置后释放鼠标左键。

步骤 **06** 在屏幕右下角的数值输入框中输入"3000"，按 Enter 键，表示将面向上位伸 3000mm，如图 5-19 所示。

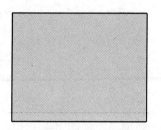

图 5-18　绘制矩形

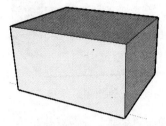

图 5-19　拉伸矩形

步骤 **07** 在顶面上单击鼠标右键，在弹出的快捷菜单中选择"隐藏"命令，将顶部的面隐藏起来以便于作图，如图 5-20 所示。

步骤 **08** 转动视图，以便观察作图。单击"构造"工具栏中的 按钮，将一条边向左侧移动拉出辅助线来，如图 5-21 所示。

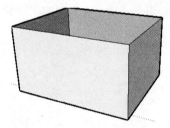

图 5-20　隐藏顶面

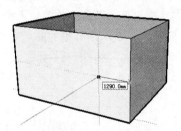

图 5-21　拉出辅助线

步骤 **09** 单击"构造"工具栏中的 按钮，将边线向左侧依次建立偏移距离为 120mm 和 1000mm 的两条辅助线（120mm 为门垛度、1000mm 为门宽），将底线向上建立偏移距离为 2100mm 的一条辅助线（2100mm 为门高），如图 5-22 所示。

步骤 **10** 绘制这 3 条辅助线是为了定位门的位置。

步骤 **11** 使用"矩形"工具，以辅助线为参照，绘制出门的轮廓线，如图 5-23 所示。

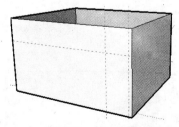

图 5-22　推出门框位置

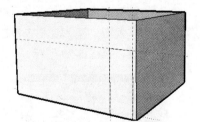

图 5-23　绘制门的轮廓线

步骤 **12** 单击"构造"工具栏中的 按钮，将底边向上以此建立距离为 1200mm 和 2200mm 的辅助线。将左边线向右建立偏移为 1500mm 和 2500mm 的两条辅助线，效果如图 5-24 所示。

步骤 13 单击"绘图"工具栏中的 ▇（矩形）按钮，以辅助线为参照，绘制出窗的轮廓线，如图 5-25 所示。

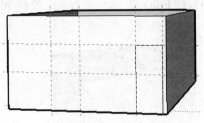

图 5-24 推出窗框位置

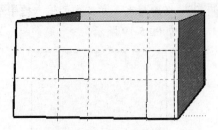

图 5-25 绘制窗的轮廓线

步骤 14 单击"编辑"工具栏中的 ➴（拉伸）按钮，将窗向外侧推 100 个单位，这就是窗的厚度，如图 5-26 所示。

步骤 15 选择"编辑"→"辅助线"→"隐藏"命令，将场景中的辅助线全部隐藏起来，以便作图。

步骤 16 下面来绘制踢脚线。旋转视图，将房间的底面向上，以便于观察。单击"编辑"工具栏中的 ➴（拉伸）按钮，按住 Ctrl 键不放，单击底面并按住鼠标左键向上移动。

步骤 17 在屏幕右下角的数值输入框中输入"120"，按 Enter 键，此时复制的面偏移距离为 120，表明踢脚线的高度为 120mm，如图 5-27 所示。

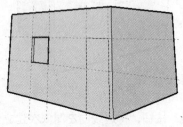

图 5-26 推出窗的厚度

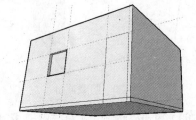

图 5-27 绘制踢脚线

步骤 18 旋转视图成俯视方向，将复制的面删除，只留下踢脚线的轮廓，如图 5-28 所示。

步骤 19 选择"编辑"→"显示"→"全部"命令，把所有的隐藏物体显示出来。

步骤 20 选择"编辑"→"辅助线"→"删除"命令，将场景中的辅助线全部删除，这是因为图形已经绘制完成，不再需要辅助线了。

步骤 21 调整视图，整体观测，单击工具栏中的"x 光模式"按钮，以便于观察模型的整体效果，如图 5-29 所示。

图 5-28 删除踢脚线的面

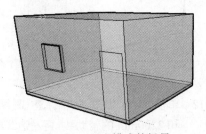

图 5-29 X 光模式的场景

通过这个例子说明了建立室内模型的一般方法，请读者务必要好好练习。通过练习，一是掌握命令工具的使用；一是要理解作图的步骤。门、窗细节的绘制、材质的赋予、光影效果的运用、动画或效果图的输出会在本书后面介绍。

5.3　群组

当场景过大，场景中的模型物体过多时，管理物体就会变得很麻烦，甚至选择一个物体都会很困难。这时就需要减少物体的数目（注意，不是减少物体）。可以将一些小物体（尤其是同类型相关联的小物体）组成一个集合，那么当选择这个集合时就相当于选择了集合中的所有物体。例如，将玻璃、窗框和窗台组成一个"窗"集合，下次再选择"窗"时，自然就把玻璃、窗框和窗台这些小物体一并选择了。这就是群组的概念。

5.3.1　创建组

群组是一种可以包含其他物体的特殊物体，常用来把多个同类型的物体集合成一个物体单位，以便于在建模时操作，如选择、移动和复制等。选择物体后，发出创建组的命令有两种方法：一是单击菜单栏中的"编辑"→"创建组"命令；二是单击选中物体，再单击鼠标右键，从弹出的快捷菜单中选择"创建组"命令。下面以 1 个长方体和 1 个圆柱体为例说明创建组的操作步骤如下：

步骤 01 选择需要创建组的物体，并单击鼠标右键，弹出如图 5-30 所示的快捷菜单。

步骤 02 选择"创建组"命令，这时图中的 2 个物体就变成了一个物体，如果再单击选择任意一个长方体的任意部位，会发现它们是一个整体，表明创建组成功，如图 5-31 所示。

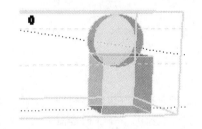

图 5-30　快捷菜单　　　　　　　　　图 5-31　创建组

在建模时群组是非常重要的一个概念，总体原则是晚建不如早建，少建不如多建。如果整个模型建立得差不多时，发现有些群组没有建，这时如果去补救将花费很大的精力，有时甚至无法补救。

在建模时一旦出现可以建立群组的物体集，应立即建立。在群组中增加、减少物体的操作是很简单的。如果整个模型都非常细致地进行了分组，那么调整模型就会显得非常方便。

如果需要取消群组，可以在群组上单击鼠标右键，在弹出的快捷菜单中选择"分解"命令，如图 5-32 所示。这时群组会被取消，原来的物体会重新变成一个个独立的选择单位。

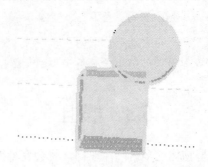

图 5-32　取消群组

5.3.2　群组的嵌套

群组的嵌套就是指一个群组中还包括有群组，"大"群组与"小"群组之间的相互包容就是群组的嵌套。群组嵌套的具体操作方法如下：

步骤 01　场景中有两个群组：一个是 3 个长方体组成的群组，一个是 3 个圆柱体组成的群组。一起选择它们，如图 5-33 所示。

步骤 02　选择这两个群组，单击鼠标右键，在弹出的快捷菜单中选择"创建组"命令，完成新群组的创建。

步骤 03　再次单击这个场景中的任意一个物体，会发现变成了一个物体，表明原来的两个群组现在组成了一个新的群组，如图 5-34 所示。

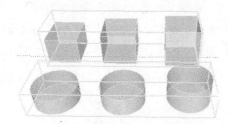

图 5-33　场景中的两个群组

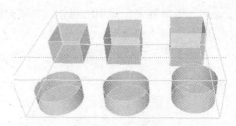

图 5-34　群组的嵌套

　虽然在建立群组时对群组的嵌套级别（在一个群组中有多少级子群组）没有过多的限制，但一般情况下不宜嵌套过多。这是因为如果嵌套级别过多，在调整群组时就会显得很困难，有时往往找不到需要调整的物体在哪一级嵌套中。

在有嵌套的群组中使用"分解"命令，一次只能取消一级嵌套。如果有多级嵌套的群组，就必须重复使用"分解"命令才能将嵌套的群组一级一级地分解。

5.3.3　编辑群组

编辑群组是群组操作中非常重要的一个环节。因为在建模的过程中，需要经常对群组进行调整，如增加物体、减少物体和编辑群组中的物体等。

在群组中增、减物体的操作方法如下：

步骤 01　场景中有一个由 3 个圆柱体组成的群组，还有一个长方体的非群组物体，如图 5-35 所示。

步骤 02　将群组设置为可编辑状态。方法有两种：一是直接双击群组；二是选择群组后，选择"编辑"→"群组"→"编辑群组"命令。可以看到，此时屏幕中的群组处于激活的可编辑状态，而场景中的其他物体处于无法操作的冻结状态，如图 5-36 所示。

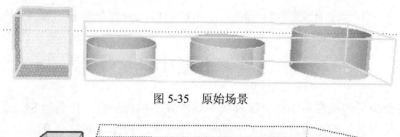

图 5-35　原始场景

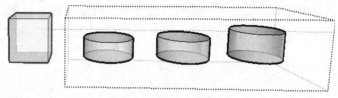

图 5-36　群组的可编辑状态

步骤 03　删除群组中的物体。选择一个圆柱体，直接将其删除，然后在屏幕空白处单击，结束操作，退出编辑群组状态，如图 5-37 所示。这时群组中只有 2 个圆柱体。

步骤 04　将物体移出群组。双击群组，此时群组为编辑状态。选择群组中的一个圆柱体，使用 Ctrl+X 组合键，将此物体剪切，然后在屏幕空白处单击，退出编辑群组状态，再使用 Ctrl+V 组合键，将剪切的圆柱体粘贴到场景中，如图 5-38 所示。

步骤 05　将物体加入群组。选择场景中的长方体，使用 Ctrl+X 组合键，将此物体剪切。

双击群组，此时群组处于编辑状态，再使用 Ctrl+V 组合键，将剪切的长方体粘贴到群组中，然后在屏幕空白处单击，退出编辑群组状态，如图 5-39 所示。

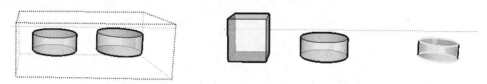

图 5-37　删除群组中的物体　　　　　　　　图 5-38　将物体移出群组

步骤 06　对群组中的物体进行编辑。当群组处于编辑状态时，可以对群组中的物体进行任意的编辑，就像物体不在群组中一样。如图 5-40 所示，在群组中的长方体的一个面上再增加一个面，然后用"推/拉"工具将这个面向外拉出。

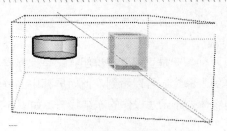

图 5-39　将物体加入群组

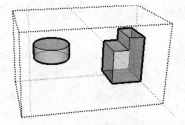

图 5-40　编辑群组物体

5.4　本章小结

　　本章主要介绍面的概念和生成三维模型主要用到的编辑工具，在熟悉 SketchUp 的各种工具后，讲解了面和群组的建模方法，下一章将开始介绍室内家具的绘制方法。

第6章 绘制室内家具

"拉伸"是 SketchUp 的重要绘图方法之一，有面即可成体，本章通过办公桌和书柜的绘制，来初步了解 SketchUp 的绘图原理和简单家具的绘制流程。

学习目标

- 绘制电视柜模型
- 绘制办公桌模型
- 绘制展示柜模型

6.1　绘制电视柜

电视柜是室内装修设计中常用的家具之一，不仅具有放置电视的使用功能，同时还具有室内装饰功能，如图 6-1 所示。

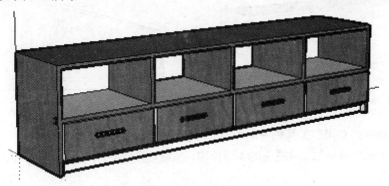

图 6-1　电视柜效果图

绘制电视柜的方法及流程较为简单，其原理主要是在一个长方体的表面及内部使用"矩形"工具和"拉伸"工具来分割电视柜不同功能的使用空间，最后完善其造型并赋予恰当的材质。接下来将详细讲解绘制电视柜的操作步骤：

步骤 01　单击"绘图"工具栏中的 ▓ （矩形）按钮，绘制一个 2000×400 的矩形，如图 6-2 所示。

步骤 02　单击"编辑"工具栏中的 ♨ （拉伸）按钮，将矩形向上拉伸 500，如图 6-3 所示。

图 6-2　绘制矩形

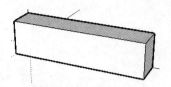

图 6-3　拉伸矩形

步骤 03 单击"构造"工具栏中的 （测量/辅助线）按钮，在距离底边 50 的距离上，绘制一条辅助线，如图 6-4 所示。

步骤 04 单击"绘图"工具栏中的 ✎（线）按钮，在辅助线的位置绘制一条直线，如图 6-5 所示。

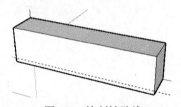

图 6-4　绘制辅助线

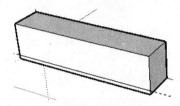

图 6-5　绘制直线

步骤 05 单击"编辑"工具栏中的 ✎（偏移复制）按钮，将矩形向内偏移 20，如图 6-6 所示。

步骤 06 单击"绘图"工具栏中的 ✎（线）按钮，绘制电视柜壁厚，如图 6-7 所示。

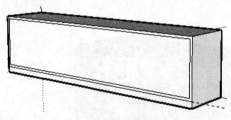

图 6-6　偏移矩形

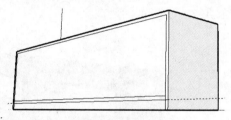

图 6-7　直线工具

步骤 07 单击"常用"工具栏中的 ✎（删除）按钮，删除辅助线。

步骤 08 单击"编辑"工具栏中的 ✎（拉伸）按钮，将最下方的矩形，向内偏移 20，如图 6-8 所示。

步骤 09 单击"常用"工具栏中的 ✎（删除）按钮，删除多余线段，如图 6-9 所示。

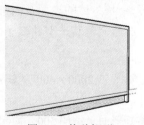

图 6-8　偏移矩形

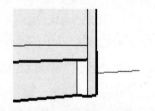

图 6-9　删除多余线段

步骤 10 单击"常用"工具栏中的 ✎（选择）按钮，选中电视柜的一条线，如图 6-10 所示。

步骤 11 单击鼠标右键，选择"拆分"命令，如图 6-11 所示。输入"4"，按 Enter 键，将之分成 4 段。

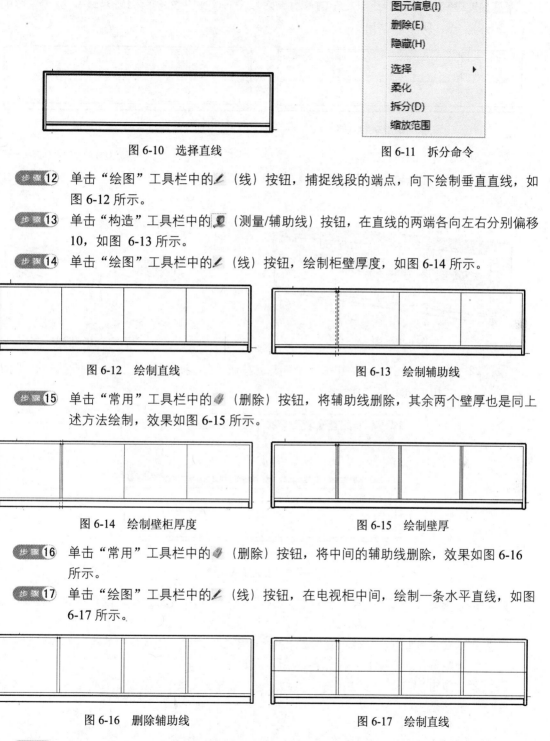

图 6-10　选择直线

图 6-11　拆分命令

步骤⑫　单击"绘图"工具栏中的 ✐（线）按钮，捕捉线段的端点，向下绘制垂直直线，如图 6-12 所示。

步骤⑬　单击"构造"工具栏中的 ❶（测量/辅助线）按钮，在直线的两端各向左右分别偏移 10，如图 6-13 所示。

步骤⑭　单击"绘图"工具栏中的 ✐（线）按钮，绘制柜壁厚度，如图 6-14 所示。

图 6-12　绘制直线

图 6-13　绘制辅助线

步骤⑮　单击"常用"工具栏中的 ✐（删除）按钮，将辅助线删除，其余两个壁厚也是同上述方法绘制，效果如图 6-15 所示。

图 6-14　绘制壁柜厚度

图 6-15　绘制壁厚

步骤⑯　单击"常用"工具栏中的 ✐（删除）按钮，将中间的辅助线删除，效果如图 6-16 所示。

步骤⑰　单击"绘图"工具栏中的 ✐（线）按钮，在电视柜中间，绘制一条水平直线，如图 6-17 所示。

图 6-16　删除辅助线

图 6-17　绘制直线

步骤⑱　单击"构造"工具栏中的 ❶（测量/辅助线）按钮，将直线分别向上和向下绘制一条辅助线，距离为 10。单击"绘图"工具栏中的 ✐（线）按钮，在辅助线的位置绘制直线，如图 6-18 所示。

步骤⑲ 单击"常用"工具栏中的 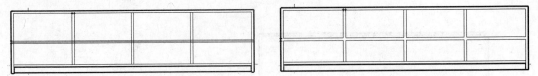（删除）按钮，将中线及多余线段删除，完成壁厚的绘制，如图 6-19 所示。

图 6-18 绘制直线　　　　　　　　　　　　图 6-19 删除线段

步骤⑳ 单击"编辑"工具栏中的 （拉伸）按钮，将矩形向内推拉 380，如图 6-20 所示。

步骤㉑ 单击"编辑"工具栏中的 （拉伸）按钮，将下边的四个矩形，向外拉伸 20，如图 6-21 所示。

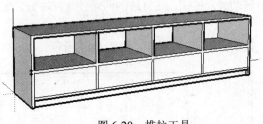 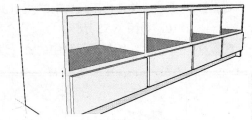

图 6-20 推拉工具　　　　　　　　　　　　图 6-21 拉伸 20

步骤㉒ 单击"绘图"工具栏中的 （矩形）按钮，在下面的抽屉门上绘制把手，尺寸为 150 × 10，如图 6-22 所示。

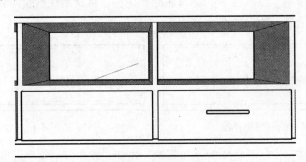

图 6-22 绘制矩形把手

步骤㉓ 单击"常用"工具栏中的 （选择）按钮，选中矩形，单击鼠标右键，选择"创建组"。

步骤㉔ 在矩形上双击鼠标左键，进入群组，单击"编辑"工具栏中的 （拉伸）按钮，将矩形向外推拉 10，如图 6-23 所示。

步骤㉕ 单击"编辑"工具栏中的 （移动/复制）按钮，将把手复制到其他抽屉上，如图 6-24 所示。

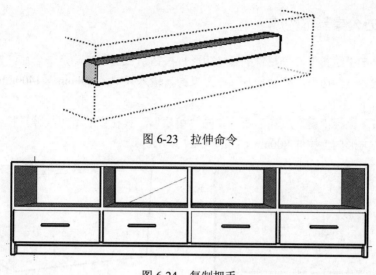

图 6-23　拉伸命令

图 6-24　复制把手

步骤26 单击"常用"工具栏中的 （材质）按钮，给电视柜赋予木材，效果如图 6-1 所示。

6.2　绘制办公桌模型

　　办公桌是办公室必不可少的工作家具，一般做室内设计时都需要有适宜的办公家具来满足室内的使用功能，下面先以办公桌为例，介绍办公家具的绘制方法。原来这么漂亮的桌子就是这么轻松地被拉出来的，办公桌的效果如图 6-25 所示。

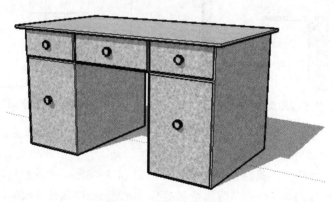

图 6-25　办公桌效果图

　　办公桌的绘制方法与电视柜的绘制方法大致相似，都是在一个长方体的基础上，进行面的分割与推拉，以完成各部分的使用功能，办公桌包括桌面、抽屉及橱柜三部分，均是由矩形分割后推拉成的长方体，下面详细介绍办公桌的绘制流程。

6.2.1 绘制办公桌基本构成

步骤 01 单击"绘图"工具栏中的■（矩形）按钮，在视图中确定一个点，拖拽鼠标光标确定另一个角点，绘制长方形作为桌面，输入尺寸为 800mm×1400mm，如图 6-26 所示。

步骤 02 按下鼠标中键，旋转视图。单击"编辑"工具栏中的（拉伸）按钮，将绘制出的长方形向上拉伸 800mm，如图 6-27 所示。

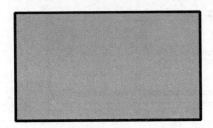
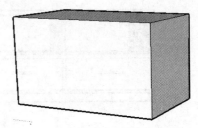

图 6-26　绘制长方形桌面　　　　图 6-27　绘制桌子高度

步骤 03 单击"绘图"工具栏中的■（矩形）按钮，在长方体底面两边各绘制一个矩形作为桌子橱柜的面积，中间留出一部分空间，作为通透空间。

步骤 04 单击"编辑"工具栏中的（拉伸）按钮，将中间的矩形向上拉伸，初步形成桌子轮廓模型，如图 6-28 所示。

步骤 05 单击"绘图"工具栏中的■（矩形）按钮，沿着顶面的顶点在桌子的四个侧立面分别绘制桌子的厚度，高度为 20mm，如图 6-29 所示。

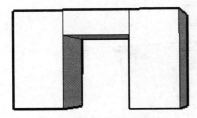
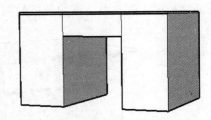

图 6-28　拉伸桌子轮廓　　　　图 6-29　绘制桌面厚度

步骤 06 单击"绘图"工具栏中的■（矩形）按钮，将绘制出的桌面厚度分别向外拉伸 50mm，如图 6-30 所示。

步骤 07 单击"绘图"工具栏中的■（矩形）按钮，按下鼠标中键旋转视图，沿着中间抽屉下面两端的角点分别向两侧绘制矩形，绘制出抽屉及柜子轮廓，如图 6-31 所示。

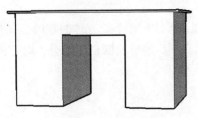
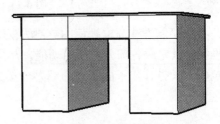

图 6-30　拉伸桌面厚度　　　　图 6-31　绘制抽屉

步骤 08 单击"编辑"工具栏中的 (偏移复制)按钮,选中抽屉及边柜矩形轮廓并分别向内偏移 10mm,如图 6-32 所示。

步骤 09 单击选择偏移复制出的矩形,单击"编辑"工具栏中的 (拉伸)按钮,向外进行拉伸,形成抽屉及柜门。在拉伸第二个矩形时,指向前一个已经拉伸好的厚度,拉伸的厚度均为 10mm。用相同的方法依次拉出其他矩形,如图 6-33 所示。

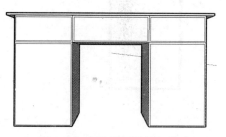

图 6-32　偏移抽屉及边柜轮廓

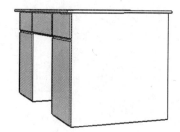

图 6-33　拉伸抽屉及柜门厚度

6.2.2　绘制抽屉拉手

步骤 01 单击"绘图"工具栏中的 (圆)按钮,在长方体上确定一点绘制圆形,单击"编辑"工具栏中的 (旋转)按钮,将圆向前推拉 50mm,如图 6-34 所示。

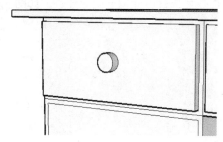

图 6-34　绘制抽屉拉手

步骤 02 单击"编辑"工具栏中的 (偏移复制)按钮,选中圆柱的面,拖动鼠标左键向外偏移复制,如图 6-35 所示。

步骤 03 单击"编辑"工具栏中的 (拉伸)按钮,将偏移出去的圆向前拉伸 10mm,形成抽屉的拉手,如图 6-36 所示。

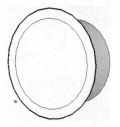

图 6-35　偏移复制面

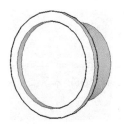

图 6-36　绘制抽屉拉手

步骤 04 双击拉手选中对象,单击工具栏中的"组件"工具 ,将拉手创建成组件,单击"编辑"工具栏中的 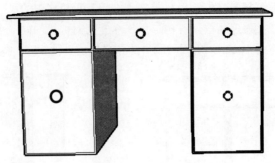（偏移复制）按钮，按住 Ctrl 键，同时按住鼠标左键并沿轴拖动，将拉手进行移动复制，如图 6-37 所示。

图 6-37　移动复制拉手

6.2.3　给办公桌添加材质

步骤01　单击"常用"工具栏中的 📎（材质）按钮，在弹出的材质面板中，选择"木质纹"材质中的"OSB 木质纹"材质，添加到办公桌，如图 6-38 所示。

步骤02　将粘贴好的材质，添加到办公桌，效果如图 6-39 所示。

步骤03　单击"阴影"工具栏中的 🌤（阴影设置）按钮，在弹出的阴影设置面板中勾选"使用太阳制造阴影"复选框，并调节阴影参数，如图 6-40 所示。

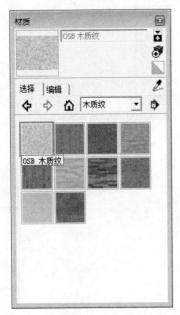

图 6-38　选择"OSB 木质纹"材质

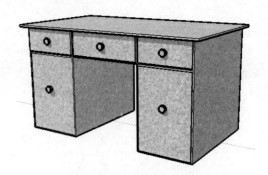

图 6-39　添加材质效果图

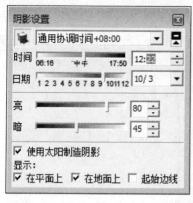

图 6-40　设置后的办公桌效果图

步骤 04　选择"窗口"→"样式"命令，在弹出的样式面板中选择"混合样式"中的"Scribble on Masonite"风格，视图背景变为黄色纸纹背景，如图 6-41 所示。

步骤 05　选择"文件"→"导出"→"2D 图像"命令，弹出"导出二维消隐线"对话框，如图 6-42 所示。

步骤 06　在弹出的路径面板中设置路径，文件命名为"桌子输出效果图"，文件格式为"*.tif"，在"选项"对话框中设置文件分辨率为"1800×821"像素，最终效果如图 6-25 所示。

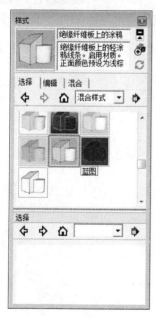

图 6-41　样式面板

图 6-42　"导出二维消隐线"对话框

6.3　绘制展示柜

　　在商场中，时常可以看见各式各样的展示柜，一个美观、实用的展示柜无形中会提高商品的档次。展示柜多以简洁、层次丰富、色彩艳丽为主。不同的展示柜大小、结构不一，本节主要介绍化妆品展示柜的绘制方法，如图 6-43 所示。

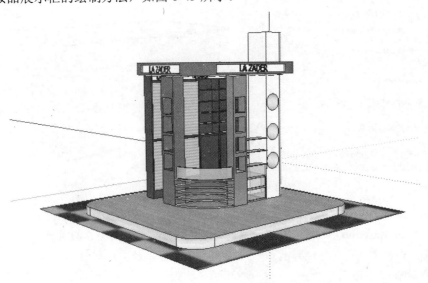

图 6-43　展示柜效果图

在绘制展示柜时，把它分成三大部分来分别绘制。首先是展示柜顶部框架，用顶部框架的尺寸来划定展示柜的大小，其次绘制展示柜的主体部分，即展示台，最后绘制地台。在绘制过程中，主要是注意尺寸、空间和材质的组合，用这三点来满足其使用功能。下面详细介绍其绘制步骤。

6.3.1　绘制展示柜顶部

步骤 01　单击菜单栏中的"窗口"→"样式"命令，弹出样式面板，在"预设样式"中选择"03 Shaded"，设置绘图背景为白色，如图 6-44 所示。

步骤 02　单击"绘图"工具栏中的 ■（矩形）按钮，绘制一个矩形，如图 6-45 所示。

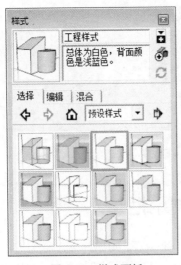

图 6-44　样式面板

图 6-45　绘制一个矩形

步骤 03　单击"绘图"工具栏中的⌒（圆弧）按钮，在矩形的顶点上画与边相切的圆弧，如图 6-46 所示。

步骤 04　单击"常用"工具栏中的✐（删除）按钮，删除矩形四个直角多余的线，形成圆角矩形，如图 6-47 所示。

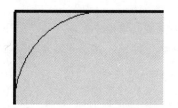

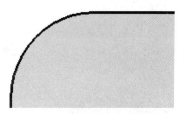

图 6-46　画与边相切的圆弧　　　　　　　　图 6-47　圆角矩形

步骤 05　单击"编辑"工具栏中的（偏移复制）按钮，将圆角矩形向内偏移复制，效果如图 6-48 所示。

步骤 06　单击"常用"工具栏中的（选择）按钮，选中中间部分，按 Delete 键将其删除。

步骤 07　单击"编辑"工具栏中的（拉伸）按钮，将图形向上拉伸出一定的厚度，作为展示柜顶部结构，效果如图 6-49 所示。

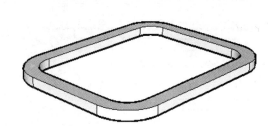

图 6-48　偏移圆角矩形　　　　　　　　图 6-49　拉伸矩形

步骤 08　按下鼠标中键，调整视图到模型底部，单击"绘图"工具栏中的（圆）按钮，在底部绘制圆形，效果如图 6-50 所示。

步骤 09　单击"编辑"工具栏中的（偏移复制）按钮，将圆向内偏移复制。

步骤 10　单击"编辑"工具栏中的（拉伸）按钮，将大圆与小圆之间的部分向外拉伸，形成筒灯，效果如图 6-51 所示。

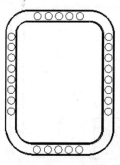

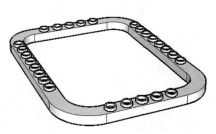

图 6-50　绘制圆形　　　　　　　　图 6-51　筒灯

步骤 ⑪ 选中圆形筒灯，单击鼠标右键，选择创建组，效果如图 6-52 所示。

步骤 ⑫ 按下鼠标中键调整视图，选中侧面的矩形，单击"编辑"工具栏中的（偏移复制）按钮 向内偏移，效果如图 6-53 所示。

步骤 ⑬ 单击"编辑"工具栏中的 （拉伸）按钮，形成展示柜品牌文字的位置，如图 6-54 所示。

步骤 ⑭ 按照上述方法编辑好其他侧面。选中整个模型，单击"常用"工具栏中的 （制作组件）按钮，将其制作成组件，命名为展示柜顶部，并沿蓝轴方向向上移动，如图 6-55 所示。

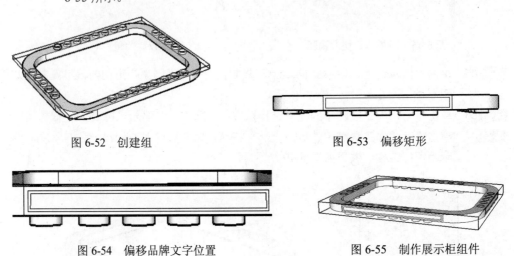

图 6-52　创建组　　　　　　　　　　　　　　　图 6-53　偏移矩形

图 6-54　偏移品牌文字位置　　　　　　　　　　图 6-55　制作展示柜组件

6.3.2　绘制展示柜主体

步骤 ① 单击菜单栏中的"窗口"→"样式"命令，将视图变为"直线"风格中的"直线 01 像素"，如图 6-56 所示。

步骤 ② 单击"绘图"工具栏中的 （矩形）按钮 ，绘制一个矩形，如图 6-57 所示。

图 6-56　直线风格

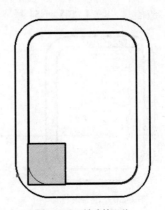

图 6-57　绘制矩形

步骤 03　单击 "编辑" 工具栏中的 按钮，将矩形推拉成一个立方体，效果如图 6-58 所示。

步骤 04　单击 "绘图" 工具栏中的 ●（圆）按钮，效果如图 6-59 所示。

步骤 05　单击 "编辑" 工具栏中的 按钮，将圆向内推拉到另外一边，形成圆孔，效果如图 6-60 所示。

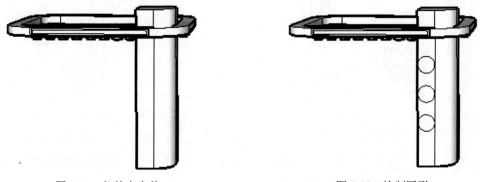

图 6-58　拉伸立方体　　　　　　　　　　图 6-59　绘制圆形

图 6-60　推拉圆孔

重复以上步骤，绘制两个中空隔断，作为支撑顶部结构的支柱。步骤如下：

步骤 01　单击 "绘图" 工具栏中的 ■（矩形）按钮，绘制两个矩形，单击 "编辑" 工具栏中的 按钮，将矩形分别推拉成两个立方体，效果如图 6-61 所示。

步骤 02　单击 "绘图" 工具栏中的 ■（矩形）按钮，在立柱上绘制四个矩形，单击 "编辑" 工具栏中的 按钮，将四个矩形分别推拉到立方体的另一面，效果如图 6-62 所示。

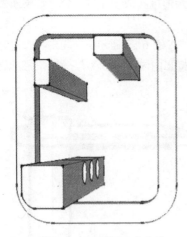

图 6-61　绘制两个立方体

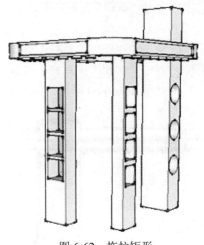

图 6-62　拖拉矩形

步骤 03　单击"绘图"工具栏中的▨（矩形）按钮，绘制一个矩形并拉伸成立方体，作为展示墙，效果如图 6-63 所示。

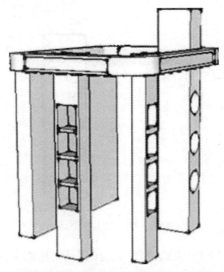

图 6-63　绘制展示墙

步骤 04　单击"绘图"工具栏中的▨（矩形）按钮，在墙体上绘制一个矩形，单击"编辑"工具栏中的▲（拉伸）按钮，将矩形向外拉伸，作为组合柜，效果如图 6-64 所示。

步骤 05　选中绘制的立面柱，单击鼠标右键，选择隐藏，将柱隐藏起来以方便绘制组合柜。

步骤 06　单击"绘图"工具栏中的✐（线）按钮，在立方体正面绘制直线，分割出矩形柜门。

步骤 07　单击"编辑"工具栏中的⟆（偏移复制）按钮，将矩形向内偏移复制，并单击"常用"工具栏中的✐（删除）按钮，将多余的直线删除，效果如图 6-65 所示。

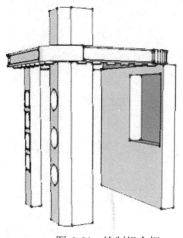

图 6-64　绘制组合柜

图 6-65　绘制柜门面

步骤 08　单击"编辑"工具栏中的 按钮，将内部的矩形向外拉伸，形成柜门，效果如图 6-66 所示。

步骤 09　单击"绘图"工具栏中的 按钮，绘制矩形。

步骤 10　单击"编辑"工具栏中的 按钮，将绘制好的矩形拉伸，制作隔板，如图 6-67 所示。

图 6-66　拉伸柜门

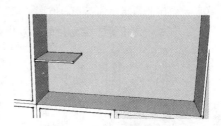

图 6-67　将绘制好的矩形拉伸

步骤 11　单击"编辑"工具栏中的 按钮，将绘制好的隔板复制到展示窗中，效果如图 6-68 所示。

图 6-68　复制隔板

6.3.3 绘制展示柜展台

步骤 01 单击"绘图"工具栏中的✐（线）按钮，沿着两个方柱底部绘制一个三角形，效果如图 6-69 所示。

步骤 02 单击"编辑"工具栏中的❤（拉伸）按钮，将三角形向上拉伸，单击"编辑"工具栏中的❤（偏移复制）按钮，将三角形向内偏移，效果如图 6-70 所示。

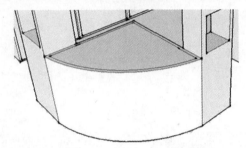

图 6-69　绘制一个三角形　　　　　图 6-70　绘制圆弧展示柜高度

步骤 03 选择弧形的边，单击"编辑"工具栏中的❤（移动/复制）按钮，将其向下偏移复制，形成弧形玻璃面，效果如图 6-71 所示。

步骤 04 单击"绘图"工具栏中的▨（矩形）按钮，沿方形圆孔柱绘制矩形。

步骤 05 单击"编辑"工具栏中的❤（拉伸）按钮，拉伸到另一个柱，使矩形工具分别在立方体正面和背面绘制矩形，效果如图 6-72 所示。

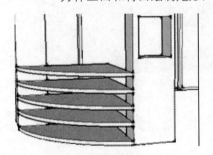

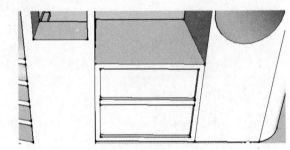

图 6-71　弧形玻璃面　　　　　　　图 6-72　绘制和拉伸矩形

步骤 06 单击"编辑"工具栏中的❤（拉伸）按钮，拉伸成一个柜台。单击工具栏中的❤（选择）按钮，双击柜台，将其制作成组件，效果如图 6-73 所示。

步骤 07 选中制作好的柜台，单击"编辑"工具栏中的❤（移动/复制）按钮，按下 Ctrl 键，复制出一个，然后单击"编辑"工具栏中的❤（旋转）按钮，旋转 90°，移动到方形圆孔柱的另一侧，效果如图 6-74 所示。

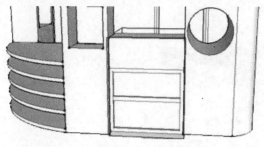

图 6-73　制作成组件

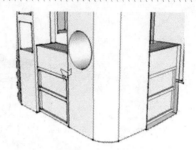

图 6-74　复制柜台

步骤 08　单击"绘图"工具栏中的 ⌒（圆弧）按钮，沿弧形柜台绘制弧线。

步骤 09　单击"编辑"工具栏中的 （偏移复制）按钮，将弧线向上偏移。

步骤 10　单击"绘图"工具栏中的 ✐（线）按钮，将两端连接，形成闭合图形，效果如图 6-75 所示。

步骤 11　单击"绘图"工具栏中的 ▦（矩形）按钮，在方形圆孔立柱和右边的立柱中间绘制一个矩形。

步骤 12　单击"编辑"工具栏中的 （拉伸）按钮，拉伸矩形厚度。单击"常用"工具栏中的 （选择）按钮，双击立方体，将其制作成组件，然后再复制一个，效果如图 6-76 所示。

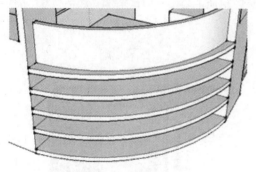

图 6-75　绘制圆弧隔板

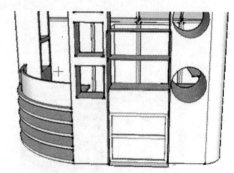

图 6-76　制作柜台组件

6.3.4　为展示柜添加材质

步骤 01　单击"常用"工具栏中的 （材质）按钮，在弹出的材质面板中选择"颜色"材质。在"颜色"材质中选择"颜色 L01"，双击打开顶部造型组件，为顶部造型添加红色材质，为品牌位置添加"颜色 001"白色材料。用同样的方法，为立柱也添加"颜色 L01"材质，效果如图 6-77 所示。

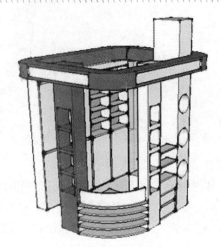

图 6-77　添加材质

步骤 02　单击"常用"工具栏中的 ✍（材质）按钮，在弹出的材质面板中选择"颜色"材质。在"颜色"材质中选择"颜色 A11"，双击打开后面的组柜，为组柜添加深红色材质，为品牌名称位置添加"颜色 000"白色材料，效果如图 6-78 所示。

步骤 03　单击"常用"工具栏中的 ✍（材质）按钮，在"颜色"材质中选择"颜色 D02"，双击方形圆柱孔，为方形圆柱孔柱添加黄色材质，为圆孔内部增加"颜色 C03"橙色材料，效果如图 6-79 所示。

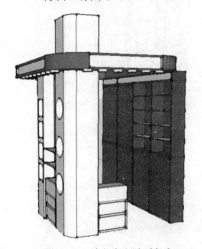

图 6-78　给组柜添加材质

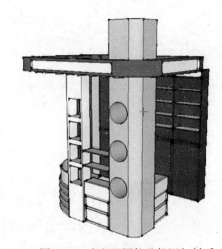

图 6-79　为方形圆柱孔柱添加材质

步骤 04　在材质面板中选择"半透明材质"，在半透明中选择"蓝色半透明玻璃"，如图 6-80 所示。

步骤 05　在编辑面板中调节玻璃颜色，如图 6-81 所示。

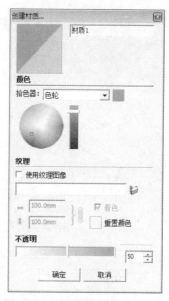

图 6-80　选择"半透明材质"类型　　　　图 6-81　调节"蓝色半透明玻璃"

步骤 06　单击"常用"工具栏中的（材质）按钮，分别为模型中的隔板和展柜添加玻璃材质，如图 6-82 所示。

步骤 07　在材质面板中选择"颜色"类型材质，在颜色中选择"颜色 006"，为另一个方柱增加深灰色材质，如图 6-83 所示。

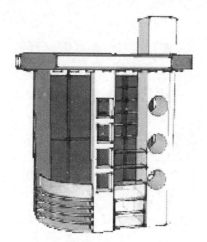

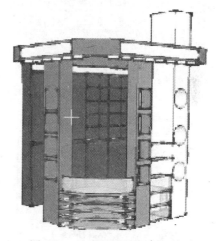

图 6-82　添加玻璃材质　　　　图 6-83　为方柱增加深灰色材质

步骤 08　按下鼠标中键调节视图，在材质面板中选择"编辑"选项卡，勾选"使用贴图"选项，在弹出的"选择图像"对话框中选择"广告图片 1"，如图 6-84 所示。

步骤 09　选中填充的广告画，为大矩形添加广告画，如图 6-85 所示。

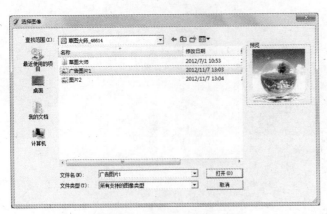

图 6-84 "选择图像"对话框

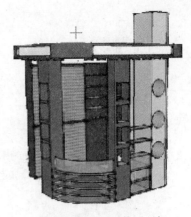

图 6-85 贴图后的展示柜

步骤 ⑩ 单击工具栏中的"三维文本" A 工具，在展示柜的顶部输入"LA ZADER"字样，如图 6-86 所示。

图 6-86 输入字体

步骤 ⑪ 单击鼠标右键，单击"图元信息"选项，弹出"图元信息"对话框，如图 6-87 所示。

步骤 ⑫ 单击正方形，弹出"选择颜料"对话框，选择"黄色"材质，如图 6-88 所示。

图 6-87 "图元信息"对话框

图 6-88 选择"黄色"材质

步骤 ⑬ 给字体添加黄色材质，效果如图 6-89 所示。

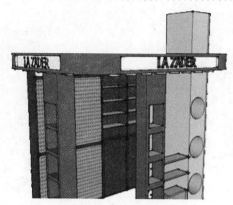

图 6-89 添加黄色材质

步骤⑭ 单击"绘图"工具栏中的 ▦（矩形）按钮，为场景绘制一个圆角矩形，单击"编辑"
工具栏中的 ⬆（拉伸）按钮，拉伸矩形，效果如图 6-90 所示。

步骤⑮ 单击"常用"工具栏中的 ◈（材质）按钮，为圆角矩形设置材质，作为展示柜的地
台，效果如图 6-91 所示。

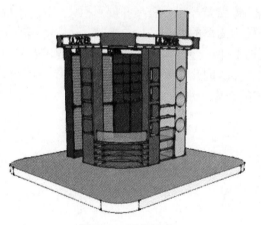

图 6-90 圆角矩形

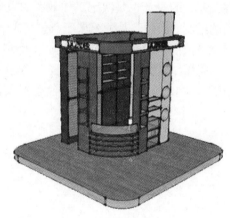

图 6-91 添加展示台材质

步骤⑯ 单击"绘图"工具栏中的 ▦（矩形）按钮，为场景绘制一个矩形，效果如图 6-92
所示。

步骤⑰ 单击"常用"工具栏中的 ◈（材质）按钮，为矩形设置材质，作为展示柜的地砖，
展示柜效果图绘制结束，效果如图 6-93 所示。

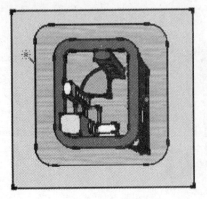

图 6-92 绘制矩形

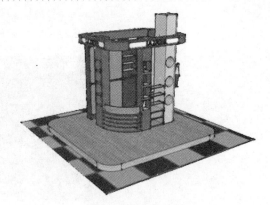

图 6-93 展示柜效果图

6.4 本章小结

办公家具系统是工作环境的重要组成部分，对工作环境的优劣起决定性作用。因此一个好的办公家具的设计也是决定工作效率的重要因素。本章首先以办公桌和展示柜为实例，主要运用面的绘制、拉伸工具和缩放工具，完成了一个较为简单的办公家具的绘制。商店给人的第一视觉就是门面，门面的装饰直接显示店面的名称、行业、经营特色、档次，是招揽顾客的重要手段。同样，展示柜具有吸引顾客、指导购物的作用。因此，在设计展示柜及橱窗一类的公共场所家具时要使用简洁明快的颜色起到吸引顾客的作用。

第7章　绘制景观建筑小品

景观建筑小品是景观中的点睛之笔，一般体量较小、色彩单纯，对空间起点缀作用。小品集具有实用功能，又具有精神功能，包括建筑小品：雕塑、壁画、亭台、楼阁、牌坊等；生活设施小品：座椅、电话亭、邮箱、邮筒、垃圾桶等；道路实施小品：车站牌、街灯、防护栏、道路标志等。本章以一个休闲廊架为例，介绍景观小品的绘制过程。

学习目标

- 绘制休闲廊
- 绘制亭子
- 绘制遮阳伞

7.1　绘制休闲廊

在景观建筑小品种，最常见的莫不过是室外座椅、长廊、景观亭等一些建筑元素，其中休闲廊架是一组集美观和实用性于一体的一个小品元素，在景观设计中常常被选用。本小节将以一个休闲廊为实例，介绍它的绘制方法，如图 7-1 所示。

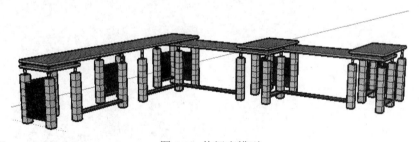

图 7-1　休闲廊模型

本节中的休闲廊是广场中最常见的休闲连廊的模型，首先绘制其廊架、然后依次是顶板、座椅、格栅，最后在建好的模型上赋予适当的材质。绘制的重点在于，把握好每一个构件的尺寸，在满足人体工程学的基础上，赋予其美观大方的材质。

7.1.1　绘制休闲廊廊架

景观构筑物的建模。首先从休闲廊开始。这组廊架主要由柱、遮阳顶板和若干座椅组成。人们可以在廊架的周围休息、交谈、观景。

步骤 **01** 首先创建廊架的立柱，单击"绘图"工具栏中的 ▇（矩形）按钮，指定矩形第一点，在数值控制框中输入（400、400），创建一个边长为 400mm 的正方形。

步骤 **02** 单击"编辑"工具栏中的 ▲（拉伸）按钮，在数值控制框中输入 2800，创建出休闲廊的一个方柱，如图 7-2 所示。

步骤 **03** 单击"常用"工具栏中的 ▲（选择）按钮，选择方柱顶面的 4 条边线，按 Ctrl+▲ 移动工具沿坐标蓝轴方向向下复制，在数值控制框中输入移动距离 400，再在数值控制框中输入 6x，按 Enter 键完成操作，将方柱 7 拆分，如图 7-3 所示。

图 7-2　绘制方柱　　　　　　　图 7-3　方柱 7 拆分

步骤 **04** 单击"绘图"工具栏中的 ●（圆）按钮，通过方柱顶面相邻两边中点参照，找到正方形的中心作为圆心，单击鼠标左键确定圆心，在数值控制框中输入 50，按 Enter 键完成操作，绘制一个半径为 50mm 的圆，如图 7-4 所示。

步骤 **05** 单击"编辑"工具栏中的 ▲（拉伸）按钮，单击圆形表面沿坐标蓝轴方向向上移动鼠标，在数值控制框中输入 700，按 Enter 键完成操作，创建出一个 700mm 高的圆柱体，如图 7-5 所示。

步骤 **06** 单击"常用"工具栏中的 ▲（选择）按钮，全选柱体，单击鼠标右键，弹出快捷菜单，选择"创建组件"命令，如图 7-6 所示。

  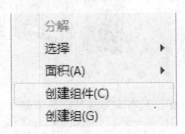

图 7-4　绘制圆形　　　图 7-5　推拉圆柱体　　　图 7-6　创建组件

步骤 **07** 按 Ctrl 键+▲ 移动工具沿坐标红轴复制柱体，在数值控制框中输入 2000，按 Enter 键完成操作，如图 7-7 所示。

步骤 **08** 选择两个柱体使用同样的方法沿坐标绿轴复制，距离 2000mm，现在得到了 4 个方柱，如图 7-8 所示。

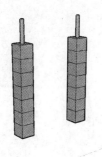

图 7-7　复制柱体

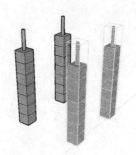

图 7-8　复制柱体（1）

步骤09　全选 4 个方柱使用同样方法沿坐标绿轴复制，在数值控制框中输入 12000mm，按 Enter 键。

步骤10　再次在数值控制框中输入/2，按 Enter 键完成操作。现在得到 3 组方柱，如图 7-9 所示。

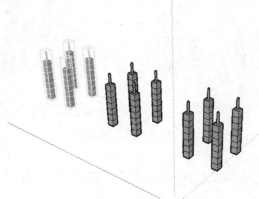

图 7-9　复制柱体（2）

步骤11　选择其中的 1 组方柱，沿坐标红轴复制，距离 7200mm，如图 7-10 所示。

步骤12　选择刚复制出来的一组方柱的其中两根，沿绿轴方向复制，距离 2000mm，如图 7-11 所示。选择 4 根一组中的两根，沿绿轴方向复制，如图 7-12 所示。

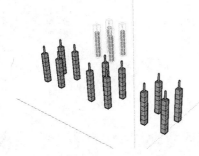

图 7-10　复制柱体（3）

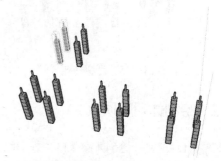

图 7-11　复制柱体（4）

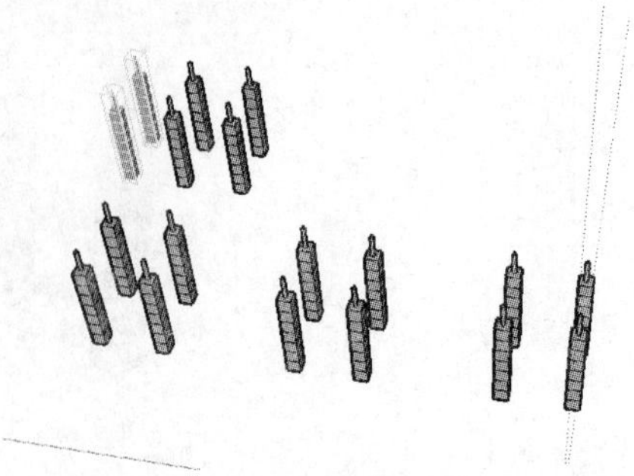

图 7-12　复制柱体（5）

步骤 13　选择 6 根 1 组方柱中的 4 根，沿坐标红轴方向复制，距离 7200mm，如图 7-13 和图 7-14 所示。

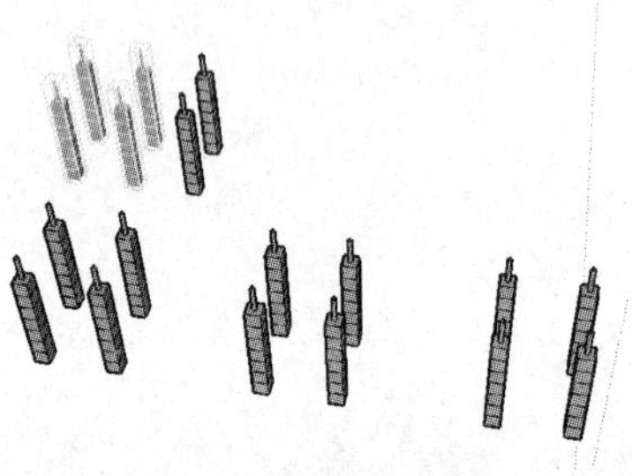

图 7-13　复制柱体（6）

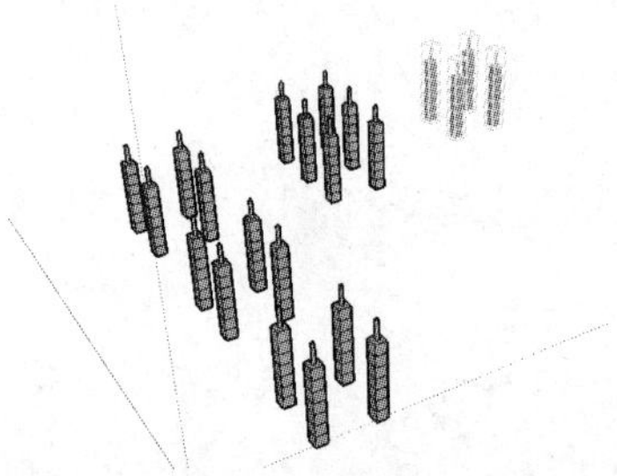

图 7-14　复制柱体（7）

步骤 14　选择刚复制出 1 组方柱中的两根，沿坐标绿轴方向复制，距离 2000mm，如图 7-15 所示。

步骤 15　通过复制供创建出 24 根方柱，廊架的所有立柱制作完成，如图 7-16 所示。

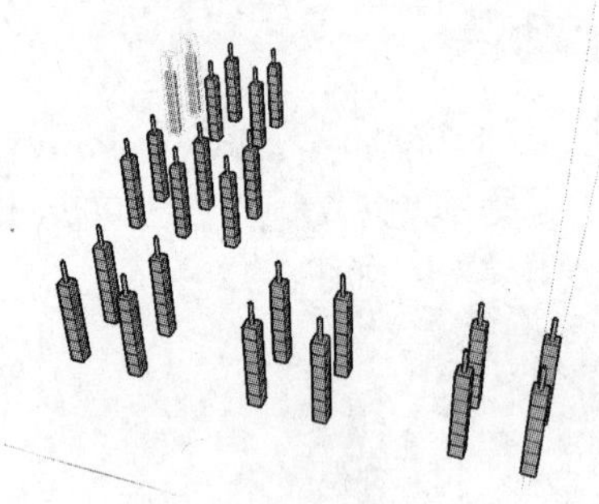

图 7-15　复制柱体（8）

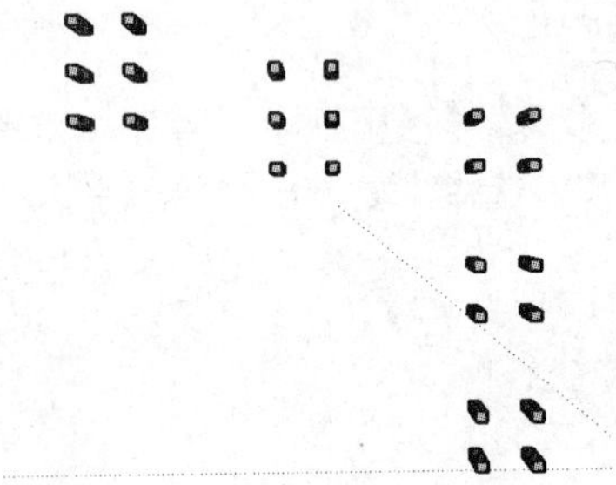

图 7-16　完成所有方柱

7.1.2　绘制休闲廊顶板

步骤 01　现在开始创建廊架的顶板。单击“绘图”工具栏中的■（矩形）按钮，创建一个 2400mm × 14400mm 的长方形，如图 7-17 所示。

步骤 02　单击“编辑”工具栏中的▲（拉伸）按钮，赋予长方形高度为 150mm，全选形体，单击鼠标右键，弹出快捷菜单，选择“创建组件”命令，如图 7-18 和图 7-19 所示。

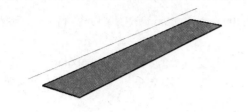

图 7-17　绘制矩形　　　　　　　　　图 7-18　创建组件

步骤 03　单击"编辑"工具栏中的 （移动/复制）按钮，捕捉形体的一个角点，将其移动至方柱下方，注意对齐，如图 7-20、图 7-21 和图 7-22 所示。

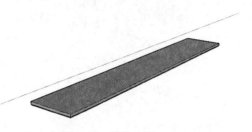

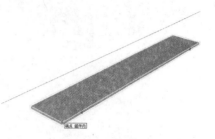

图 7-19　推拉高度　　　　　　　　　图 7-20　捕捉角点

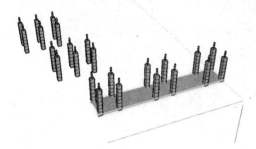

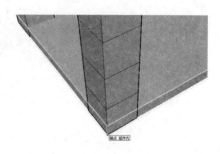

图 7-21　移动位置　　　　　　　　　图 7-22　对齐位置

步骤 04　单击"编辑"工具栏中的 （移动/复制）按钮，沿坐标蓝轴方向将其向上移动 3500mm，这样就完成了 1 块纵向廊架顶板的制作，如图 7-23 所示。

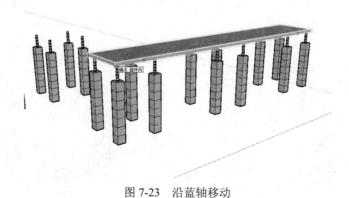

图 7-23　沿蓝轴移动

步骤 **05** 使用同样的方法制作 2 块 150mm×2400mm×4400mm 的廊架顶板，高度是 3500mm，如图 7-24 所示。

步骤 **06** 3 块横向廊架顶板的尺寸分别是 2400mm×2400mm×150mm、9600mm×2400mm×150mm、9600mm×2400mm×150mm，高度为 3200mm，注意顶板的高度关系，如图 7-25 和图 7-26 所示。

图 7-24　制作顶板

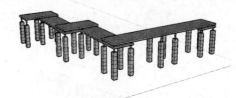

图 7-25　制作顶板（1）

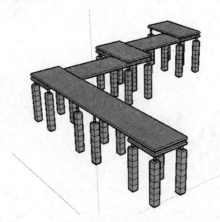

图 7-26　制作顶板（2）

7.1.3　绘制休闲廊座椅

步骤 **01** 廊架座椅制作，单击"绘图"工具栏中的 ▇（矩形）按钮，在最南端的两个方柱间绘制一个矩形，如图 7-27。

步骤 **02** 单击"编辑"工具栏中的 ▲（拉伸）按钮，赋予座椅厚度 80mm，如图 7-28 所示。

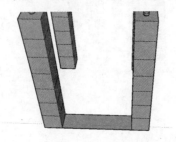

图 7-27　绘制矩形

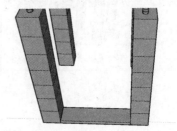

图 7-28　推拉高度

步骤 03　单击"常用"工具栏中的 ▲（选择）按钮，在座椅表面连续单击 3 下，将座椅全选，如图 7-29 所示。

步骤 04　在座椅表面上单击鼠标右键，在弹出的快捷菜单中选择"制作组件"命令，如图 7-30 所示。

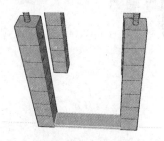

图 7-29　全选座椅

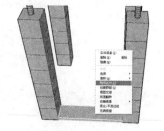

图 7-30　制作组件

步骤 05　将座椅移动至适当高度。单击"编辑"工具栏中的 ✦（移动/复制）按钮，捕捉坐标蓝轴，向上移动鼠标，在数值控制框中输入 400，这时将座椅移动至 400mm 高度，如图 7-31 所示。

步骤 06　利用同样方法将廊架座椅创建出来，各个座椅的位置如图 7-32、图 7-33 和图 7-34 所示，高度为 400mm。

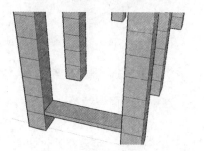

图 7-31　沿蓝轴移动

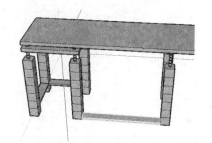

图 7-32　制作座椅（1）

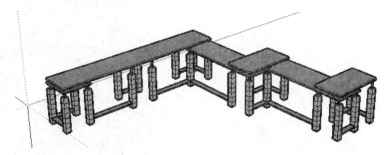

图 7-33　制作座椅（2）

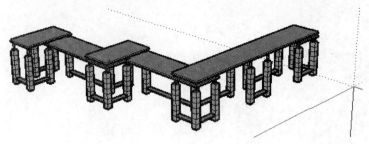

图 7-34　制作座椅（3）

7.1.4　绘制休闲廊格栅

步骤 01　廊架格栅的制作，单击"绘图"工具栏中的 ▓ （矩形）按钮，单击鼠标左键确定矩形的一个顶点，在数值控制框中输入（1600，50），按 Enter 键结束操作，创建出一个 1600mm×50mm 的矩形，如图 7-35 所示。

步骤 02　单击"编辑"工具栏中的 ▟ （拉伸）按钮，单击矩形表面，向上移动鼠标，在数值控制框中输入 50，按 Enter 键结束操作，如图 7-36 所示。

图 7-35　绘制矩形　　　　　　　　　　　　图 7-36　推拉高度

步骤 03　单击"常用"工具栏中的 ▨ （选择）按钮，在物体表面连续单击 3 次，将木条全选，如图 7-37 所示。

步骤 04　在木条表面单击鼠标右键，在弹出的快捷菜单中选择"创建组件"命令，如图 7-38 所示。

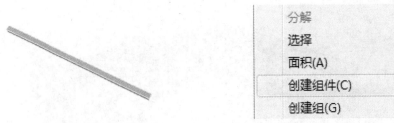

分解	
选择	▶
面积(A)	▶
创建组件(C)	
创建组(G)	

图 7-37　全选木条　　　　　　　　　　　図 7-38　创建组件

步骤 05　选择木条，单击"编辑"工具栏中的 ▨ （移动/复制）按钮捕捉坐标蓝轴，向上移动鼠标，在数值控制框中输入 100，按 Enter 键完成操作。在数值控制框中输入 19X，将木条复制 20 条，如图 7-39~图 7-41 所示。

图 7-39　选择木条　　　　　　　图 7-40　移动木条

步骤 06　单击"常用"工具栏中的 ▶（选择）按钮，全选木条。单击鼠标右键，在弹出的快
捷菜单中选择"创建组"命令，如图 7-42 所示。

选择	▶
面积(A)	▶
创建组件(C)	
创建组(G)	
相交面	▶

图 7-41　复制木条　　　　　　　　　图 7-42　创建组

步骤 07　单击"编辑"工具栏中的 ✄（移动/复制）按钮捕捉群组适当顶点，将廊架格栅移动
到适当位置，如图 7-43 所示。

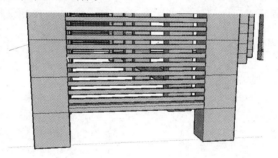

图 7-43　移动位置

步骤 08　利用同样的方法制作出所有廊架木格栅，如图 7-44 和图 7-45 所示。

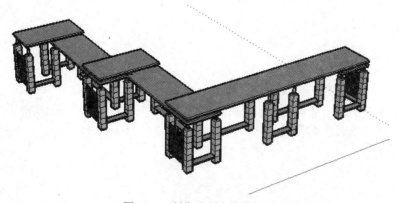

图 7-44　制作出所有木格栅

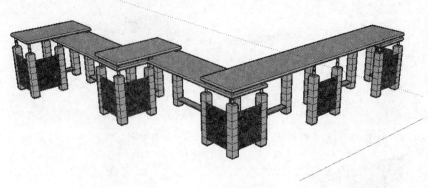

图 7-45　完成木格栅制作

7.1.5　填充休闲廊材质

步骤 01　单击"常用"工具栏中的 （材质）按钮，打开材质浏览器，赋予休闲廊材质。

步骤 02　廊架顶板和座椅材质使用材质库"木材"中的"软木板"材质，如图 7-46 所示。

步骤 03　廊架方柱材质使用材质库"沥青和混凝土"中的"混凝土"材质，如图 7-47 所示。

图 7-46　座椅材质

图 7-47　方柱材质

步骤 04　廊架方柱与顶板连接钢管使用材质库中的"金属"中的"金属刚纹理"材质，如图 7-48 所示。木格栅材质使用材质库中的"围篱"中的"仿旧效果围篱"材质，如图 7-49 和图 7-50 所示。

图 7-48　金属材质

图 7-49　金属材质

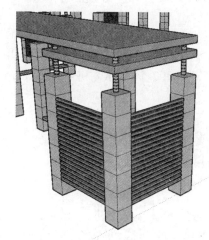

图 7-50　赋材质

步骤 05　单击"常用"工具栏中的 （选择）按钮，全选休闲廊各个部分，单击鼠标右键，选择"创建组"命令，将廊架建立群组，如图 7-51、图 7-52 和 7-53 所示。

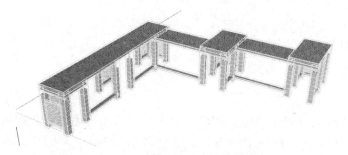

图 7-51　全选休闲廊

图 7-52　创建组

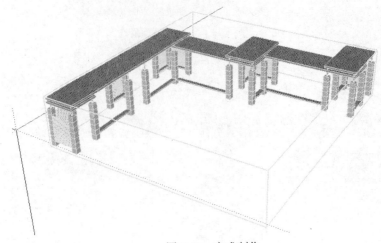

图 7-53　完成制作

7.2　绘制亭子

在建筑设计以及园林设计中，通常会有一些亭子的设计，既有中国传统风格的，也有现代简洁实用风格的，他们在建筑以及园林中往往起着画龙点睛的作用，同时也是人们休息娱乐的地方。本章通过一个亭子的案例，如图 7-54 所示，讲解 SketchUp 在实际应用中的绘制方法。

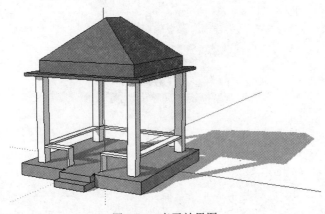

图 7-54　亭子效果图

本节中的亭子的绘制过程比较简单，操作过程是由下向上绘制，先是亭子底座，其次是亭子立柱、连椅，最后是顶部造型、赋材质。具体操作步骤如下。

7.2.1　绘制亭子底座

步骤 01　单击"绘图"工具栏中的■（矩形）按钮，在视图中确定一个点，然后在参数控制栏中输入尺寸（3500，3500），按 Enter 键确定，绘制一个边长为 3500×3500 的正方形亭子底座，如图 7-55 所示。

步骤 02　单击"编辑"工具栏中的📥（拉伸）按钮，将正方形上拉，在参数设置中输入 300mm，向上拉伸成一个高度为 300mm 的立方体，如图 7-56 所示。

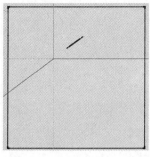

图 7-55 正方形亭子底座

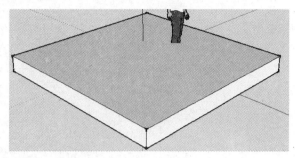

图 7-56 拉伸底座

步骤 03 单击"构造"工具栏中的 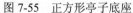（测量/辅助线）按钮，分别从立方体上面的每个边内拉出距离为 300mm 的辅助线，如图 7-57 所示。

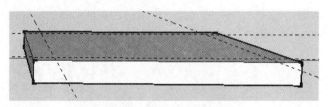

图 7-57 绘制辅助线

7.2.2 绘制亭子立柱

步骤 01 单击"绘图"工具栏中的 ▓（矩形）按钮，从辅助线的交点画一个边长为 220mm 的正方形，如图 7-58 所示。

步骤 02 单击"编辑"工具栏中的 ▓（拉伸）按钮，将正方形向上拉伸，高度为 2200mm。单击"常用"工具栏中的 ◈（制作组件）按钮，将拉伸后的立方体制作成组件，效果如图 7-59 所示。

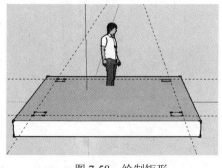

图 7-58 绘制矩形

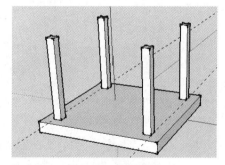

图 7-59 绘制亭柱

7.2.3 绘制亭子座位

步骤 01 单击"构造"工具栏中的 ▓（测量/辅助线）按钮，选择一个柱子，从柱子底部向上拉出高度为 400mm 的辅助线，如图 7-60 所示。

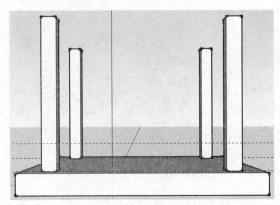

图 7-60　绘制 400mm 的辅助线

步骤 02　单击"绘图"工具栏中的■（矩形）按钮，从辅助线的位置绘制一个长为 220mm，宽为 50mm 的长方形，如图 7-61 所示。

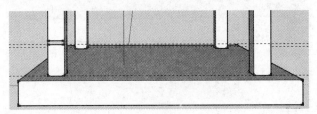

图 7-61　绘制长方形

步骤 03　单击"编辑"工具栏中的■（拉伸）按钮，选择矩形拉伸到另一个柱子，并与其相交，做出立柱中间座位，如图 7-62 所示。

步骤 04　重复上述步骤，绘制其他位置座位，效果如图 7-63 所示。

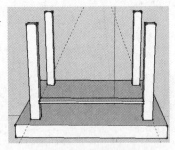

图 7-62　绘制座位

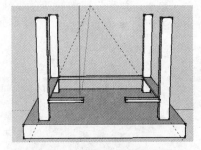

图 7-63　绘制其他位置座位

步骤 05　单击"编辑"工具栏中的■（移动/复制）按钮，将视图调整到合适的位置，然后单击"绘图"工具栏中的■（矩形）按钮，再出口的下方绘制一个长 220mm，宽 50mm 的长方形，如图 7-64 所示。

步骤 06　单击"编辑"工具栏中的■（拉伸）按钮，将矩形向下拉伸与亭子底座对齐，效果如图 7-65 所示。

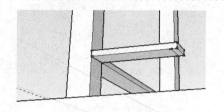

图 7-64 绘制长方形

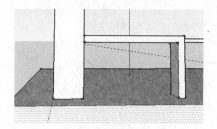

图 7-65 拉伸至亭子底座

步骤 07 用同样的方法，做出另外一边，形成亭子的出口，如图 7-66 所示。

步骤 08 单击"构造"工具栏中的 ![icon] （测量/辅助线）按钮，从亭子入口的两边座椅处向亭子底边拉出辅助线，如图 7-67 所示。

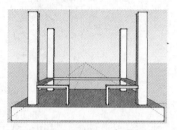

图 7-66 亭子的出口

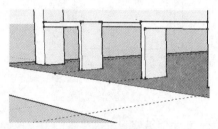

图 7-67 绘制辅助线

步骤 09 单击"绘图"工具栏中的 ![icon] （矩形）按钮，沿着辅助线绘制矩形，如图 7-68 所示。

步骤 10 单击"绘图"工具栏中的 ![icon] （线）按钮，连接两个矩形的中点，将矩形分成两个小矩形，如图 7-69 所示。

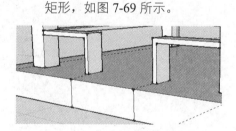

图 7-68 绘制矩形

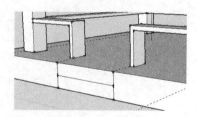

图 7-69 绘制直线

步骤 11 单击"编辑"工具栏中的 ![icon] （拉伸）按钮，选中分割的面分别向外拉伸，拉伸出亭子的两个踏步，尺寸分别为 350mm，700mm，如图 7-70 所示。

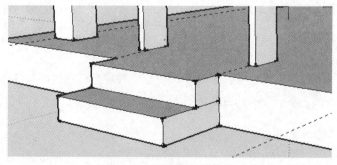

图 7-70 绘制亭子的踏步

7.2.4 绘制亭子顶部结构

步骤 **01** 单击"构造"工具栏中的 ![icon](测量/辅助线) 按钮，从 4 个柱体的顶部边线处分别向外拉出 200mm 的辅助线，如图 7-71 所示。

步骤 **02** 单击"绘图"工具栏中的 按钮，捕捉辅助线的交点绘制一个长方形，如图 7-72 所示。

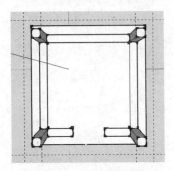

图 7-71　绘制辅助线

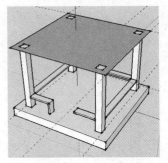

图 7-72　绘制长方形

步骤 **03** 单击"编辑"工具栏中的 按钮，将矩形向上拉出 70mm，效果如图 7-73 所示。

步骤 **04** 单击"编辑"工具栏中的 按钮，选中顶面向中间偏移复制 200mm，效果如图 7-74 所示。

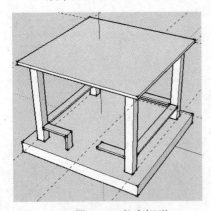

图 7-73　拉高矩形

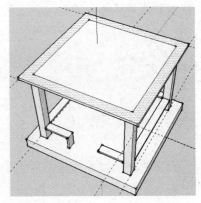

图 7-74　偏移矩形

步骤 **05** 单击"编辑"工具栏中的 按钮，按下 Ctrl 键，分别向上拉伸 300mm 和 600mm，拉出顶部高度，如图 7-75 所示。

步骤 **06** 单击"编辑"工具栏中的 ![icon](移动/复制) 按钮，分别选中亭子顶部面的边向中间移动，制作出亭子顶部的造型，如图 7-76 所示。

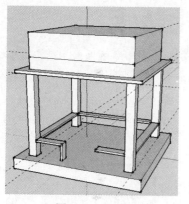

图 7-75　拉伸矩形

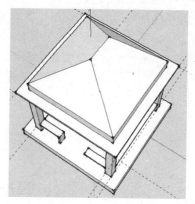

图 7-76　亭子顶部造型

步骤 07　选中亭子的顶部，单击"常用"工具栏中的 ◈（制作组件）按钮，将亭子的顶部做成组件，如图 7-77 所示。

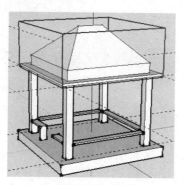

图 7-77　将亭子的顶部做成组件

7.2.5　填充亭子材质

步骤 01　单击"常用"工具栏中的 ◈（材质）按钮，在材质面板中选择"指定颜色"中的"0018 Brown"，选择亭子的顶，在亭子的顶部单击，将亭子顶部填充成如图 7-78 所示的颜色。

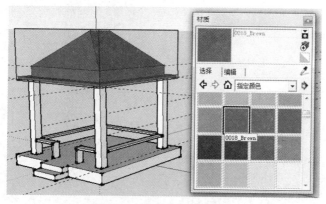

图 7-78　填充亭子顶部颜色

步骤 02 选择亭子的底座，在材质面板中选择砖材质。在底座上单击，底座被填充上砖材质，如图 7-79 所示。

步骤 03 单击"构造"工具栏中的 ⚒（尺寸标注）按钮，对亭子的地台、座位、立柱以及顶分别标出尺寸，如图 7-80 所示。

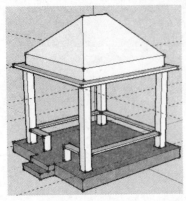

图 7-79 给底座填充材质

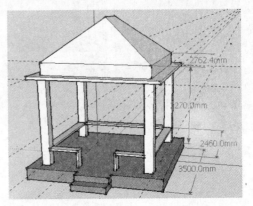

图 7-80 尺寸标注

步骤 04 单击菜单栏中的"窗口"→"样式"命令，在弹出的样式面板中单击"编辑"选项卡中的"背景设置"按钮，选择背景颜色为"浅灰色"，如图 7-81 所示。

步骤 05 单击菜单栏中的"窗口"→"阴影"命令，勾选"使用太阳制造阴影"，如图 7-82 所示。

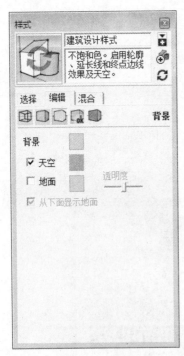

图 7-81 样式面板

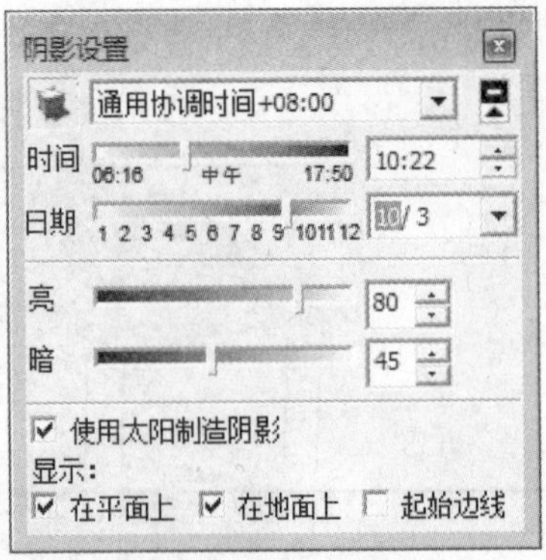

图 7-82 阴影面板

步骤 06 导出图像，最终效果如图 7-83 所示。

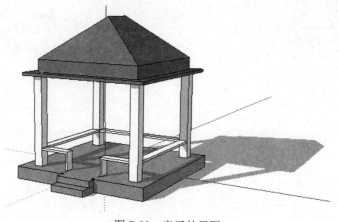

图 7-83　亭子效果图

7.3　绘制遮阳伞

公共设施是景观设计元素的一部分，在景观设计中不仅具有使用功能，同时也能给人艺术的审美享受。遮阳伞是景观设计公共设施中的一个组成部分，在室外公共设施中具有重要的实用功能，如图 7-84 所示。

图 7-84　遮阳伞效果图

遮阳伞由三部分组成，分别为底座、伞杆、伞面。在绘制的过程中最常用到的工具是推拉工具，用以确定伞的高度及大小，绘制方法很简单，按照下面的操作步骤就可以完成。

7.3.1　绘制底座

步骤 01　单击"绘图"工具栏中的 ▣（矩形）按钮，绘制一个 400×400 的矩形，输入"400,400"，如图 7-85 所示。

步骤 02　单击"编辑"工具栏中的 ▲（拉伸）按钮，将矩形向上拉伸两个 100，如图 7-86 所示。

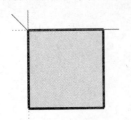

图 7-85　绘制矩形

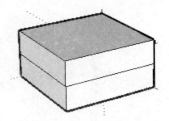

图 7-86　拉伸矩形

步骤 03　单击"构造"工具栏中的 （测量/辅助线）按钮，在边缘线中点绘制一条辅助线，如图 7-87 所示。

步骤 04　单击"构造"工具栏中的 （测量/辅助线）按钮，在上一条辅助线的基础上，向右偏移 100，绘制一条辅助线，如图 7-88 所示。

步骤 05　单击"绘图"工具栏中的 （圆弧）按钮，在矩形右上角绘制一个与矩形边线相切的圆弧，如图 7-89 所示。

步骤 06　单击"常用"工具栏中的 （删除）按钮，将绘制好的辅助线删除。

步骤 07　先选中正方体顶面，单击"编辑"工具栏中的 （跟随路径）按钮，单击正方体右上侧的三角面，进行路径跟随，如图 7-90 所示。

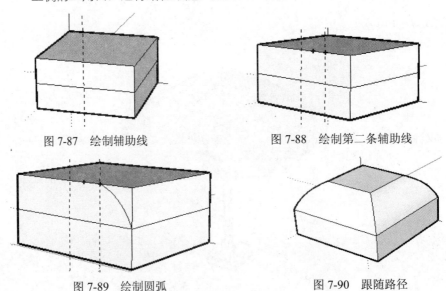

图 7-87　绘制辅助线　　　　　　图 7-88　绘制第二条辅助线

图 7-89　绘制圆弧　　　　　　图 7-90　跟随路径

步骤 08　单击"绘图"工具栏中的 （线）按钮，在矩形顶端绘制对角线，单击"绘图"工具栏中的 （圆）按钮，以对角线中点为圆心，绘制一个半径为 50 的圆形，如图 7-91 所示。

步骤 09　单击"常用"工具栏中的 （删除）按钮，删除对角线。

步骤 10　单击"编辑"工具栏中的 （偏移复制）按钮，将圆向内偏移 10，如图 7-92 所示。

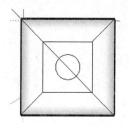

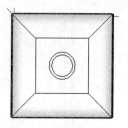

图 7-91　绘制伞杆　　　　　　　　　图 7-92　偏移圆弧

步骤⑪　单击"编辑"工具栏中的 ▲（拉伸）按钮，将圆环向上拉伸 50，如图 7-93 所示。

步骤⑫　单击"绘图"工具栏中的 ✐（线）按钮，将圆封顶。单击"编辑"工具栏中的 ▲（拉
　　　　伸）按钮，向上拉伸 1200，如图 7-94 所示。

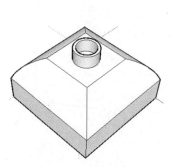

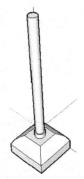

图 7-93　拉伸圆环　　　　　　　　　图 7-94　拉伸圆柱

步骤⑬　单击"编辑"工具栏中的 ♠（偏移复制）按钮，将圆柱顶端的圆面向外偏移 10，如
　　　　图 7-95 所示。

步骤⑭　单击"编辑"工具栏中的 ▲（拉伸）按钮，将圆弧向上拉伸 50，如图 7-96 所示。

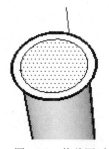

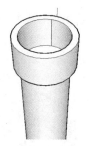

图 7-95　偏移圆弧　　　　　　　　　图 7-96　拉伸圆弧

步骤⑮　单击"绘图"工具栏中的 ✐（线）按钮，再次封闭圆面。单击"编辑"工具栏中的 ▲
　　　　（拉伸）按钮，将封闭的圆面，向上拉伸 800，如图 7-97 所示。

步骤⑯　单击"编辑"工具栏中的 ♠（偏移复制）按钮，将圆柱顶面向外偏移 10，如图 7-98
　　　　所示。

图 7-97 拉伸圆面

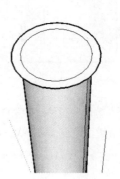

图 7-98 偏移圆面

步骤 17 单击"绘图"工具栏中的▼（多边形）按钮，输入 6，以圆心为圆点，绘制一个 6 边的多边形，半径和外圆的半径一致，如图 7-99 所示。

步骤 18 单击"常用"工具栏中的（删除）按钮，删除多余的面，效果如图 7-100 所示。

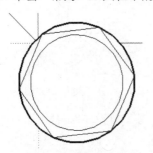

图 7-99 绘制 6 边形

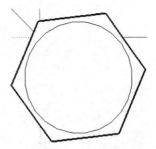

图 7-100 删除工具

步骤 19 单击"编辑"工具栏中的（拉伸）按钮，将多边形向上拉伸 50，如图 7-101 所示。

步骤 20 单击"编辑"工具栏中的（偏移复制）按钮，将多边形向外偏移 10，如图 7-102 所示。

图 7-101 拉伸多边形

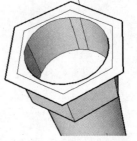

图 7-102 偏移多边形

步骤 21 单击"编辑"工具栏中的（拉伸）按钮，将多边形的面向下拉伸 10，如图 7-103 所示。

步骤 22 单击"绘图"工具栏中的（线）按钮，封闭圆面。单击"编辑"工具栏中的（拉伸）按钮，将圆面向上拉伸 500，如图 7-104 所示。

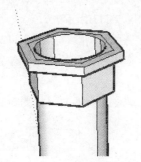

图 7-103　向下拉伸多边形

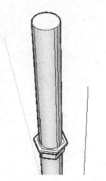

图 7-104　拉伸圆柱

7.3.2　绘制伞面

步骤 01　单击"绘图"工具栏中的▼（多边形）按钮，输入 6，绘制 6 边形的半径为 1200 的多边形，如图 7-105 所示。

步骤 02　单击"编辑"工具栏中的▲（拉伸）按钮，将其向上拉伸 200，如图 7-106 所示。

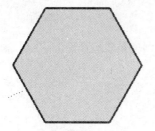

图 7-105　绘制多边形

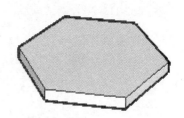

图 7-106　拉伸多边形

步骤 03　单击"编辑"工具栏中的▲（拉伸）按钮，将其向上拉伸 500，如图 7-107 所示。

步骤 04　单击"常用"工具栏中的▲（选择）按钮，选择多边形的一个面，如图 7-108 所示。

图 7-107　拉伸多边形

图 7-108　选择面

单击鼠标右键，选择"对齐轴"，如图 7-109 所示。

步骤 05　将"坐标轴"对齐到多边形表面上，如图 7-110 所示。

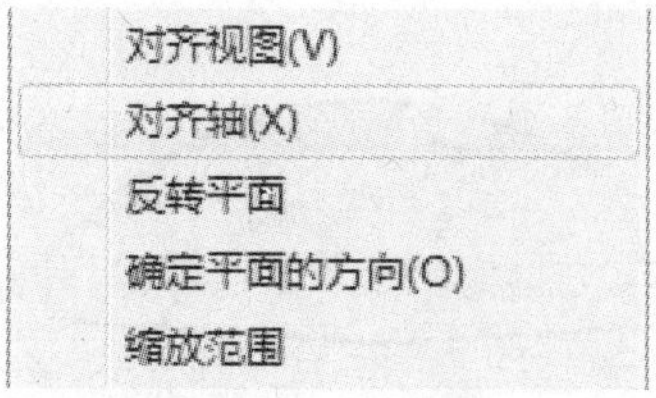

| 对齐视图(V) |
| 对齐轴(X) |
| 反转平面 |
| 确定平面的方向(O) |
| 缩放范围 |

图 7-109　对齐到轴线

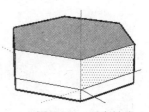

图 7-110　对齐轴线

步骤 **06** 单击"绘图"工具栏中的 ▇（矩形）按钮，以多边形顶面中心点为起点，被选中面的底边线中点为第二点，绘制矩形，效果如图 7-111 所示。

步骤 **07** 单击"常用"工具栏中的 ✐（删除）按钮，将顶面删除，如图 7-112 所示。

步骤 **08** 单击"绘图"工具栏中的 ⌒（圆弧）按钮，在内部矩形的对角线位置绘制圆弧，弧线突出部分为 120，如图 7-113 所示。

步骤 **09** 单击"常用"工具栏中的 ✐（删除）按钮，删除多余的面，如图 7-114 所示。

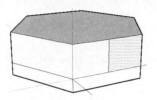

图 7-111　绘制矩形

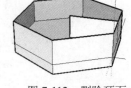

图 7-112　删除顶面

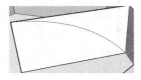

图 7-113　绘制圆弧

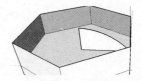

图 7-114　删除面

步骤 **10** 单击"常用"工具栏中的 ▸（选择）按钮，选择多边形顶部的边线，将其作为路径跟随的路径，如图 7-115 所示。

步骤 **11** 单击"编辑"工具栏中的 ⬡（跟随路径）按钮，单击圆弧面，制作出伞面，如图 7-116 所示。

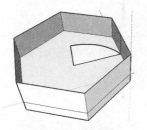

图 7-115　选择边线

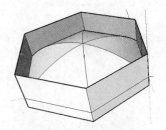

图 7-116　制作伞面

步骤 **12** 单击"常用"工具栏中的 ✐（删除）按钮，删除多余的面，包括底面，如图 7-117 所示。

步骤 **13** 单击"绘图"工具栏中的 ⌒（圆弧）按钮，绘制伞的底边，圆弧长度为 300，圆弧距离为 50，效果如图 7-118 所示。

图 7-117　删除命令

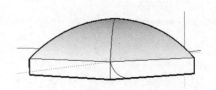

图 7-118　绘制圆弧

步骤⑭ 在矩形对称边，绘制一个对称的圆弧，效果如图 7-119 所示。

步骤⑮ 单击"常用"工具栏中的 ⬚ （删除）按钮，删除多余的面，如图 7-120 所示。

 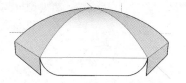

图 7-119 绘制对称圆弧 　　　　　　　　 图 7-120 删除多余的面

步骤⑯ 单击"常用"工具栏中的 ⬚ （删除）按钮，将其他矩形面删除，如图 7-121 所示。

步骤⑰ 单击"绘图"工具栏中的 ✎ （线）按钮，在底面绘制一条中心线，如图 7-122 所示。

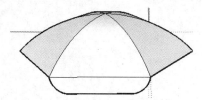 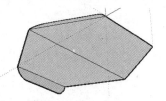

图 7-121 删除工具 　　　　　　　　 图 7-122 绘制中心线

步骤⑱ 单击"常用"工具栏中的 ⬚ （选择）按钮，选则侧边造型，单击"编辑"工具栏中的 ⟳ （旋转）按钮，按住 Ctrl 键，以中心线中点与侧边造型中点的连线为旋转起始角度，以另一边的中点为旋转角度，单击鼠标左键结束，效果如图 7-123 所示。

步骤⑲ 其他位置的伞边造型的绘制方法和上边的一致，效果如图 7-124 所示。

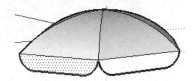 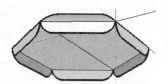

图 7-123 旋转造型 　　　　　　　　 图 7-124 绘制伞边

步骤⑳ 单击"常用"工具栏中的 ⬚ （删除）按钮，删除伞底多余的线和面，效果如图 7-125 所示。

步骤㉑ 单击"常用"工具栏中的 ⬚ （选择）按钮，选中伞面，单击鼠标右键，选择"创建成组"，如图 1-126 所示。

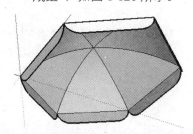 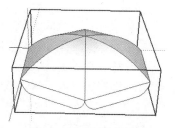

图 7-125 伞底效果 　　　　　　　　 图 7-126 创建组

步骤㉒ 单击"编辑"工具栏中的 ⟐ （移动/复制）按钮，捕捉伞面顶点，将其移动到伞杆顶部，如图 7-127 所示。

步骤 **23**　单击"绘图"工具栏中的 🖉（线）按钮，在伞杆的顶部元件位置，绘制一条直达伞面的直线，如图 7-128 所示。

步骤 **24**　按照上述方法，绘制出其他位置的制成杆，如图 7-129 所示。

图 7-127　移动工具

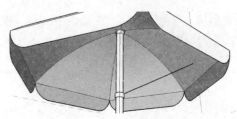

图 7-128　绘制直线

步骤 **25**　单击"常用"工具栏中的 🖋（材质）按钮，给伞面赋予不同的颜色材质，效果如图 7-130 所示。

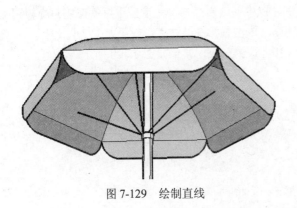

图 7-129　绘制直线

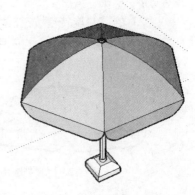

图 7-130　附颜色材质

7.4　本章小结

在本章中给大家介绍了城市景观小品在创作过程中所遵循的设计原则，主要从以下四个方面来体现：满足功能、个性特色、生态原则和情感归宿。室外环境艺术品不仅带给人视觉上的美感，而且更具有意味深长的意义。好的环境艺术品注重地方传统，强调历史文脉，饱含了记忆、想象、体验和价值等因素，常常能够体现独特的、引人神往的意境，使观者产生美好的联想，成为室外环境建设中的一个情感节点。

景观亭子材料多以木材、竹材、石材、钢筋混凝土为主，玻璃、金属、有机材料等也被人引进到建筑小品中。本章在讲解亭子的绘制过程中，主要是为了复习前几章节的绘图工具和编辑工具的使用，此外还使用到了简单的材质工具。

第8章 绘制别墅图

制造出多出口、多功能、多灵性、别具特色的建筑，每一扇门窗都解放你的视线，简洁、美观实用的设计风格；庄重自然、格调高雅、功能齐全的设计理念。让 SketchUp 先进的设计功能充分展现您的设计构思。

学习目标

- 绘制别墅楼梯
- 绘制别墅门窗
- 绘制别墅地面和配景
- 给别墅添加材质

本章以一个别墅为案例，讲解一个单栋建筑的绘制方法，如图 8-1 所示。先从建筑主体开始，然后是建筑细节（门窗、台阶、阳台等），最后绘制配景。在绘制建筑细节时，注意落地窗的尺寸，窗框的结构。

图 8-1　别墅效果图

8.1　绘制别墅的主体

步骤01 单击"绘图"工具栏中的 ▤（矩形）按钮，在视图中绘制 25000mm × 8000mm 的矩形。

步骤02 单击"编辑"工具栏中的 ▲（拉伸）按钮，将矩形向上拉伸 4000，如图 8-2 所示。

步骤03 单击"绘图"工具栏中的 ▤（矩形）按钮，在立方体表面上绘制一个矩形，进行拉伸，如图 8-3 所示。

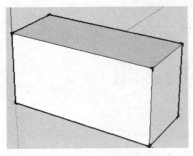

图 8-2 绘制立方体

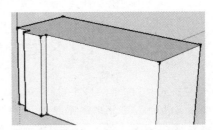

图 8-3 绘制另一个立方体

步骤 04 单击"绘图"工具栏中的 ✐（线）按钮，在楼梯底部绘制出楼梯台阶的高度，如图 8-4 所示。

步骤 05 单击"编辑"工具栏中的 ⬆（拉伸）按钮，向外拉出底面台阶长度，如图 8-5 所示。

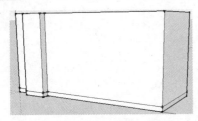

图 8-4 绘制楼梯台阶高度

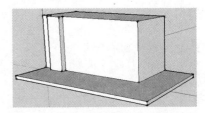

图 8-5 拉伸底面台阶长度

步骤 06 单击"绘图"工具栏中的 ✐（线）按钮，在台阶上画线，如图 8-6 所示。

步骤 07 单击"编辑"工具栏中的 ⬆（拉伸）按钮，将生成的矩形向上拉伸 1000mm，如图 8-7 所示。

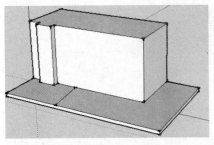

图 8-6 绘制直线

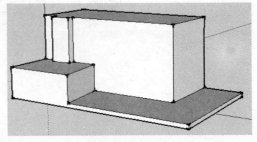

图 8-7 拉伸矩形

步骤 08 单击"绘图"工具栏中的 ✐（线）按钮，在柱子旁边绘制一条直线。

步骤 09 单击"编辑"工具栏中的 ⬆（拉伸）按钮，将其向外推拉，效果如图 8-8 所示。

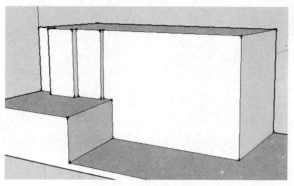

图 8-8　推拉矩形

步骤⑩　单击"绘图"工具栏中的✐（线）按钮，沿底边平台的边线竖向绘制两条直线，效果如图 8-9 所示。

步骤⑪　单击"编辑"工具栏中的📤（拉伸）按钮，将其向外推拉，效果如图 8-10 所示。

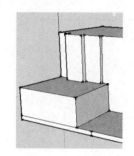

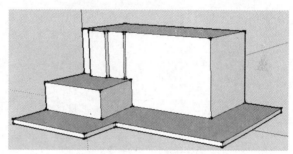

图 8-9　绘制直线

图 8-10　拉伸矩形

步骤⑫　选择右侧台阶拐角纵向的线段，单击鼠标右键，在弹出的菜单中选择"拆分"命令，在参数控制栏中输入"4"，如图 8-11 所示。

步骤⑬　单击"绘图"工具栏中的✐（线）按钮，分别绘制出台阶线，如图 8-12 所示。

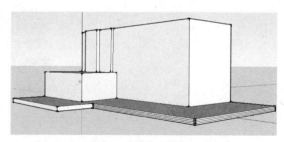

图 8-11　"拆分"命令菜单

图 8-12　绘制台阶线

步骤⑭　单击"编辑"工具栏中的📤（拉伸）按钮，分别向外拉伸矩形形成台阶，效果如图 8-13 所示。

步骤⑮　选中顶部，单击"编辑"工具栏中的🌀（偏移复制）按钮，向外偏移，然后单击"编辑"工具栏中的📤（拉伸）按钮，向上拉伸屋顶，效果如图 8-14 所示。

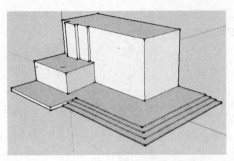

图 8-13　拉伸矩形台阶

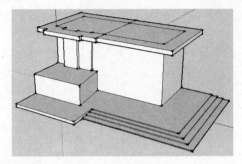

图 8-14　拉伸屋顶

步骤 16　将视图调整到顶视图，单击"绘图"工具栏中的 ▦（矩形）按钮，在屋顶左半部绘制矩形，效果如图 8-15 所示。

步骤 17　单击"编辑"工具栏中的 ✥（移动/复制）按钮，将绘制好的矩形向外移动，删掉多余的线段，效果如图 8-16 所示。

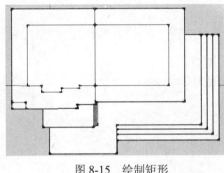

图 8-15　绘制矩形

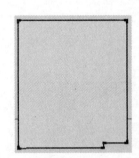

图 8-16　矩形

步骤 18　单击"编辑"工具栏中的 ♨（拉伸）按钮，将矩形向上偏移 100mm，效果如图 8-17 所示。

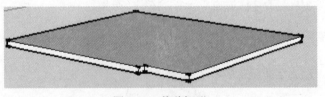

图 8-17　偏移矩形

步骤 19　单击"编辑"工具栏中的 ☯（旋转）按钮，将矩形旋转，效果如图 8-18 所示。

图 8-18　旋转矩形

步骤 20　单击"编辑"工具栏中的 ✥（移动/复制）按钮，将矩形移动到房顶上，效果如图 8-19 所示。

步骤 21　用同样的办法，将屋顶右半部绘制出，效果如图 8-20 所示。

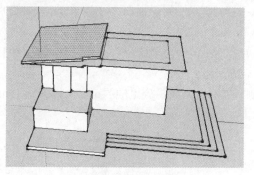 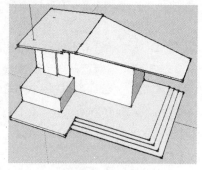

图 8-19　移动矩形　　　　　　　　　　　　　图 8-20　绘制屋顶

步骤 22　在底边平台下，选择右侧台阶拐角纵向的线段，单击鼠标右键，在弹出的菜单中选择"拆分"命令，在参数控制栏中输入"3"。

步骤 23　单击"绘图"工具栏中的 ✎（线）按钮，分别绘制出台阶线，如图 8-21 所示。

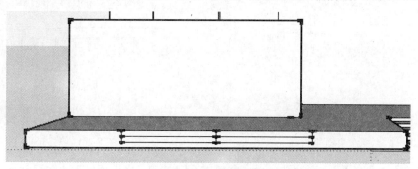

图 8-21　绘制台阶线

步骤 24　单击"编辑"工具栏中的 ⬇（拉伸）按钮，分别向内拉伸矩形，形成台阶，如图 8-22 所示。

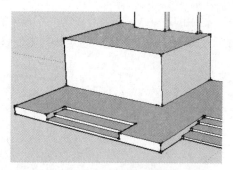

图 8-22　拉伸台阶

8.2　绘制别墅的门窗

步骤 01　单击"绘图"工具栏中的 ▬（矩形）按钮，在底层的拐角处分别绘制两个矩形作为门的位置，如图 8-23 所示。

步骤 02 单击"编辑"工具栏中的 ![图标]（拉伸）按钮，将两个矩形面向内拉伸 50mm，如图 8-24 所示。

步骤 03 选中举行上面的线，单击鼠标右键拆分 5 份，单击"绘图"工具栏中的 ![图标]（线）按钮，沿着蓝轴向下画垂直线，如图 8-25 所示。

步骤 04 单击"编辑"工具栏中的 ![图标]（偏移复制）按钮，分别将拆分生成的距离向内偏移 15mm，如图 8-26 所示。

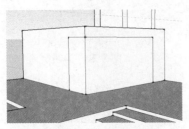

图 8-23　绘制矩形门

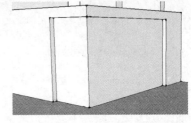

图 8-24　拉伸矩形门框

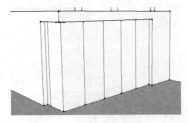

图 8-25　拆分并画垂直线

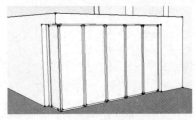

图 8-26　偏移矩形

步骤 05 单击"编辑"工具栏中的 ![图标]（移动/复制）按钮，将小矩形下边线移动到和底边对齐，效果如图 8-27 所示。

步骤 06 单击"编辑"工具栏中的 ![图标]（拉伸）按钮，分别将偏移后的小矩形面向内偏移 10mm，效果如图 8-28 所示。

步骤 07 单击"绘图"工具栏中的 ![图标]（线）按钮，在这个立方体的正立绘制一个门，单击"编辑"工具栏中的 ![图标]（偏移复制）按钮，将矩形向内偏移，效果如图 8-29 所示。

图 8-27　移动下边线

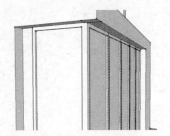

图 8-28　偏移矩形面

步骤 08 单击"编辑"工具栏中的 ![图标]（移动/复制）按钮，将矩形下边向下移动至底边，单击"编辑"工具栏中的 ![图标]（拉伸）按钮，将移动后的矩形向内推拉出门框，效果如图 8-30 所示。

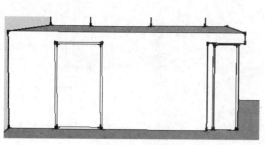

图 8-29 绘制门轮廓

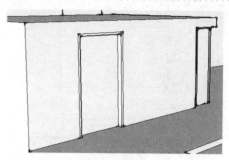

图 8-30 拉出门框

步骤 09 依照上述方法，将其他位置的门窗绘制好，效果如图 8-31 所示的（a）侧楼门窗、(b)
一楼门窗（c）门窗整体效果图。

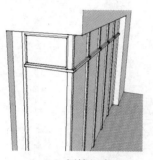

（a）侧楼门窗

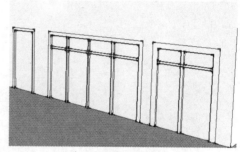

（b）一楼门窗

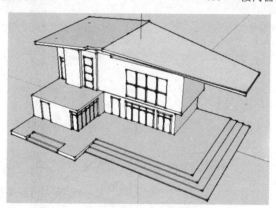

（c）门窗整体效果图

图 8-31 绘制门窗

步骤 10 单击"绘图"工具栏中的 ▣（矩形）按钮，在二层阳台上拐角处绘制一个矩形。

步骤 11 单击"编辑"工具栏中的 ✦（移动/复制）按钮，再在另一侧复制一个，效果如图 8-32
所示。

步骤 12 单击"编辑"工具栏中的 ✦（拉伸）按钮，将矩形向上拉伸成方柱，效果如图 8-33
所示。

图 8-32　绘制矩形

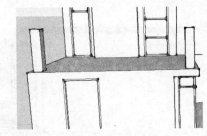

图 8-33　拉伸方柱

步骤 ⑬　单击"绘图"工具栏中的 ▦（矩形）按钮，在矩形内侧绘制一个矩形，单击"编辑"
工具栏中的 ❧（移动/复制）按钮，复制 3 个矩形，效果如图 8-34 所示。

步骤 ⑭　单击"编辑"工具栏中的 ♨（拉伸）按钮，将绘制的矩形向左拉伸成护栏，如图 8-35
所示。

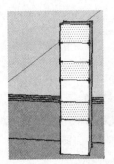

图 8-34　绘制并复制矩形

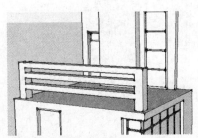

图 8-35　拉伸护栏

步骤 ⑮　重复上述步骤，绘制两侧的护栏，效果如图 8-36 所示。

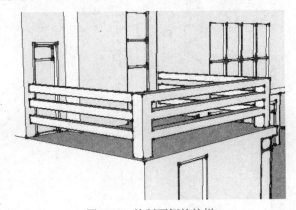

图 8-36　绘制两侧的护栏

8.3　绘制别墅地面和配景

步骤 ⑴　单击"常用"工具栏中的 ❀（材质）按钮，在弹出的材质面板中选择"石材"→"错
缝排列石"，如图 8-37 所示。

步骤 02　将选择好的材质赋到二层墙体上，效果如图 8-38 所示。

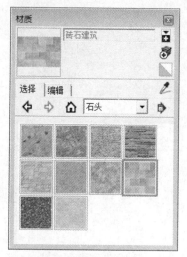

图 8-37　材质面板

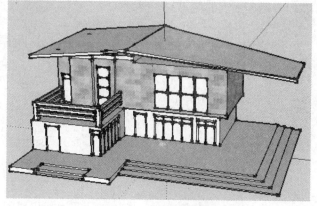

图 8-38　给二层墙体赋材质

步骤 03　在弹出的材质面板中单击 （创建材质），弹出"创建材质"面板，如图 8-39 所示。

步骤 04　单击 （浏览）命令，弹出"选择图像"窗口，如图 8-40 所示。

步骤 05　单击"材质库"→"面砖"→"面砖 043"，将其赋到底层建筑上，如图 8-41 所示。

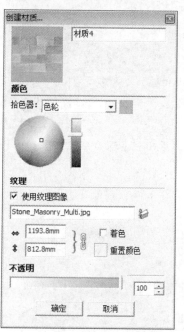

图 8-39　"创建材质"面板

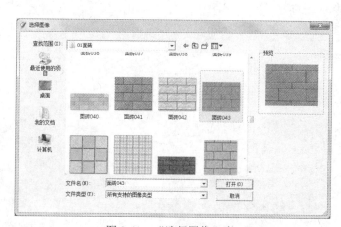

图 8-40　"选择图像"窗口

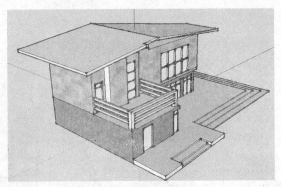

图 8-41　给底层建筑赋材质

步骤 06 单击"模型"→"屋顶"→"西班牙瓦片屋顶",如图 8-42 所示。将其赋到屋顶,效果如图 8-43 所示。

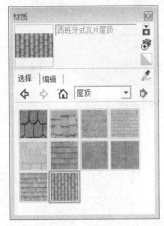

图 8-42　材质面板

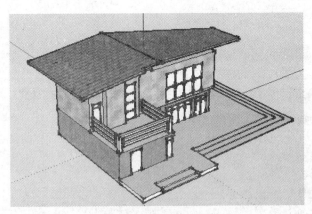

图 8-43　给屋顶赋材质

步骤 07 单击"材质库"→"地砖"→"2 英寸石灰石",如图 8-44 所示。将其附到地面和台阶上,如图 8-45 所示。

图 8-44　材质面板

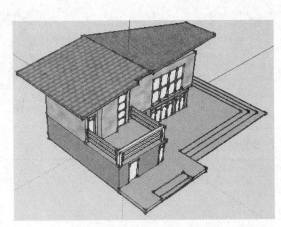

图 8-45　给台阶和地面赋材质

步骤 08　单击"模型"→"颜色"→"D07"，如图 8-46 所示。将其赋到窗框和门框，效果如图 8-47 所示。

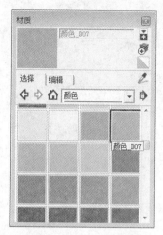

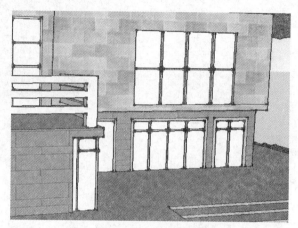

图 8-46　材质面板　　　　　　　　　　　　图 8-47　给门窗框添加材质

步骤 09　单击"模型"→"颜色"→"C18"，如图 8-48 所示。将其赋到栏杆上，效果如图 8-49 所示。

步骤 10　单击"模型"→"半透明"→"带天光反射半透明玻璃"，如图 8-50 所示。将其赋到玻璃上，效果如图 8-51 所示。

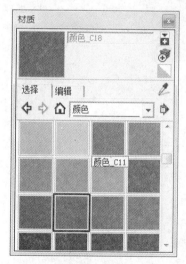

图 8-48　材质面板　　　　　　　　　　　　图 8-49　给栏杆添加材质

图 8-50　材质面板

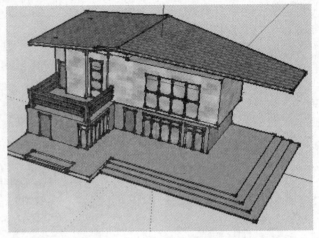

图 8-51　给玻璃添加材质

步骤 **11**　单击"绘图"工具栏中的 （矩形）按钮，绘制一个较大的矩形作为地面，并填充浅灰色石材，效果如图 8-52 所示。

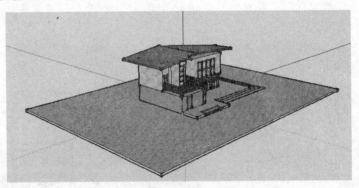

图 8-52　绘制石材地面

步骤 **12**　单击菜单栏中的"窗口"→"阴影"，勾选"显示阴影"，效果如图 8-53 所示。

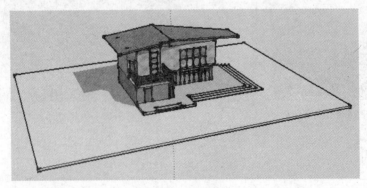

图 8-53　显示阴影

步骤 **13**　单击"绘图"工具栏中的 （矩形）按钮，绘制一个小矩形。

步骤 **14**　单击"编辑"工具栏中的 （偏移复制）按钮，向内偏移复制一个小矩形。

步骤 **15**　然后单击"编辑"工具栏中的 （拉伸）按钮，将大小两不同大小的矩形拉伸不同高度，并在矩形的内部填充绿色草地。

步骤 16　单击"常用"工具栏中的 ◎（制作组件）按钮，将其制作成组件。

步骤 17　单击"编辑"工具栏中的 ◎（偏移复制）按钮，复制一个花池，效果如图 8-54 所示。

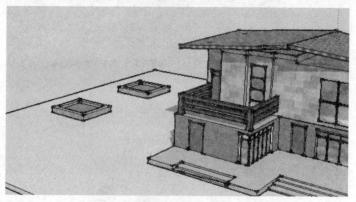

图 8-54　绘制花池

步骤 18　单击菜单栏中的"窗口"→"组件"命令，弹出组件面板，选择植物"tree3d"，效果如图 8-55 所示。

步骤 19　将调整好的植物添加到花池中，单击"编辑"工具栏中的 ◎（移动/复制）按钮，复制一棵树，效果如图 8-56 所示。

步骤 20　单击菜单栏中的"窗口"→"样式"命令，弹出样式面板，在"预设"样式中选择带有天空和地面的默认背景，如图 8-57 所示。

图 8-55　组件面板

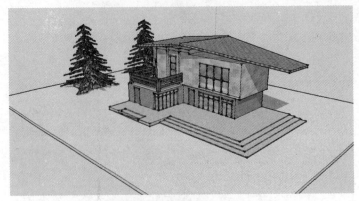

图 8-56　添加树的组件

图 8-57　样式面板

步骤 21　最终效果如图 8-58 所示。

图 8-58　别墅效果图

8.4　本章小结

别墅因为其独特的建筑特点，它的设计跟一般的居家住宅设计有着明显的区别。别墅设计不但要进行室内的设计，而且要进行室外的设计，这是和一般房子设计的最大区别。因为设计的空间范围大大增加，所以在别墅的设计中，需要侧重的是一个整体效果。本章全面的介绍了SketchUp 中的功能使用实例，在学会本章之后，SketchUp 就已经进入入门阶段了。

第 9 章　园林景观实例建模——小庭院

本章以一个东西方风格折中的园林为例讲解模型的制作过程，在制作的过程中着重讲解 SketchUp 中组件命令的使用，通过制作一些简单的模型初步熟悉 SketchUp 软件的建模方法，使大家能够快速进入学习状态。

学习目标

- 绘制初期建模
- 调入组件模型
- 给庭院建筑和地面添加材质

这是本书中第一个包括多种景观元素集合的景观模型，在绘制过程中要注意景观元素的尺寸、材质及如何布置才更符合艺术美学要求。将意境融入画面中。在绘制好大的框架后，调入植物模型组件，并调整大小，最后完成模型的绘制，如图 9-1 所示。

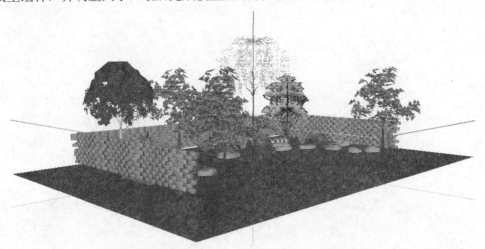

图 9-1　小庭院效果图

9.1　建模初期调整

本节主要讲解在 SketchUp 中导入图片的方法，使用一种全新的建模过程，依靠二维图片完成三维建模，将图片中模型大体的位置确定下来。

9.1.1 导入图片文件

本节关键的一步是导入图片文件，将图片调整为一个合适的比例关系，在使用这种方法建模时，关键要保证某个模型的位置大小与将要绘制出的模型相同。

步骤 01 单击菜单栏中的"文件"→"导入"命令，如图 9-2 所示。

步骤 02 在弹出的对话框中选择需要导入的图片，单击"打开"按钮，将图片导入 SketchUp 中，如图 9-3 所示。

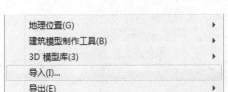

图 9-2 文件中选择导入   图 9-3 导入图片

步骤 03 单击菜单栏中的"打开"命令，首先在绘图区域内单击确定图片设置的基准点，然后向右下角拖动鼠标，此时再单击即可将图片放置到绘图区域内（在导入图片之前要尽可能地将绘图区域在电脑屏幕上显示得大一些，单击的时候尽可能地将第一点和第二点之间的对角线距离扩大些），如图 9-4 所示。

步骤 04 单击"构造"工具栏中的 （测量/辅助线）按钮，单击图片左下角，再单击图片的右下角，会在屏幕右下角的文本框中查看到图片的尺寸，如图 9-5 所示。

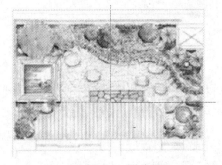 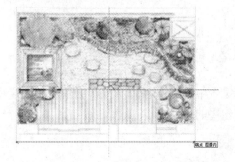

图 9-4 图片导入   图 9-5 确定尺寸

步骤 05 在文本框中输入需要的尺寸，按 Enter 键，这时屏幕弹出对话框，单击"是"按钮，图片会被缩放到与输入尺寸相同的大小，如图 9-6 和图 9-7 所示。

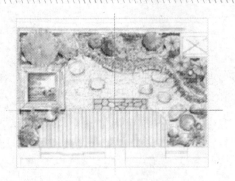

图 9-6　输入尺寸　　　　　　　　　　　　　图 9-7　更改尺寸

步骤 06　单击"相机"工具栏中的 （充满视窗工具）按钮，将图片最大化显示，如图 9-8 所示。

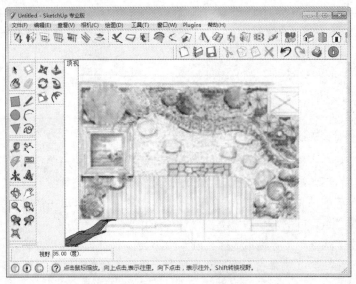

图 9-8　完成尺寸修改

9.1.2　制作景石

场景中的石头各有不同，要在不同的模型中找出相同的方法将其形成统一化，这一步骤中将要使用的工具有 （画线）工具、 （推拉）工具和"柔化/平滑边线"命令。

步骤 01　单击"绘图"工具栏中的 （线）按钮，在图片上描绘出单个景石平面图，如图 9-9 所示。

步骤 02　单击"编辑"工具栏中的 （旋转）按钮，将平面图调整为透视图，如图 9-10 所示。

图 9-9　描绘景石平面

图 9-10　转动视图

步骤 03　单击"编辑"工具栏中的 （拉伸）按钮，将景石平面推拉，同时在文本框中输入 150mm，指定石头一个高度，如图 9-11 所示。

步骤 04　单击"常用"工具栏中的 （选择）按钮，将推拉后的模型全部选择并单击鼠标右键，在弹出的快捷菜单中选择"柔化/平滑边线"命令，如图 9-12 所示。

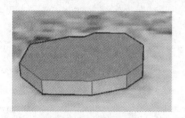

图 9-11　推拉高度

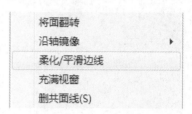

将面翻转
沿轴镜像　　　　　　　　▶
柔化/平滑边线
充满视窗
删共面线(S)

图 9-12　柔化/平滑边线

步骤 05　在弹出的"边线柔化"面板中将滑块向右拖动（观察绘图区域内的模型变化），达到理想效果结束调整，如图 9-13 和图 9-14 所示。

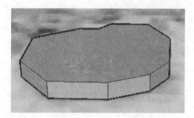

图 9-13　柔化/平滑边线调整前的状态图

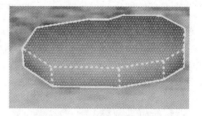

图 9-14　调整后的状态

步骤 06　调整完毕后将"边线柔化"面板关闭并观察效果，如图 9-15 所示。

步骤 07　继续将绘图区域调整成为平面图状态 ，绘制下一个复杂的景石。

步骤 08　单击"绘图"工具栏中的 （线）按钮，描绘出石头的平面形状，如图 9-16 所示。

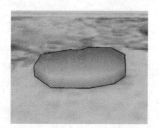

图 9-15　完成边线柔化

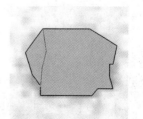

图 9-16　描绘景石平面

步骤 09　将绘图区域调整成为透视图，单击"编辑"工具栏中的 按钮拉伸其高度，如图 9-17 所示。

步骤 10　将制作好的石头模型柔化处理使其看起来更加逼真，如图 9-18 和图 9-19 所示。

步骤 11　在石头模型上单击鼠标右键，在弹出的快捷菜单中选择"创建组"命令并将其编辑成组，这也可以使后面的操作过程互不干扰，如图 9-20 所示。

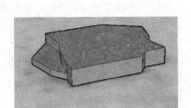

图 9-17　推拉高度

图 9-18　柔化/平滑边线

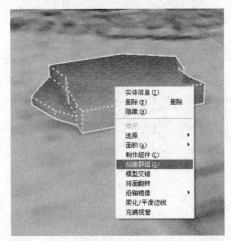

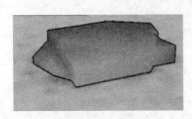

图 9-19　调整

图 9-20　创建组

步骤 12　根据前面学习过的方法将所有的景石制作完成。

9.1.3　调整景石

如果发现场景中的石头不是太平滑，则需使用 工具将其二层边缘倒角，使其看起来更加接近真实的石头。

步骤 01　单击"常用"工具栏中的 按钮，选择其中一块石头，如图 9-21 所示。

步骤 02　双击鼠标进入群组内部，调整好合适的角度后，单击"绘图"工具栏中的 ![]（线）

按钮，在其中一层石头上画一条斜线，如图 9-22 所示。

图 9-21　选择一块景石

图 9-22　画斜线

步骤 03　单击"编辑"工具栏中的 🎨（跟随路径）按钮，调整顶部层级，首先将顶部层级的顶端边线选中，如图 9-23 所示。

步骤 04　将模型全部选中并单击鼠标右键，在弹出的快捷菜单栏中选择"柔化"命令，然后观察视图，将滑块调整到合适的位置完成景石的调整，如图 9-24 所示。

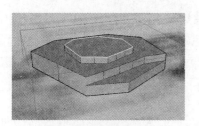

图 9-23　选中顶端边线

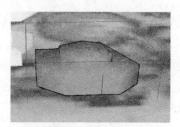

图 9-24　平滑景石

步骤 05　根据以上步骤调整完所有的景石，如图 9-25 所示。

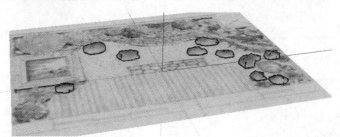

图 9-25　完成景石制作

步骤 06　通过观察模型发现景石有点厚，下面要使用缩放命令对景石进行调整，将所有景石选中，单击"编辑"工具栏中的 🔧（缩放）按钮对其进行调整，完成效果如图 9-26 和图 9-27 所示。

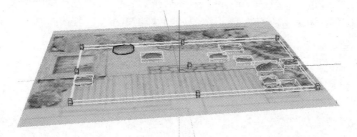

图 9-26　整体缩放视图

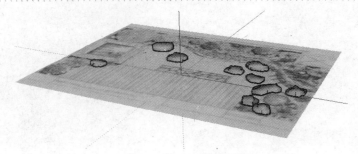

图 9-27　完成景观石的制作

9.1.4　制作水池

步骤 01　单击"绘图"工具栏中的✐（线）按钮，将水池轮廓描绘出来，完成效果如图 9-28 所示。

步骤 02　单击"常用"工具栏中的▨（选择）按钮，双击画好的水池，单击"编辑"工具栏中的▨（偏移复制）按钮，制作出水池的边缘，如图 9-29 和图 11-30 所示。

步骤 03　单击"编辑"工具栏中的▨（拉伸）按钮，将水池内部向下拉伸，在文本框中输入 300mm，如图 9-31 所示。

图 9-28　描绘水池

图 9-29　使用偏移

图 9-30　完成偏移

图 9-31　推拉厚度

步骤 04　单击"编辑"工具栏中的▨（拉伸）按钮，做出水池边缘的厚度 30mm，然后选择水池边缘并单击鼠标右键，在弹出的快捷菜单中选择"创建组"命令将其编组，如图 9-32 和图 9-33 所示。

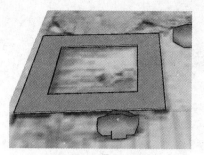

图 9-32 推拉厚度

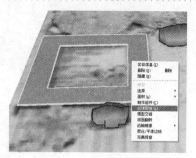

图 9-33 创建组

9.1.5 制作石头墙

制作石头墙主要是使用 ❖（移动）工具、▷（缩放）工具、⟳（旋转）工具来完成的，在调整过程中要注意石头的比例，不要将比例调整失调，在墙壁上的石头间也要留有一些缝隙，这样石头墙看起来会更加真实。

步骤 01 首先进入石头的编组，选择长条形成组的一排石头，将其复制并重新编组，如图 9-34 和图 9-35 所示。

步骤 02 单击"编辑"工具栏中的 ⟳（旋转）按钮，并移动到垂直边缘，如图 9-36 所示。

图 9-34 绘制石块

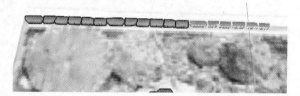

图 9-35 复制石块

图 9-36 复制并旋转

步骤 03 为了便于观察可将部分物体隐藏，仅保存景石、石头墙和水池等，如图 9-37 所示。

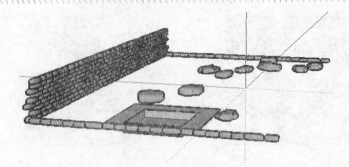

图 9-37　隐藏底图

步骤 04　重复以上复制、缩放和旋转工具，将墙壁的其他石头制作出来，如图 9-38 所示。

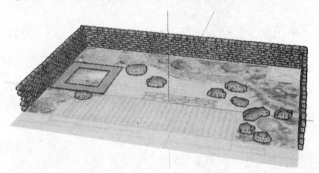

图 9-38　完成石墙

9.1.6　制作池塘中的水

在这一步中制作水池中的水主要是赋予的材质选择得当，水面高度不要与池边高度相等，这一步的关键是将草坪中与水池重合的部分使用"模型交错"命令将其分割开，再删除多余的部分完成水池的制作。

步骤 01　首先将平面图隐藏，选中池塘底部面域，将其沿"Z"轴复制并单独编组，如图 9-39 所示。

步骤 02　单击"编辑"工具栏中的 ☑（拉伸）按钮，拉伸复制的底部面域，高度为 290mm，如图 9-40 所示。

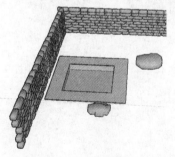

图 9-39　单独编辑水池

图 9-40　拉伸复制底部

步骤 03 为拉伸后的模型赋予水的材质。单击"常用"工具栏中的  （材质）按钮，在弹出的"材质"对话框中找到"水纹"材质面板，如图 9-41 所示。选择"闪光的水域"材质赋予刚拉伸的模型，如图 9-42 所示。

步骤 04 将所有隐藏的模型全部打开，单击菜单栏中的"查看"→"虚显隐藏物体"命令，这时会发现隐藏的模型以虚线形式显示出来。

图 9-41　选择水材质

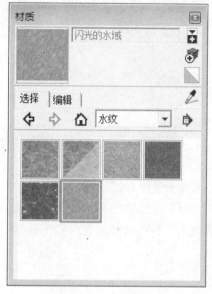

图 9-42　选择材质

步骤 05 选中所有的模型并单击鼠标右键，在弹出的快捷菜单中选择"取消隐藏"→"全部"命令，将所有模型显示出来，如图 9-43 所示。

步骤 06 再次选择"虚显隐藏物体"命令去掉显示的虚线，如图 9-44 所示。

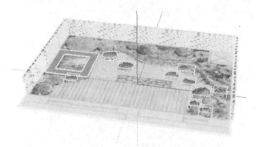

图 9-43　取消隐藏

图 9-44　虚显隐藏物体

步骤 07 切换到透视图状态观察模型效果，如图 9-45 所示。

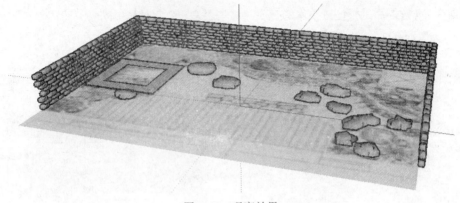

图 9-45　观察效果

9.2　调入组件模型

本节主要讲解组件模型的导入操作，在制作模型的过程中可以导入一些复杂的模型，以节省制图的时间。在组件的调入过程中尽量不对其进行调整，因为模型库中的组件是标准比例，除特殊情况无需对其进行调整。

9.2.1　调整组件

步骤 01　单击菜单栏中的"窗口"→"组件"命令，如图 9-46 所示。

步骤 02　在弹出的组件面板中选择"植物"，如图 9-47 所示。

图 9-46　组件命令

图 9-47　植物组件

步骤 03　在其中找到矮灌木，单击后直接在场景中需要的地方放置即可，如图 9-48 所示。

图 9-48　移入植物

步骤 04　继续从组件库中调入植物并调整大小，直到场景丰富为止，如图 9-49 所示。

图 9-49　丰富场景

9.2.2　赋予材质

赋予材质的关键是要调整好材质之间的色彩关系，为了能够达到材质在一个色系之间可以使用材质面板中的混合功能来实现需要的效果。在赋予材质的同时按住 Shift 键，可以将编组中相同属性的模型全部赋给草坪。

步骤 01　单击"常用"工具栏中的 （材质）按钮，打开"材质"面板，如图 9-50 所示。

步骤 02　在"材质"面板中显示的是模型中的材质，单击"下拉三角"按钮，在下拉菜单中
　　　　　选择"植被"，找个草坪的材质赋予给地面，完成效果如图 9-51 所示（也可以在
　　　　　SketchUp 自带的材质库中找到合适的材质）。

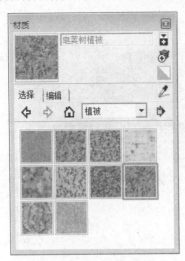

图 9-50　材质面板

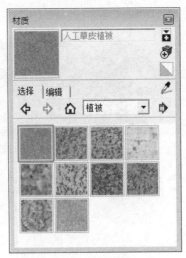

图 9-51　草坪材质

步骤 03　单击"常用"工具栏中的 （选择）按钮，双击地面模型进入该组，单击选择的材质，将鼠标移至地面模型上，在赋予材质的同时按住 Shift 键，将组内相同属性的模型全部赋予草坪材质，如图 9-52 所示。

步骤 04　关闭材质编辑器，单击"风格"工具栏中的 （显示材质贴图）按钮，观察材质效果。

图 9-52　赋材质

步骤 05　单击菜单栏中的"视图"→"边线样式"命令，选择"边线"，再观察草坪的网格线已经被取消了，如图 9-53 所示。

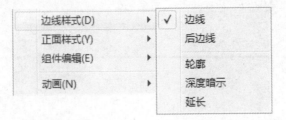

图 9-53　选择"边线"

步骤 **06**　根据以上几个步骤将模型中剩余的模型继续赋予材质，如图 9-54 所示。

图 9-54　赋全部材质

9.3　最终调整

这里只对模型的视角进行精确的调整，使模型以最佳的状态显示出来。一个完美的模型需要使用一个完美的视角来将其特点表现出来。

9.3.1　调整视图

步骤 **01**　单击"编辑"工具栏中的 🔄（旋转）按钮，调整一个合适角度，使画面更为美观和谐，如图 9-55 所示。

图 9-55　旋转视图

9.3.2　出图

步骤 **01**　选择"文件"→"导出"→"二维图形（2）"命令，如图 9-56 所示。

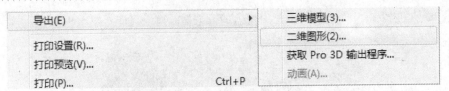

图 9-56　导出图片

步骤 02 在弹出的对话框中单击"导出"按钮，将绘制好的模型导成 JPEG 格式的图片，最终完成效果，如图 9-57 所示。

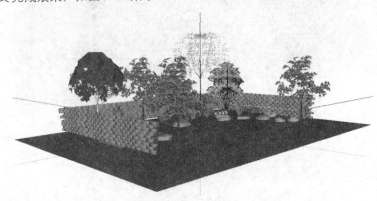

图 9-57　效果图

9.4　本章小结

　　园林景观设计是在传统园林理论的基础上，具有建筑、植物、美学、文学等相关专业知识的人士对自然环境进行有意识改造的思维过程和筹划策略。本章以一个建筑小庭院为例，讲解了景观建模思路及流程，在后面的章节中关于景观的绘制还会有介绍，以便大家多加练习。

第10章 绘制住宅楼

居住的舒适度是要靠科技满足的，科技引领生活，科技可以改变我们的生活。住宅中的科技有两个方面：一个是推广应用适新，适新应用是达到环境保护；另一个方面是推广智能化的技术。

住宅楼的设计在建筑设计、规划设计中是很常见的，本章通过一个色彩明快、造型现代、简洁大方的住宅楼设计，真实再现了使用 SketchUp 方便快捷地绘制住宅楼的流程，如图 10-1 所示。

学习目标

- 绘制住宅楼框架
- 绘制住宅楼门窗
- 绘制住宅楼装饰架
- 添加配景

图 10-1　住宅楼效果图

本章虽然绘制的为一排住宅楼，但与移动住宅楼相比，难度差距不是很大，本住宅楼共 6 层，每层的建筑结构一样，所以在绘制过程中，先绘制好首层的建筑模型，然后向上复制 5 层就完成建筑的主体部分了。接下来再绘制建筑的细部构件及屋顶、添加配景、赋予美观的材质，就可完成整栋建筑的绘制，具体方法如下。

10.1 住宅楼楼体的绘制

步骤 01 单击"绘图"工具栏中的▇（矩形）按钮，在视图中确定一个点，画出一个尺寸为 62000mm×10000mm 的矩形，作为住宅楼的长和宽，如图 10-2 所示。

步骤 02 单击"构造"工具栏中的▇（测量/辅助线）按钮，分别绘制距离边为 2000mm、8000mm、2000mm 的辅助线，如图 10-3 所示。

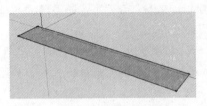

图 10-2 绘制矩形

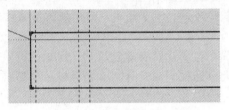

图 10-3 绘制辅助线

步骤 03 单击"绘图"工具栏中的▇（矩形）按钮，在第一条和第二辅助线之间绘制一个矩形阳台，尺寸为 8000×1500mm，效果如图 10-4 所示。

步骤 04 选择矩形，单击"编辑"工具栏中的▇（移动/复制）按钮，按下 Ctrl 键，依次按照等距离复制 5 个，效果如图 10-5 所示。

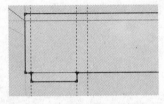

图 10-4 绘制矩形阳台

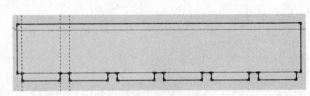

图 10-5 复制矩形

步骤 05 单击"常用"工具栏中的▇（删除）按钮，删除大小矩形间相交的线。单击工具栏中的"推/拉"▇工具，将编辑好的图形向上拉伸 19800mm，作为楼高，效果如图 10-6 所示。

步骤 06 单击"编辑"工具栏中的▇（偏移复制）按钮，选中楼体顶面向内偏移。单击"编辑"工具栏中的▇（拉伸）按钮，向下拉伸 100mm，形成一个凹槽，效果如图 10-7 所示。

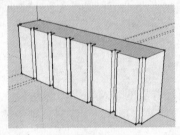

图 10-6 拉伸楼高

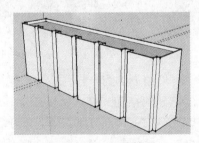

图 10-7 拉伸楼顶

步骤 07 单击"绘图"工具栏中的▇（矩形）按钮，在拉伸出的凹槽内绘制一个矩形，然后单击"编辑"工具栏中的▇（拉伸）按钮，将其向上拉伸 5000mm，制作顶层的复式结构，效果如图 10-8 所示。

步骤 **08**　单击"编辑"工具栏中的 （偏移复制）按钮，将复式结构顶面向内复制偏移。

步骤 **09**　单击"编辑"工具栏中的 （拉伸）按钮，将复式楼顶面向下拉出一个凹槽。

步骤 **10**　单击"常用"工具栏中的 （制作组件）按钮，将整个楼梯选中，制作成组件，效果如图 10-9 所示。

步骤 **11**　单击"绘图"工具栏中的 （矩形）按钮，在复式楼顶部凹槽内绘制一个矩形，如图 10-10 所示。

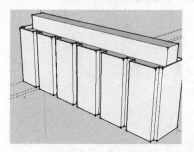

图 10-8　绘制顶层复式

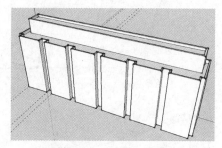

图 10-9　制成组件

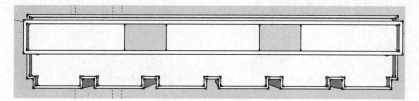

图 10-10　绘制矩形

步骤 **12**　单击"编辑"工具栏中的 （拉伸）按钮，将长方体推拉成立方体，推拉 4000mm，用线连接立方体顶面的中点，如图 10-11 所示。

步骤 **13**　单击"编辑"工具栏中的 （移动/复制）按钮，选中立方体顶面的边向中线移动，使其重合。用同样的方法将另一侧也向中线移动，形成复式结构的顶，如图 10-12 所示。

步骤 **14**　单击"常用"工具栏中的 （制作组件）按钮，将顶制作成组件，并复制到另一个屋顶，如图 10-13 所示。

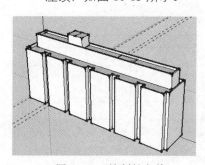

图 10-11　绘制长方体

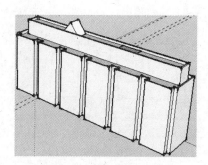

图 10-12　绘制复式结构顶

步骤 **15**　重复以上步骤，绘制复式结构的另外一个小房间。单击"常用"工具栏中的 （制作组件）按钮，将顶制作成组件，如图 10-14 所示。

步骤 16　单击"编辑"工具栏中的 <img_1>（移动/复制）按钮，将绘制好的小房间复制 4 个，如图 10-15 所示。

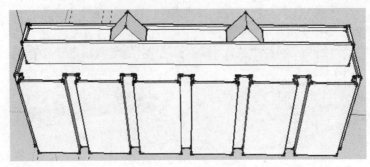

图 10-13　复制顶

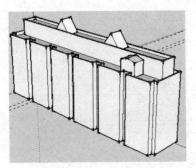

图 10-14　绘制小房间

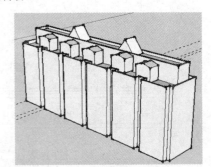

图 10-15　复制房间

10.2　绘制住宅楼窗户

步骤 01　单击"常用"工具栏中的 （选择）按钮，双击楼体，打开组件。再次双击楼梯底边和边线，将其选中，如图 10-16 所示。

步骤 02　单击"编辑"工具栏中的 （移动/复制）按钮，按 Ctrl 键，沿着蓝轴向上复制，分别在楼梯的四分之一处和四分之三处定位，如图 10-17 所示。

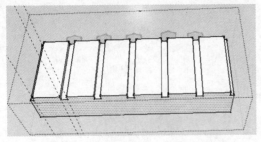

图 10-16　选中底边线

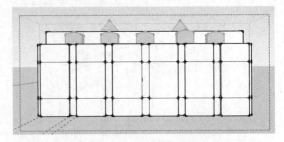

图 10-17　复制边线和底面

步骤 03　单击"绘图"工具栏中的 （矩形）按钮，在楼体底部绘制一个矩形，尺寸为 1600mm×1600mm，作为楼体的窗户，并将其制作成组件，如图 10-18 所示。

步骤 04　单击"常用"工具栏中的 按钮，双击矩形打开组件，单击"编辑"工具栏中的 按钮，将矩形拉伸 600mm，成立方体，如图 10-19 所示。

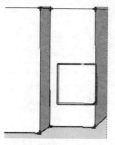

图 10-18　绘制窗户

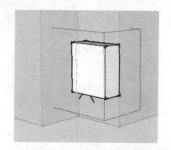

图 10-19　拉伸窗户

步骤 05　单击"绘图"工具栏中的 按钮，在立方体的上下分别画与边平行的直线，如图 10-20 所示。

步骤 06　单击"编辑"工具栏中的 按钮，将面向内推拉，如图 10-21 所示。

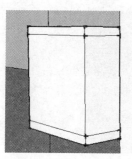

图 10-20　绘制直线

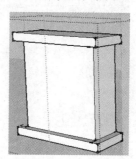

图 10-21　推拉面

步骤 07　单击"绘图"工具栏中的 按钮，分别在拉伸出的面上绘制直线，分割出窗户的位置，如图 10-22 所示。

步骤 08　单击"编辑"工具栏中的 按钮，分别将绘制的小矩形向内偏移复制，并单击"常用"工具栏中的 按钮，删除多余的线段，绘制出窗户的轮廓，效果如图 10-23 所示。

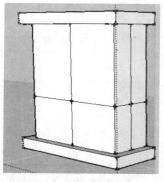

图 10-22　绘制窗户分割线

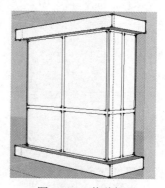

图 10-23　偏移矩形

步骤 09　单击"编辑"工具栏中的 按钮，分别将小矩形向内拉伸，形成窗户的结构，如图 10-24 所示。

步骤⑩ 单击"编辑"工具栏中的 🔧（移动/复制）按钮，复制窗户至顶部，在参数控制中输入"5"，等距均匀复制一列。选中整列窗户并制作成组件，如图 10-25 所示。

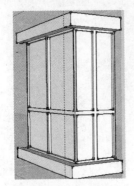

图 10-24　拉伸玻璃位置

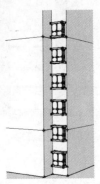

图 10-25　复制窗户

步骤⑪ 单击"绘图"工具栏中的 ▬（矩形）按钮，在距地面 1000mm 的距离，在建筑突出立面绘制一个矩形，尺寸为 3600mm×1600mm，单击"常用"工具栏中的 ✑（制作组件）按钮，将其创建为组件，效果如图 10-26 所示。

步骤⑫ 双击矩形，打开组件。单击"编辑"工具栏中的 🔼（拉伸）按钮，将矩形向内推拉200mm，单击"编辑"工具栏中的 🔄（偏移复制）按钮，将矩形向内偏移 80mm，如图 10-27 所示。

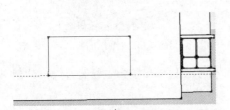

图 10-26　绘制矩形

图 10-27　拉伸窗框

步骤⑬ 选中底边一条直线，单击鼠标右键，将其拆分为 6 分。单击"绘图"工具栏中的 ✏（线）按钮，效果如图 10-28 所示。

步骤⑭ 单击工具栏中的"选择"按钮 ▸，选中绘制的 5 条垂直线，单击"编辑"工具栏中的 🔧（移动/复制）按钮，按 Ctrl 键，将几条直线分别向左右各偏移 20mm，如图 10-29所示。

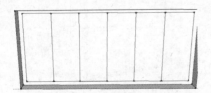

图 10-28　绘制垂直线

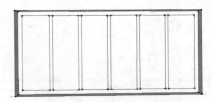

图 10-29　绘制垂直窗框

步骤⑮ 依照上述方法，绘制水平窗框，单击"常用"工具栏中的 ✎（删除）按钮，删除多余线段，如图 10-30 所示。

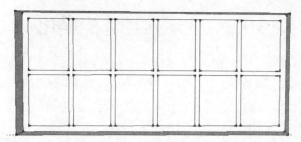

图 10-30　绘制水平窗框

步骤 16　单击"编辑"工具栏中的 ❖（移动/复制）按钮，将绘制好的窗户移动到合适位置，并对其进行复制，效果如图 10-31 所示。

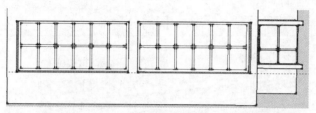

图 10-31　复制窗户

步骤 17　单击"常用"工具栏中的 ◈（制作组件）按钮，将两个窗户创建为组。

步骤 18　单击"编辑"工具栏中的 ❖（移动/复制）按钮，复制窗户至顶部，在参数控制中输入"5"，等距均匀复制一列。选中整列窗户并制作成组件，如图 10-32 所示。

步骤 19　单击"编辑"工具栏中的 ❖（移动/复制）按钮，分别复制并移动窗户到整个楼体，如图 10-33 所示。

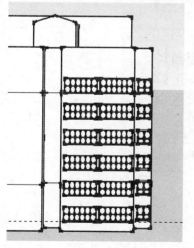

图 10-32　复制窗户

图 10-33　窗户效果图

10.3　住宅楼楼体的美化

步骤 01 单击"常用"工具栏中的 ▶ (选择) 按钮，双击模型，打开组件，单击"常用"工具栏中的 ▓ (材质) 按钮，在弹出的"材质"面板中选择"半透明"材质中的"蓝色半透明玻璃"材质，为窗户添加玻璃材质，如图 10-34 所示。

步骤 02 单击"常用"工具栏中的 ▶ (选择) 按钮，双击楼体，打开组件，单击"常用"工具栏中的 ▓ (材质) 按钮，为楼体分别添加"标记颜色"材质下的"橙色"和"浅黄色"，如图 10-35 所示。

图 10-34　为窗户添加玻璃材质

图 10-35　附颜色材质

步骤 03 选择"材质"面板中"屋顶"材质中的"红色金属接缝屋顶"材质，为楼体顶部复式添加"红色"材质，如图 10-36 所示。

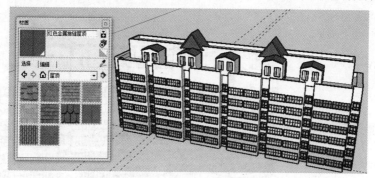

图 10-36　为屋顶添加材质

步骤 04　单击"绘图"工具栏中的■（矩形）按钮，绘制一个与住宅楼同长的矩形，单击"编辑"工具栏中的🔥（拉伸）按钮，将其拉伸成薄的立方体。然后，分别在立方体的两边绘制矩形，向下拉伸成装饰构件，如图 10-37 所示。

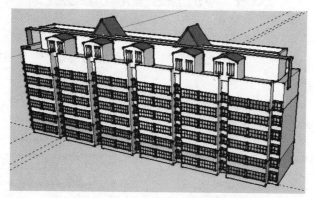

图 10-37　绘制建筑顶部装饰构件

步骤 05　用上述同样的方法，绘制其他建筑装饰构件，效果如图 10-38 所示。

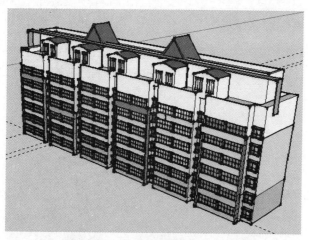

图 10-38　绘制其他建筑装饰构件

步骤 06　单击"菜单"栏→"窗口"→"组件"命令，在弹出的组件面板中选择"门"，如图 10-39 所示，分别为复式楼顶添加门，如图 10-40 所示。

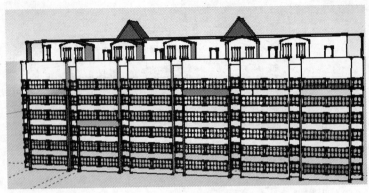

图 10-39　组件面板

图 10-40　添加门组件

10.4　为住宅楼添加配景

步骤 01 单击"视图"工具栏中的 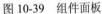（顶视图）按钮，将视图转换为顶视图。单击"绘图"工具栏中的 ◪（矩形）按钮，绘制一个矩形作为地面，并将地面制作成组件，如图 10-41 所示。

步骤 02 单击"绘图"工具栏中的 ✎（线）按钮，双击打开地面组件，在地面分割出草坪、花坛和走道位置，如图 10-42 所示。

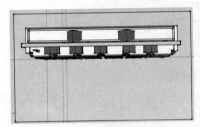

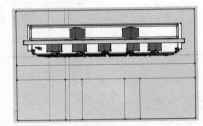

图 10-41　将地面制作成组件

图 10-42　绘制草坪、花坛和走道

步骤 03 单击"编辑"工具栏中的 ⟲（偏移复制）按钮，将绘制好的矩形花坛向内偏移。

步骤 04 单击"编辑"工具栏中的 ♨（拉伸）按钮，将偏移出的花坛向上拉伸高度，如图 10-43 所示。

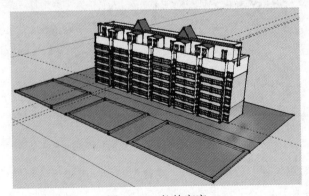

图 10-43　拉伸高度

步骤 **05** 单击"菜单"栏→"窗口"→"组件"命令，分别选择组件面板中的外景长凳、树以及路灯组件添加到场景中，如图 10-44 和图 10-45 所示。

步骤 **06** 单击"常用"工具栏中的 (材质) 按钮，在弹出的材质面板中分别选择草地、花卉、路面砖填充到地面，如图 10-46 所示。

图 10-44 组件面板

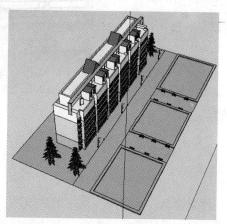

图 10-45 添加组件

图 10-46 填充植物和路面

步骤 **07** 单击"菜单"栏→"窗口"→"样式"，在样式面板中选择"预设样式"中的"普通风格"，如图 10-47 所示。

步骤 **08** 为场景添加天空和地面，最终效果如图 10-48 所示。

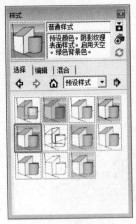

图 10-47　样式面板

图 10-48　最终效果图

10.5　本章小结

住宅设计是建筑设计中较为简单的建筑之一，一般在建筑结构上每层不会有太大的变化。例如本章讲解的七层住宅楼，无论门窗还是结构上下层都是一致的，所以在绘制好一层以后，使用复制工具就可以完成其他楼层的绘制，然后再丰富建筑外立面即可。

第11章　绘制办公楼

　　办公建筑应根据使用性质、建设规模与标准的不同，确定各类用房。一般由办公用房、公共用房、服务用房等组成。其次，根据使用性质，结合基底面积、结构造型的情况按建筑模数选择开间和进深，合理确定建筑平面，并为今后改造和灵活分割创造条件。

　　本章将通过一个政府办公大楼的设计过程，来了解使用 SketchUp 绘制办公楼的方法和流程。在后期处理时，也要根据办公的特点来增加材质，使整个办公楼庄重、严肃、大方，如图11-1 所示。

⬇ 学习目标

- 绘制办公楼底座
- 绘制办公楼主体
- 添加材质
- 添加配景

　　办公楼的效果看似复杂，其实与前一章节的住宅楼的绘制方法相似。可以首先把办公楼分为两个建筑体块，一个是底部的底楼，一个是主楼，都是在长方体的基础上，添加细部构件，完善建筑立面，从而达到整体的效果。在绘制时要注意，在整栋建筑中，一共有 4 种不同造型的窗户，要一一绘制，并制作成组件，进行复制。具体操作步骤如下。

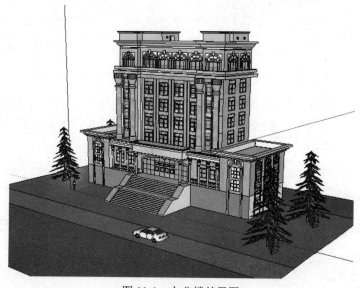

图 11-1　办公楼效果图

11.1　绘制楼体底座

步骤01 单击"绘图"工具栏中的 ■（矩形）按钮，在视图中确定一点，绘制矩形 10660mm ×33840mm。然后单击"编辑"工具栏中的 ♨（拉伸）按钮，将矩形向上拉伸成长方体，作为楼体底座，如图 11-2 所示。

步骤02 单击"绘图"工具栏中的 ✎（线）按钮，在立方体上绘制直线，初步绘制出楼体底座的轮廓，如图 11-3 所示。

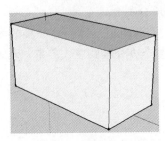

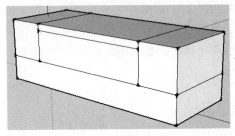

　　图 11-2　楼体底座　　　　　　　　　　图 11-3　绘制轮廓

步骤03 单击"编辑"工具栏中的 ♨（拉伸）按钮，选中正面的矩形向内拉伸，绘制出楼体底座模型，如图 11-4 所示。

步骤04 单击"绘图"工具栏中的 ■（矩形）按钮，在楼体正面绘制矩形，作为楼体屋檐，然后单击"编辑"工具栏中的 ♨（拉伸）按钮，选择屋檐向外拉伸，两侧向内拉伸，如图 11-5 所示。

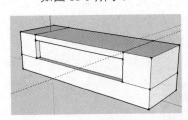

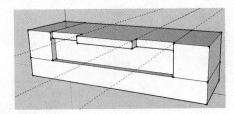

　图 11-4　向内拉伸建筑内部　　　　　　图 11-5　内外拉伸屋檐

步骤05 单击"绘图"工具栏中的 ✎（线）按钮，在屋檐处绘制直线，如图 11-6 所示。

步骤06 单击"常用"工具栏中的 ▸（选择）按钮，选中屋顶的外轮廓，单击"编辑"工具栏中的 ☞（偏移复制）按钮，将轮廓向外偏移复制。

步骤07 单击"编辑"工具栏中的 ♨（拉伸）按钮，绘制出屋檐的造型，如图 11-7 所示。

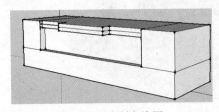

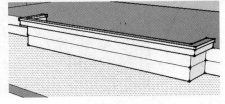

　　图 11-6　绘制直线图　　　　　　　　图 11-7　绘制上屋檐

步骤08 单击"编辑"工具栏中的 ♨（拉伸）按钮，绘制下屋檐，如图 11-8 所示。

步骤 09　单击"常用"工具栏中的 ✎（删除）按钮，删除多余的线段，如图 11-9 所示。

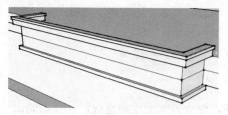

图 11-8　绘制下屋檐

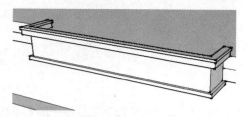

图 11-9　删除多余的线段

步骤 10　单击"绘图"工具栏中的 ✎（线）按钮，在屋檐顶点处绘制造型剖面，效果如图 11-10 所示。

步骤 11　单击"编辑"工具栏中的 ⟲（跟随路径）按钮，按 Alt 键，沿着顶部绘制出造型。选中造型并制作成组件，效果如图 11-11 所示。

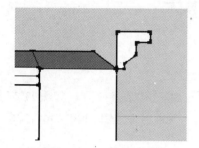

图 11-10　绘制造型剖面

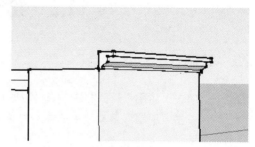

图 11-11　绘制顶部造型

步骤 12　使用上述方法，绘制出其他三边的造型，效果如图 11-12 所示。

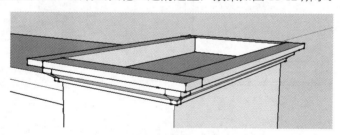

图 11-12　绘制其他三边的造型

步骤 13　单击"常用"工具栏中的 ✐（制作组件）按钮，将四边创建成群组。单击"编辑"工具栏中的 ✛（移动/复制）按钮，将绘制出的造型复制到另一端，效果如图 11-13 所示。

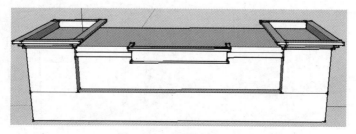

图 11-13　复制屋顶造型

步骤 14　单击"绘图"工具栏中的 ✏ (线) 按钮，在屋檐的内侧水平画线，单击"编辑"工具栏中的 ♨ (拉伸) 按钮，依次向外拉伸，做出水平结构造型，如图 11-14 所示。

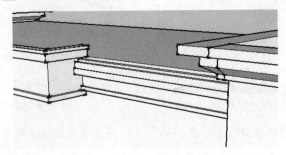

图 11-14　绘制内侧水平屋檐

11.2　绘制主楼体

11.2.1　绘制基本模型

步骤 01　单击"绘图"工具栏中的 ▣ (矩形) 按钮，在底座顶部绘制矩形，如图 11-15 所示。

步骤 02　单击"编辑"工具栏中的 ♨ (拉伸) 按钮，将矩形向上拉伸 11200mm，如图 11-16 所示。

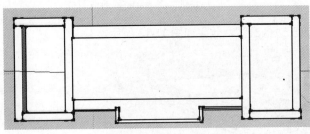

图 11-15　绘制矩形

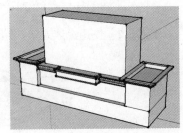

图 11-16　拉伸矩形

步骤 03　单击"绘图"工具栏中的 ▣ (矩形) 按钮，分割出正面轮廓。单击"编辑"工具栏中的 ♨ (拉伸) 按钮，选中正面向内拉伸，如图 11-17 所示。

步骤 04　单击"编辑"工具栏中的 ⟳ (偏移复制) 按钮，将长方体顶部向外偏移，单击"编辑"工具栏中的 ♨ (拉伸) 按钮，向上拉伸，如图 11-18 所示。

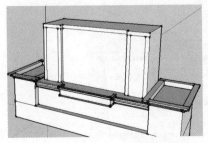

图 11-17　分割立面图

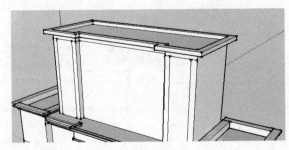

图 11-18　拉伸矩形

步骤 **05** 重复上一次的步骤，再增加一级轮廓，效果如图 11-19 所示。

步骤 **06** 单击"编辑"工具栏中的 (拉伸) 按钮，将矩形向上拉伸，作为楼体的顶层，如图 11-20 所示。

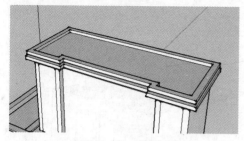

图 11-19 增加轮廓

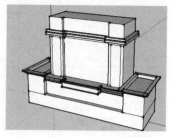

图 11-20 楼体顶层

步骤 **07** 单击"绘图"工具栏中的 (线) 按钮，单击"编辑"工具栏中的 (跟随路径) 按钮，沿着顶层绘制细结构线，并将细结构线制成组件向下移动到合适位置，如图 11-21 所示。

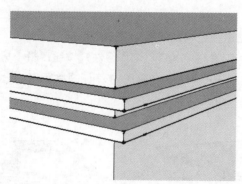

图 11-21 绘制细结构线

步骤 **08** 单击"绘图"工具栏中的 (线) 按钮，在顶层屋顶绘制剖面造型，如图 11-22 所示。

步骤 **09** 单击"绘图"工具栏中的 (矩形) 按钮，在楼顶面绘制矩形。单击"编辑"工具栏中的 (拉伸) 按钮，将其拉伸为立方体，如图 11-23 所示。

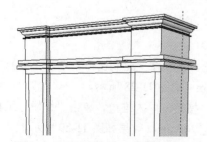

图 11-22 顶层屋顶绘制剖面造型

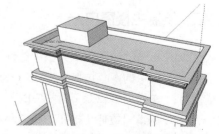

图 11-23 拉伸成立方体

步骤 **10** 单击菜单栏中的"窗口"→"组件"命令，在弹出的组件面板中输入"建筑门"，单击 (搜索) 按钮，选择第一个组件"Door"，如图 11-24 所示，分别为复式楼顶添加门，如图 11-25 所示。

图 11-24　组件面板

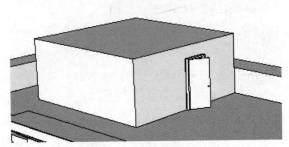

图 11-25　插入组件

步骤⑪　单击"绘图"工具栏中的 ✐（线）按钮，再单击"编辑"工具栏中的 ➰（跟随路径）按钮，绘制出屋顶结构，如图 11-26 所示。

步骤⑫　单击"常用"工具栏中的 ▧（制作组件）按钮，将小房间选中，制作成组件。单击"编辑"工具栏中的 ✳（移动/复制）按钮，将绘制出的造型复制到另一端，如图 11-27 所示。

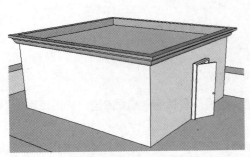

图 11-26　绘制出屋顶结构

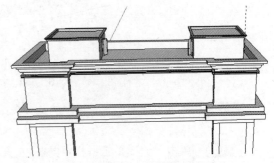

图 11-27　复制屋顶造型

11.2.2　绘制主楼窗户一

步骤①　单击"绘图"工具栏中的 ▦（矩形）按钮，在墙体上绘制窗口。单击"编辑"工具栏中的 ⬓（拉伸）按钮，将其拉伸 300mm，如图 11-28 所示。

步骤②　单击"编辑"工具栏中的 ⟲（偏移复制）按钮，向内推拉，单击"编辑"工具栏中的 ⬓（拉伸）按钮，将内部矩形向内推拉 200mm，效果如图 11-29 所示。

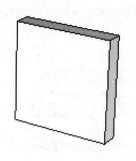

图 11-28　绘制立方体

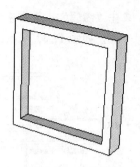

图 11-29　拉伸矩形

步骤 03　单击"编辑"工具栏中的 🔧 （移动/复制）按钮，将其移动到屋顶建筑上。并复制到楼体另一侧，效果如图 11-30 所示。

图 11-30　复制窗户

步骤 04　单击"绘图"工具栏中的 ▤ （矩形）按钮，绘制通风口。单击"编辑"工具栏中的 ⬈ （拉伸）按钮，将其拉伸 300mm，如图 11-31 所示。

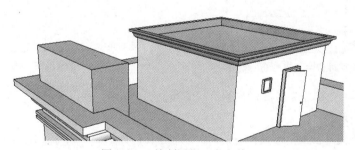

图 11-31　绘制通风口立方体

步骤 05　单击"绘图"工具栏中的 ✏ （线）按钮，再单击"编辑"工具栏中的 ⬎ （跟随路径）按钮，绘制屋顶造型，如图 11-32 所示。

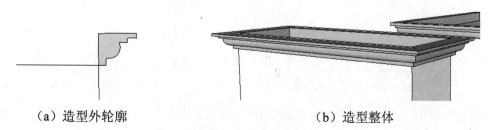

（a）造型外轮廓　　　　　　　　　　　（b）造型整体

图 11-32　绘制屋顶造型

步骤 06 单击"编辑"工具栏中的 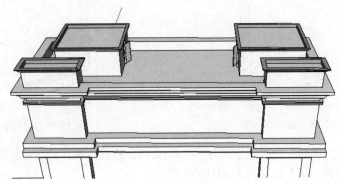（移动/复制）按钮，将绘制好的通风口复制到楼顶的另一端，如图 11-33 所示。

图 11-33　复制通风口

步骤 07 单击"绘图"工具栏中的■（矩形）按钮，再单击"绘图"工具栏中的◐（圆弧）按钮，在最上部楼体左侧面和绘制拱形窗户轮廓，效果如图 11-34 所示。

步骤 08 单击"编辑"工具栏中的◐（偏移复制）按钮，将其向内偏移，效果如图 11-35 所示。

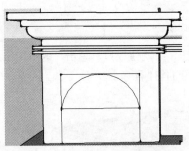

图 11-34　绘制拱形窗户轮廓

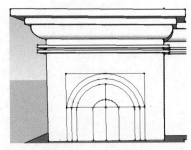

图 11-35　偏移窗户

步骤 09 单击"编辑"工具栏中的◐（偏移复制）按钮，将拱形窗轮廓向内偏移，如图 11-36 所示。

步骤 10 单击"绘图"工具栏中的✏（线）按钮，绘制窗户细节，效果如图 11-37 所示。

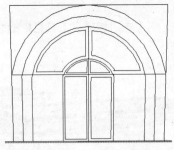

图 11-36　轮廓向内偏移

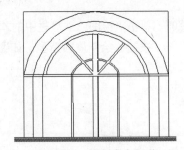

图 11-37　绘制窗户细节

步骤 11 单击"绘图"工具栏中的■（矩形）按钮，在拱形窗户中间绘制矩形造型，并绘制出柱头，进一步编辑拱形窗户轮廓模型，效果如图 11-38 所示。

步骤 **12**　单击"编辑"工具栏中的 按钮，将拱形窗户向外拉伸，拉伸出的窗户的模型结构后，单击"常用"工具栏中的 按钮，将其制作成组件，效果如图 11-39 所示。

图 11-38　编辑轮廓

图 11-39　拉伸轮廓

步骤 **13**　单击"绘图"工具栏中的 按钮，在拱形窗户下绘制大矩形窗户轮廓。选择边线拆分，单击"绘图"工具栏中的 按钮，分割出窗户，效果如图 11-40 所示。

步骤 **14**　单击"编辑"工具栏中的 按钮，将窗框拉伸，效果如图 11-41 所示。

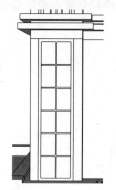

图 11-40　绘制窗户

图 11-41　拉伸窗框

步骤 **15**　单击"常用"工具栏中的 按钮，将窗户创建为组。

步骤 **16**　单击"编辑"工具栏中的 按钮，将其复制到右侧，效果如图 11-42 所示。

图 11-42　立窗效果图

11.2.3 绘制主楼窗户二

步骤 **01** 单击"绘图"工具栏中的■（矩形）按钮，和单击"绘图"工具栏中的◠（圆弧）
按钮，绘制主楼拱形窗户轮廓，效果如图 11-43 所示。

步骤 **02** 单击"绘图"工具栏中的■（矩形）按钮，单击"编辑"工具栏中的◉（偏移复制）
按钮，将其向内偏移，效果如图 11-44 所示。

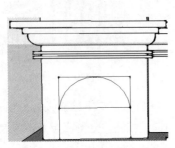

图 11-43 绘制拱形窗户轮廓

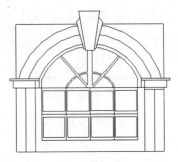

图 11-44 偏移轮廓线

步骤 **03** 单击"编辑"工具栏中的▲（拉伸）按钮，将绘制好的窗户轮廓向外拉伸成体，效
果如图 11-45 所示。

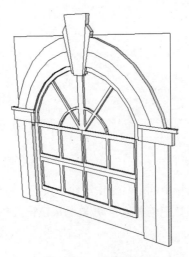

图 11-45 拉伸成体

步骤 **04** 单击"编辑"工具栏中的✖（移动/复制）按钮，将其复制到建筑右侧另一端，效果
如图 11-46 所示。

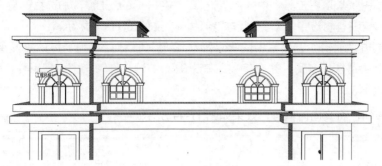

图 11-46　复制窗户

步骤 05 单击"绘图"工具栏中的 ▣（矩形）按钮，在楼正面拱形窗户下绘制矩形并拉伸成为长方体装饰线，将其制作成组件，单击"编辑"工具栏中的 ✥（移动/复制）按钮，将制作好的组件水平复制到拱形窗户下，效果如图 11-47 所示。

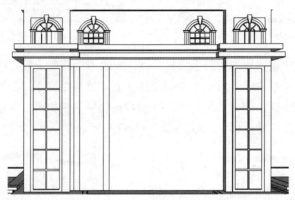

图 11-47　绘制装饰线

步骤 06 单击"绘图"工具栏中的 ▣（矩形）按钮，单击"编辑"工具栏中的 ▲（拉伸）按钮，在装饰线中间绘制窗户，单击"常用"工具栏中的 ◈（制作组件）按钮，将绘制好的窗户制作成装饰组件，效果如图 11-48 所示。

步骤 07 单击"编辑"工具栏中的 ✥（移动/复制）按钮，按 Ctrl 键，将绘制好的窗户灯具向下复制 3 个，在参数栏中输入"3"，效果如图 11-49 所示。

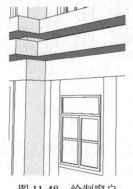

图 11-48　绘制窗户

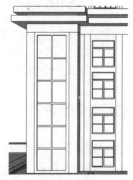

图 11-49　复制窗户

步骤 **08** 单击"常用"工具栏中的 ✎（选择）按钮，按 Ctrl 键，加选拱形窗户、装饰线和矩形窗户，将选中的对象制作成组件，效果如图 11-50 所示。

步骤 **09** 单击"编辑"工具栏中的 ✎（移动/复制）按钮，将编辑好的拱形窗户组件移动并复制到楼梯右侧，并在参数控制中输入"3"，复制 3 个窗户组件，效果如图 11-51 所示。

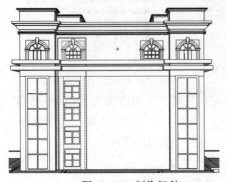

图 11-50　制作组件

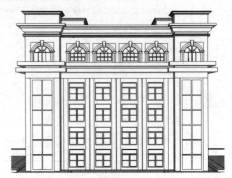

图 11-51　复制窗户组件

步骤 **10** 按下鼠标中键，旋转视图到楼梯右侧。单击"编辑"工具栏中的 ✎（移动/复制）按钮，将拱形窗户组件移动复制到楼梯右侧，效果如图 11-52 所示。

步骤 **11** 按下鼠标中键，旋转视图到楼梯左侧，在楼体左侧执行相同的操作，也复制 2 个窗户组件到左侧建筑面上，效果如图 11-53 所示。

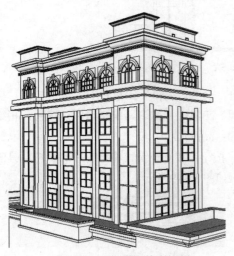

图 11-52　复制组件到侧面

图 11-53　复制窗户组件

11.2.4　完善建筑模型细节

步骤 **01** 单击"绘图"工具栏中的 ●（圆）按钮，单击"编辑"工具栏中的 ✎（偏移复制）按钮，将圆偏移成不同直径大小的两个同心圆。

步骤 **02** 单击"编辑"工具栏中的 ✎（拉伸）按钮，单击"编辑"工具栏中的 ✎（跟随路径）按钮，在整体正面绘制圆柱。

步骤 **03**　单击"常用"工具栏中的 （制作组件）按钮，将圆柱制作成组件，移动到楼梯左
侧大矩形窗户前，如图 11-54 所示。

图 11-54　绘制柱子组件

步骤 **04**　单击"编辑"工具栏中的 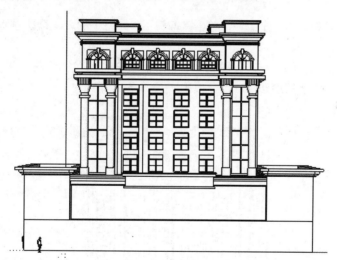（移动/复制）按钮，将绘制好的柱子复制一个，选择两
个立柱分别到楼体另一侧窗户旁，如图 11-55 所示。

图 11-55　复制柱子

步骤 **05**　单击"编辑"工具栏中的 （移动/复制）按钮，将绘制好的拱形窗户组件复制到楼
体底座，并打开组件，删除两个小矩形组件窗户并调节位置，如图 11-56 所示。

步骤 **06**　单击"编辑"工具栏中的 （移动/复制）按钮，将窗户组件向左移动等距复制两个，
在参数栏输入"2"，如图 11-57 所示。

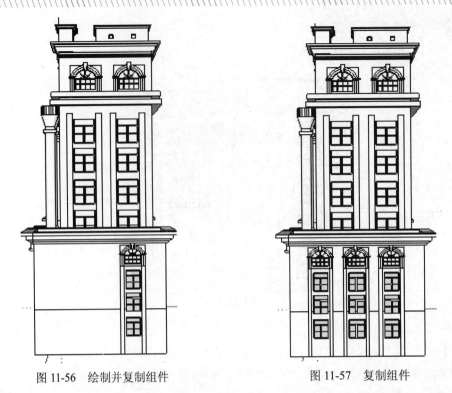

图 11-56 绘制并复制组件   图 11-57 复制组件

步骤 07 选择复制好的三个组件,单击"编辑"工具栏中的 ✖ (移动/复制)按钮,将其复制到楼体右侧。

步骤 08 按下鼠标中间,旋转视图到楼体右侧,单击"编辑"工具栏中的 ○ (旋转)按钮,将组件沿蓝轴旋转 180 度,效果如图 11-58 所示。

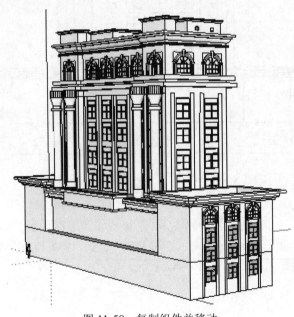

图 11-58 复制组件并移动

步骤 09 按下鼠标中间，旋转视图到楼体左侧，使用 ■（矩形工具）和 ◠（圆弧工具），绘制窗户轮廓。

步骤 10 在楼梯左侧单击"编辑"工具栏中的 ▲（拉伸）按钮，将其窗户拉伸，并将绘制好的装饰造型个窗户制作成组件，效果如图 11-59 所示。

步骤 11 单击"编辑"工具栏中的 ✿（移动/复制）按钮，将绘制好的复制到楼体底层右侧，效果如图 11-60 所示。

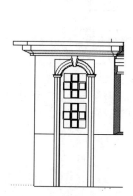

图 11-59　绘制楼梯底层窗户造型

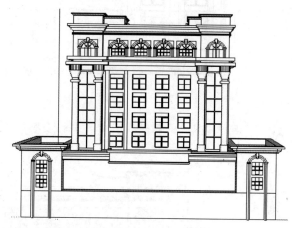

图 11-60　复制窗户

步骤 12 单击"绘图"工具栏中的 ✏（线）按钮，单击"绘图"工具栏中的 ◠（圆弧）按钮，在楼体正面屋檐下绘制大门轮廓，如图 11-61 所示。

步骤 13 单击"编辑"工具栏中的 ◉（偏移复制）按钮，单击"编辑"工具栏中的 ▲（拉伸）按钮，将绘制的门套拉伸成体，如图 11-62 所示。

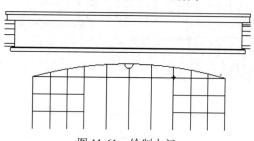

图 11-61　绘制大门

步骤 14 单击"绘图"工具栏中的 ■（矩形）按钮，单击"编辑"工具栏中的 ▲（拉伸）按钮，绘制门造型，效果如图 11-63 所示。

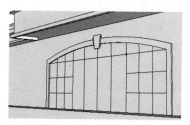

图 11-62　绘制门框

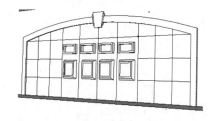

图 11-63　绘制门造型

步骤 15 单击"编辑"工具栏中的 ✿（移动/复制）按钮，将小窗户复制到楼梯底座正面，并制作成组件，如图 11-64 所示。

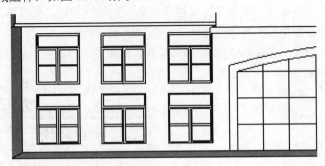

图 11-64 复制窗户

步骤 16 单击"编辑"工具栏中的 ✿（移动/复制）按钮，将绘制好的窗户复制到楼体右侧，如图 11-65 所示。

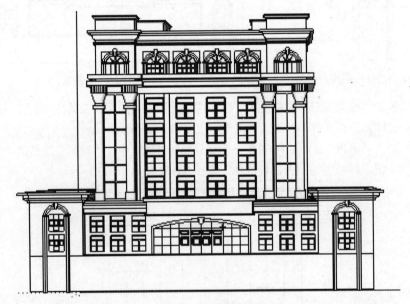

图 11-65 复制窗户

步骤 17 单击"绘图"工具栏中的 ✎（线）按钮，单击"绘图"工具栏中的 ⌒（圆弧）按钮，绘制出柱腿的剖面造型，然后单击"编辑"工具栏中的 ➲（跟随路径）按钮，绘制出围栏柱腿并制作成组件，如图 11-66 所示。

步骤 18 单击"编辑"工具栏中的 ✿（移动/复制）按钮，将柱腿向右复制到楼体台阶边，如图 11-67 所示。

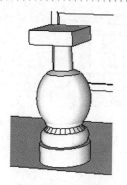

图 11-66　绘制柱腿

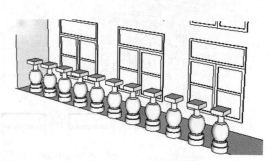

图 11-67　复制围栏

步骤 19 单击"绘图"工具栏中的 ▇ （矩形）按钮，在柱腿处绘制矩形，单击"编辑"工具栏中的 ▟ （拉伸）按钮，拉伸成为立方体，作为围栏的台面，如图 11-68 所示。

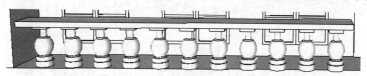

图 11-68　绘制围栏台面

步骤 20 单击"编辑"工具栏中的 ✖ （移动/复制）按钮，选中立柱复制到围栏处，并进行复制，如图 11-69 所示。

图 11-69　复制立柱

步骤 21 单击"常用"工具栏中的 ▨ （选择）按钮，选择立柱和围栏，单击"编辑"工具栏中的 ✖ （移动/复制）按钮，将其复制到建筑楼体右侧，如图 11-70 所示。

图 11-70　复制立柱和围栏

步骤 22　单击"绘图"工具栏中的 ▇（矩形）按钮，绘制一个矩形作为门头屋檐，单击"编辑"工具栏中的 ♨（拉伸）按钮，拉伸矩形，如图 11-71 所示。

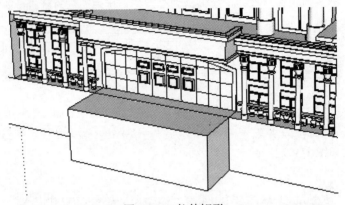

图 11-71　拉伸矩形

步骤 23　单击"编辑"工具栏中的 ✥（移动/复制）按钮，复制立柱到门头屋檐下，如图 11-72 所示。

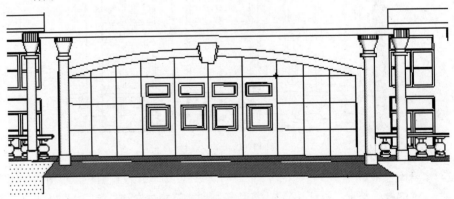

图 11-72　复制立柱

步骤 24　单击"绘图"工具栏中的 ✎（线）按钮和 ♨（推/拉）工具，绘制楼梯台阶，如图 11-73 所示。

步骤 25　单击"绘图"工具栏中的 ✎（线）按钮和 ♨（推/拉）工具，绘制台阶一侧的围墙，单击"常用"工具栏中的 ◈（制作组件）按钮，制作成组件。单击"编辑"工具栏

中的 （移动/复制）按钮，复制到另一端，如图 11-74 所示。

图 11-73　绘制楼梯台阶

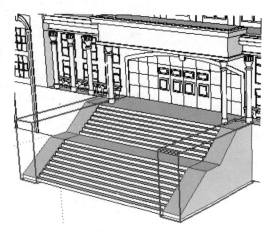

图 11-74　绘制楼体

步骤26　单击"常用"工具栏中的 (材质) 按钮，为建筑、地面添加材质和组件。单击"菜
单"栏→"窗口"→"组件"，添加树和汽车组件。

至此，办公楼建筑设计的全部讲解完，最终效果如图 11-75 所示。

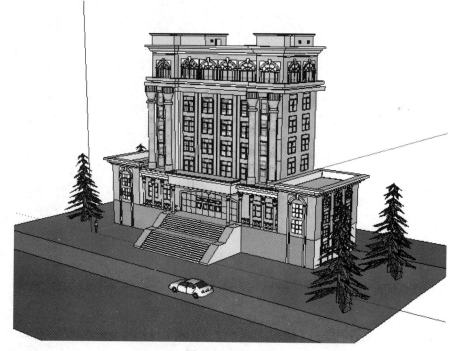

图 11-75　效果图

11.3 本章小结

绘制办公楼宅单元房，不仅要注意建筑的尺寸，同时也要将窗户、门等建筑部件的尺寸按照建筑设计标准绘制。在绘制好建筑单体之后给建筑赋予材质、完善小区绿化以及公共设施，本章用到的工具和上一章节相似，大家通过复习便能熟练掌握绘图的技巧。

第 12 章　SketchUp 常用技巧详解

结合上几章节的案例，本章主要详细讲解如何将 CAD 文件正确导入 SketchUp 中，以及如何简化 CAD 图纸。正确掌握这部分知识，有助于帮助草图软件与其他软件之间的转换，提高作图效率及作图质量。

学习目标

- 如何正确导入 CAD 文件
- 如何简化 CAD 图纸
- 天正软件的设置

12.1　如何正确导入CAD文件

导入 CAD 视图很简单，但如果操作不当，则会容易出现错误。在导入时，应注意一些细节。导入的操作步骤如下：

步骤 01　首先打开 AutoCAD 软件，绘制一个矩形，如图 12-1 所示。

步骤 02　在 AutoCAD 中将其保存后，打开 SketchUp 软件。

步骤 03　单击菜单栏中的"文件"→"导入"选项，弹出"打开"窗口。在打开窗口中单击"选项"弹出"导入选项"对话框，此时将比例中的"单位"调整为"毫米"，单击"确定"按钮。如图 12-2 所示。

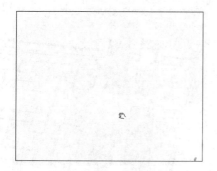

图 12-1　绘制矩形

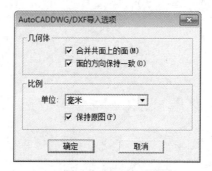

图 12-2 导入选项设置

步骤 04　此时，草图大师中的矩形图已经导入，测量一下尺寸是否和在 CAD 里面的尺寸一致。如果按照上述方法，尺寸就会是一致的。

这就是正确的把 CAD 文件导入草图大师的方法。

12.2 如何简化CAD图纸

在 AutoCAD 中打开"图层特性管理器"对话框可以看到，图纸中包括建筑轮廓、坐标、绿地铺地和硬质广场铺地等，这些内容并不是全部都需要导入 SketchUp 中，有些建筑轮廓线和道路轮廓线需要导入，因此我们需要对其简化。

步骤 01 在 AutoCAD 中，打开"图层特性管理器"对话框，将除了道路及建筑轮廓以外的其他图层冻结，如图 12-3 所示。

步骤 02 单击"确定"按钮，此时图纸中显示的已经只有道路和建筑轮廓线了。按 Ctrl +S 键保存。

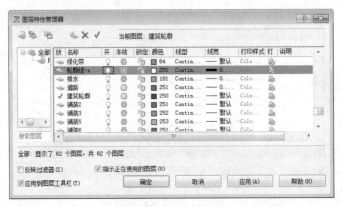

图 12-3 图层管理器

步骤 03 打开 SketchUp 软件，单击菜单栏中的"窗口"→"导入"，注意导入时在"选项"中将比例选择为"毫米"。

步骤 04 单击"绘图"工具栏中的 ✐（线）按钮，用直线命令将 AutoCAD 底图描绘一遍，将建筑轮廓转化为面，如图 12-4 所示。

步骤 05 单击"编辑"工具栏中的 ♨（拉伸）按钮，将建筑向上拉伸成体，如图 12-5 所示。

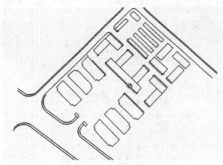

图 12-4 修改后的平面图

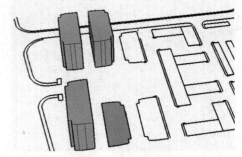

图 12-5 绘制建筑

在 SketchUp 中的图层和在 AutoCAD 中的图层是一一对应的，所以在 AutoCAD 中绘制时一定要将图层分好，方便以后导入其他软件后的深入设计。

12.3　天正图纸在导入SketchUp前的设置调整

在天正软件中，有些建筑局部构件是可以自动生成的，如楼梯、门窗、阳台、楼板等。这些是二维三维同时生成的，也就是说会绘制好的二维图形也是三维的，而且是参数化建模方式，输入尺寸后，三维模型就可以建成了，操作简便且精确。

但是，这些建筑局部构件在 SketchUp 中绘制会比较复杂，且容易不精准，浪费时间。因此，常利用天正软件这个三维绘图的优势，来绘制一些建筑构件，然后导入到 SketchUp 中。操作步骤如下：

步骤 01　在天正软件中打开图纸，如图 12-6 所示，在户型的上方，绘制一个双跑楼梯。

步骤 02　在绘图工具栏中单击"楼梯其他"，选择"双跑楼梯"，弹出"矩形双跑楼梯"对话框，如图 12-7 所示。

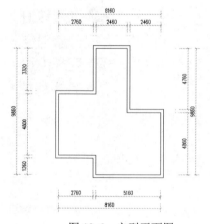

图 12-6　户型平面图

图 12-7　"矩形双跑楼梯"对话框

步骤 03　单击"梯间宽"按钮，在图纸上测量梯间宽，此时"梯间宽"会自动生成图纸中的数据，楼梯高度为楼层高度，踏步高及宽度为正常数据，勾选"自动生成内侧栏杆"复选框，单击"确定"按钮，此时楼梯就绘制好了，如图 12-8 所示。

步骤 04　在命令栏中输入"3DO"，将试图转换为三维透视图，如图 12-9 所示。

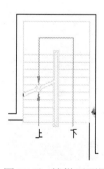

图 12-8　楼梯平面图

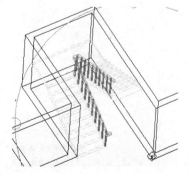

图 12-9　楼梯透视图

步骤 05　在命令栏中输入"PLAN"，将视图转换为平面图，将墙线图层隐藏，只留下楼梯图层，利于作图，如图 12-10 所示。

 步骤 06 将图中的箭头指向和文字全部删除，留下楼梯的图纸部分，此时，楼梯为一个图块。如图 12-11 所示。

 天正建筑的三维模型采用的是自定义对象，与 CAD 不同，而 SketchUp 只认 CAD 不认天正，因此需要将天正对象分解成 CAD 对象。

步骤 07 单击菜单栏左侧的"文件布图"，选择"分解对象"，如图 12-12 所示。

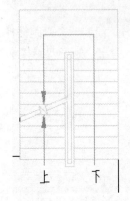

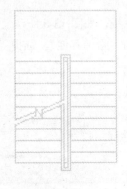

图 12-10　楼梯图层　　　　图 12-11　删除多余部分　　　　图 12-12　分解对象

 分解对象时，要在三维透视里进行分解，因为在天正中，在二维视图里分解对象，分解出来的是二维的，在三维透视图里分解出的是三维的，因此，当前需要在三维里进行分解。

步骤 08 为了便于操作，在命令栏中输入"PLAN"，将视图转换为二维平面图，然后将墙线和轮廓线图层显示并锁定。

步骤 09 在命令栏输入"WBLOCK"，弹出"写块"面板，将单位调整为"毫米"，如图 12-13 所示。

步骤 10 在 SketchUp 中，将刚才绘制的楼梯导入，如图 12-14 所示。

图 12-13　"写块"面板

步骤 ⑪　单击鼠标右键，选择将面统一，这样楼梯就绘制好了，如图 12-15 所示。

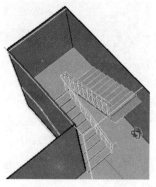

图 12-14　导入楼梯

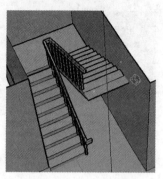

图 12-15　统一面

步骤 ⑫　其他建筑构件的绘制如门窗等，也是用同样的方法导入到 SketchUp 中，自然成为一个三维立体构件。

在天正中进行分解时，一定要在三维环境下进行分解。

12.4　导入天正建筑完整模型

步骤 ⑴　在天正软件中打开建筑模型，在命令栏中输入我 BLOCK，将其定义成块，并以毫米为单位。

步骤 ⑵　打开 SketchUp 软件，单击菜单栏中的"文件"→"导入"，在选项中以"毫米"为单位。

在天正建筑中导入的模型，如果是一个建筑体块，则不需要进行分解，但如果是一个建筑构件或者一层的建筑，则需要进行分解。

步骤 ⑶　导入后可以看到，建筑的表面不统一，如图 12-16 所示，但是不会影响到赋材质。但如果是需要进行渲染，则要将面统一，不会影响渲染效果。这里面只是赋材质而不会进行渲染。

步骤 ⑷　打开图层管理器，首先将墙体图层置为当前，将其他图层全部隐藏，如图 12-17 所示。

图 12-16　导入建筑

图 12-17　隐藏图层

步骤 05　将视图切换到正视图，选择 3-7 层建筑，并将其隐藏，余下的建筑如图 12-18 所示。

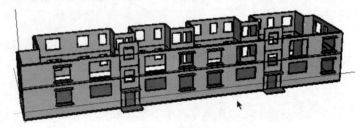

图 12-18　隐藏高层建筑

步骤 06　单击"常用"工具栏中的 ◈（材质）按钮，在弹出的材质面板中选择"石块"材质，
　　　　赋予建筑底层，如图 12-19 所示。

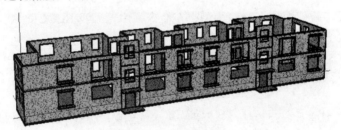

图 12-19　附石头材质

步骤 07　选择赋予材质的建筑，单击鼠标右键，单击"创建组"，将其创建成组，以便于后续
　　　　操作。

步骤 08　单击菜单栏中的"编辑"→"显示"→"全部"，将刚才隐藏的建筑全部显示出来。

步骤 09　单击"常用"工具栏中的 ▾（选择）按钮，将顶部尚没有赋予材质的建筑全部选中，
　　　　并给其添加"浅黄色"材质，如图 12-20 所示。

图 12-20 添加颜色材质

步骤⑩ 然后，打开图层管理器，将阳台图层显示，墙体图层隐藏起来，如图 12-21 所示。

步骤⑪ 单击"常用"工具栏中的 （材质）按钮，使用刚才的材质颜色，将阳台添加材质，如图 12-22 所示。

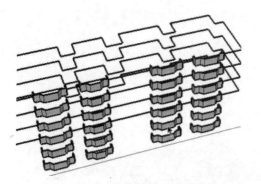

图 12-21 隐藏建筑图层

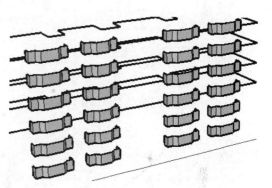

图 12-22 阳台添加材质

步骤⑫ 接下来，将 3DGlass 和 Window 图层显示出来，将 3DGlass 图层置为当前图层，其他图层隐藏，如图 12-23 所示。

步骤⑬ 单击"常用"工具栏中的 （材质）按钮，在弹出的材质面板中选择"蓝色透明玻璃"，给玻璃赋予材质，如图 12-24 所示。

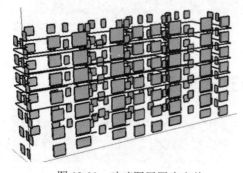

图 12-23 玻璃图层置为当前

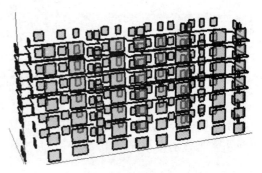

图 12-24 玻璃材质

步骤 ⑭ 打开图层管理器，将所有图层显示，如图 12-25 所示。

步骤 ⑮ 接下来为建筑增加阴影，单击菜单栏中的"窗口"→"阴影设置"，弹出其对话框，勾选"显示阴影"，调节日期及时间，效果如图 12-26 所示。

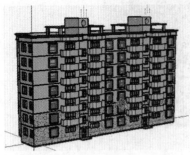

图 12-25 显示所有图层   图 12-26 增加阴影

步骤 ⑯ 接下来设置天空和背景，单击菜单栏中的"窗口"→"样式"→"编辑"，勾选"天空"和"地面"，选择合适的颜色，如图 12-27 所示。

步骤 ⑰ 最终效果如图 12-28 所示。

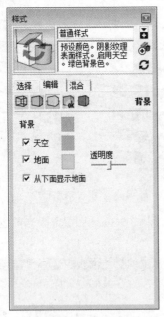

图 12-27 场景设置   图 12-28 效果图

12.5 调整CAD的模型文件

本例中以一个二层建筑为例，利用四个方向的立面，完成 SketchUp 的绘制。方法很简单，将平面和立面分别导入 SketchUp 中以后，将立面与平面拼接起来，形成一个建筑整体，效果如图 12-29 所示。

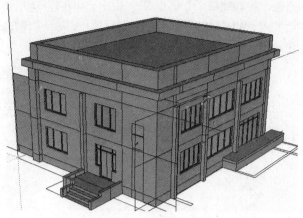

图 12-29　建筑效果图

12.5.1　简化 CAD 图纸并导入 SketchUp 软件

步骤 01　打开 CAD 图纸，打开"图层管理器"，新建五个图层，分别是平面图、正立面图和三个侧立面图，如图 12-30 所示。

图 12-30　图层管理器

步骤 02　将正立面图层置为当前，将轴线编号、标注等图层隐藏，如图 12-31 所示。

步骤 03　选择平面图，选择平面图层，将图层统一到平面图层下，如图 12-32 所示。

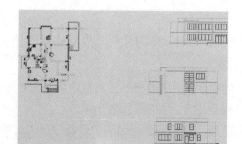

图 12-31　隐藏一些图层

图 12-32　设置图层

步骤 **04** 用同样的方法，将其他四个立面也统一图层，如图 12-33 所示。

步骤 **05** 在命令栏中输入"**WBLOCK**"，将所有平面图保存成一个新的图纸，单位为"毫米"，保存于方便找到的地方，以便于接下来 SketchUp 的绘制，如图 12-34 所示。

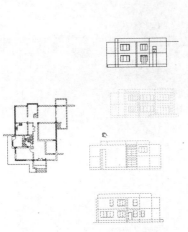

图 12-33　统一图层　　　　　　　　　　图 12-34　写块设置

步骤 **06** 打开 SketchUp 软件，单击菜单栏中的"文件"→"导入"，弹出"打开"窗口，找到刚才绘制的图纸，单击"选项（P）"，弹出"导入选项"对话框，按照图片将其中的选项勾选，比例设置为"毫米"，如图 12-35 所示。

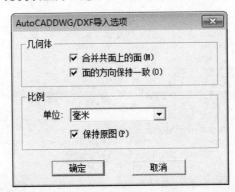

图 12-35　设置导入选项

12.5.2　调整对齐图纸

将导入的所有图纸平立面按照建筑的轮廓，一一对位，成为一个三维的建筑线体，操作步骤如下：

步骤 **01** 单击"全屏显示"，可以看见导入的图，单击"编辑"工具栏中的 ![icon]（移动/复制）按钮，将所有图选中，将其移动到原点位置，如图 12-36 所示。

步骤 **02** 此时可以看见，图纸显示的线型为粗线，单击菜单栏中的"查看"→"边线类型"，取消选择"轮廓"选项，如图 12-37 所示。

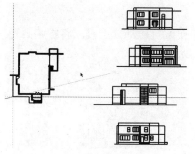

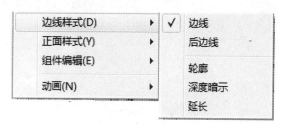

图 12-36　图纸显示

图 12-37　显示设置

步骤 03　单击"常用"工具栏中的 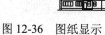（选择）按钮，选中平面图，单击鼠标右键，选择"创建组"，将平面图创建成组。如图 12-38 所示。

步骤 04　单击"常用"工具栏中的 ▶（选择）按钮，选中正立面图，单击鼠标右键，选择"创建组"，将其创建成组。如图 12-39 所示。

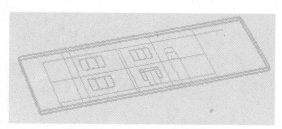

图 12-38　给平面创建组

图 12-39　将正立面图创建成组

步骤 05　单击"编辑"工具栏中的 ✥（移动/复制）按钮，和 ✤（转动）工具，将正立面图与平面图对齐，如图 12-40 所示。

步骤 06　单击菜单栏中的"窗口"→"图层"，将图层管理器打开，隐藏正立面图，将背面图视为当前。

步骤 07　单击"编辑"工具栏中的 ✥（移动/复制）按钮和 ✤（转动）工具，将背立面图与平面图对齐，由于背立面是投影的形式，所以需要进行一次镜像，如图 12-41 所示。

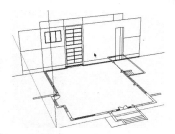

图 12-40　对齐图纸

图 12-41　移动背立面图

步骤 08　单击菜单栏中的"窗口"→"图层"，将图层管理器打开，隐藏背立面图，将左面图视为当前。

步骤 09　单击"编辑"工具栏中的 ✥（移动/复制）按钮和 ✤（转动）工具，将左立面图与平面图对齐，如图 12-42 所示。

步骤 10　单击菜单栏中的"窗口"→"图层"，将图层管理器打开，隐藏左立面图，将右立面图视为当前。

步骤11 单击"编辑"工具栏中的 ✖ （移动/复制）按钮和 ✿ （转动）工具，将右立面图与平面图对齐，如图 12-43 所示。

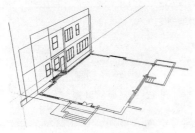

图 12-42　对齐左立面图

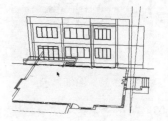

图 12-43　对齐右立面图

步骤12 单击菜单栏中的"窗口"→"图层"，将图层管理器打开，将其他图层全部显示。

步骤13 图层设置好后，所有的立面图均已经和平面图对齐，效果如图 12-44 所示。

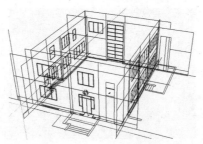

图 12-44　对齐效果图

12.5.3　绘制墙体正立面

步骤01 单击菜单栏中的"窗口"→"图层"命令，将图层管理器打开，将正立面图和平面图显示，其他图层隐藏，将正立面图视为当前。

步骤02 单击"绘图"工具栏中的 ✐ （线）按钮，对正立面的外轮廓进行描绘，使之成为面，如图 12-45 所示。

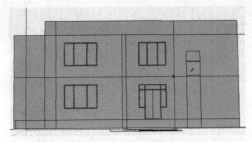

图 12-45　绘制面

步骤03 接下来绘制窗户。单击"常用"工具栏中的 ▨ （选择）按钮，可以发现，窗户的墙体为一个面，如图 12-46 所示。

步骤04 单击"绘图"工具栏中的 ✐ （线）按钮，在两个窗户之间，按照正立面图纸的位置，描绘一条直线，使这个面成为两个面，如图 12-47 所示。

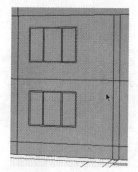

图 12-46　选择面

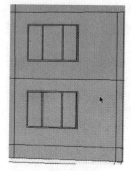

图 12-47　分割面

步骤 05　单击"绘图"工具栏中的（线）按钮，描绘窗户的外轮廓，将墙体与窗户的面分隔开，如图 12-48 所示。

步骤 06　单击"绘图"工具栏中的（线）按钮，在窗户内部绘制直线，使窗户的每一块玻璃和窗框成为独立的一面，如图 12-49 所示。

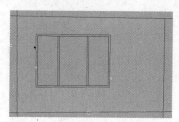

图 12-48　分割墙面

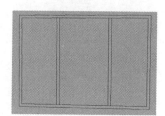

图 12-49　分割窗户面

步骤 07　单击"常用"工具栏中的（删除）按钮，删除窗框内部多余的线段。

步骤 08　单击"构造"工具栏中的（坐标轴）按钮，将视图转动到墙体背面，单击"编辑"工具栏中的 （拉伸）按钮工具，将窗框向内拉伸 100mm，如图 12-50 所示。

步骤 09　单击"编辑"工具栏中的（拉伸）按钮，将三扇玻璃向内拉伸 150mm，如图 12-51 所示。

图 12-50　拉伸窗框

图 12-51　拉伸玻璃

步骤 10　单击工具栏中的（选择）按钮，将刚才绘制好的窗户由左上方向右下方框选，单击鼠标右键，选择"创建组"，如图 12-52 所示。

步骤 ⑪ 单击"编辑"工具栏中的 （移动/复制）按钮，按住 Ctrl 键，将绘制好的窗户向下
复制，如图 12-53 所示。

步骤 ⑫ 将复制的窗户进行隐藏，将原来存在的线条删除，如图 12-54 所示。

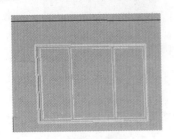

图 12-52　创建组

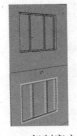

图 12-53　复制窗户

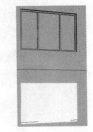

图 12-54　删除线条

步骤 ⑬ 单击菜单栏中的"编辑"→"显示"→"上一步"命令，将刚才隐藏的窗户显示，
如图 12-55 所示。

步骤 ⑭ 用同样的方法绘制右边的窗户，效果如图 12-56 所示。

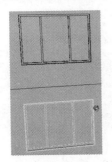

图 12-55　显示命令

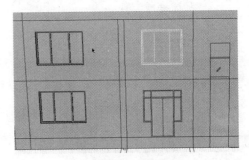

图 12-56　复制窗户

步骤 ⑮ 单击"绘图"工具栏中的 （线）按钮，用补线的方法，将门绘制出，如图 12-57
所示。

步骤 ⑯ 单击"编辑"工具栏中的 （拉伸）按钮，将绘制好的门向后拉伸，距离为 100mm，
如图 12-58 所示。

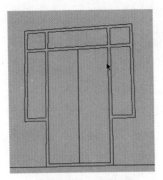

图 12-57　绘制直线

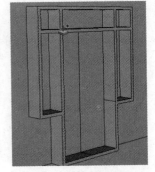

图 12-58　拉伸门

步骤 ⑰ 单击"编辑"工具栏中的 （拉伸）按钮，将内部玻璃拉伸 100mm，如图 12-59
所示。

步骤 **18**　单击"编辑"工具栏中的 （拉伸）按钮，将墙体柱子拉伸 300mm，如图 12-60 所示。

图 12-59　拉伸玻璃

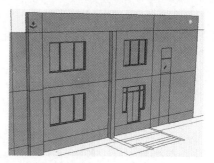

图 12-60　拉伸柱子

12.5.4　绘制地面台阶

步骤 **01**　单击"绘图"工具栏中的 ✏（线）按钮，首先将台阶绘制成面，如图 12-61 所示。

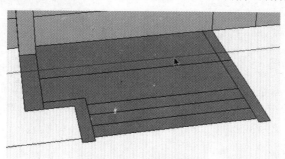

图 12-61　绘制面

步骤 **02**　单击"编辑"工具栏中的 ⬆（拉伸）按钮，将台阶向上拉伸 600mm，两侧向上拉 800mm，如图 12-62 所示。

步骤 **03**　将前面台阶分别向上拉伸 200mm，400mm，如图 12-63 所示。

图 12-62　拉伸台阶

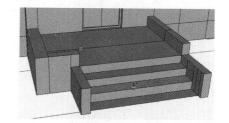

图 12-63　拉伸前台阶

12.5.5　绘制墙体右立面

步骤 **01**　打开图层管理器，将正立面隐藏，右立面显示当前。

步骤 **02**　单击"常用"工具栏中的 ▨（选择）按钮，将右立面选中，然后分解。

步骤 **03** 单击"绘图"工具栏中的 ✐（线）按钮，将立面绘制成面，如图 12-64 所示。

步骤 **04** 接下来绘制窗户，单击"绘图"工具栏中的 ✐（线）按钮，将窗户的面分割成独立的每个面，如图 12-65 所示。

步骤 **05** 单击"编辑"工具栏中的 ♨（拉伸）按钮，将窗框向内拉伸 100mm，玻璃拉伸 150mm，效果如图 12-66 所示。

步骤 **06** 选择窗户，将其创建为群组。

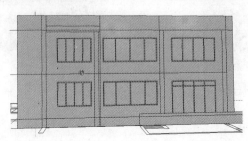

图 12-64　绘制立面

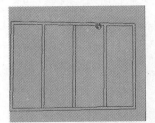

图 12-65　绘制面

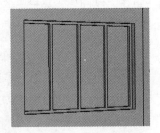

图 12-66　拉伸窗户

步骤 **07** 单击"编辑"工具栏中的 ✥（移动/复制）按钮，按住 Ctrl 键，将窗户向下复制，如图 12-67 所示。

步骤 **08** 将窗户隐藏，将原来的直线删除，如图 12-68 所示。

图 12-67　复制窗户

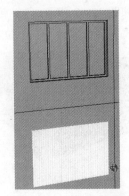

图 12-68　删除原直线

步骤 **09** 单击菜单栏中的"编辑"→"显示"→"上一次"，将刚才的窗户显示出来。

步骤 **10** 单击"编辑"工具栏中的 ✥（移动/复制）按钮，按住 Ctrl 键，将左边绘制好的窗户向右复制，如图 12-69 所示。

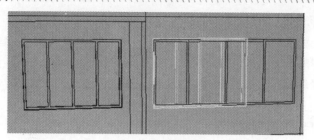

图 12-69　复制窗户

步骤⑪　单击"编辑"工具栏中的 ▨（缩放）按钮，将窗户放大至图纸上的尺寸，如图 12-70 所示。

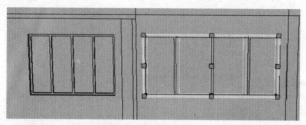

图 12-70　拉伸窗户

步骤⑫　单击"常用"工具栏中的 ▸（选择）按钮，选中窗户组件，单击鼠标右键，选择隐藏，将隐藏后的线段删除，如图 12-71 所示。

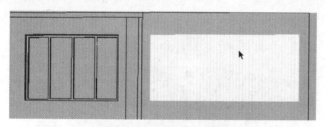

图 12-71　删除多余的线

步骤⑬　单击菜单栏中的"编辑"→"显示"→"上一次"命令，将刚才的窗户显示出来。

步骤⑭　按照刚才讲述的步骤，将上面的窗户直接复制到下面和右边，同时删除多余的线段，如图 12-72 所示。

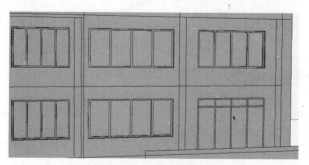

图 12-72　复制窗户

步骤⑮　然后绘制右下方的窗户。单击"绘图"工具栏中的 ✐（线）按钮，进行补线，如图

12-73 所示。

步骤 16 单击"编辑"工具栏中的 🔄（旋转）按钮，将墙体视图转到背面，单击"编辑"工具栏中的 ⬆️（拉伸）按钮，拉伸门框，尺寸为 100mm，如图 12-74 所示。

步骤 17 单击"编辑"工具栏中的 ⬆️（拉伸）按钮，拉伸门，尺寸为 150mm，如图 12-75 所示。

步骤 18 单击"编辑"工具栏中的 ⬆️（拉伸）按钮，拉伸门前平台，如图 12-76 所示。

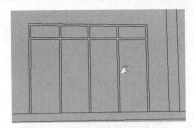

图 12-73　补线

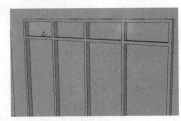

图 12-74　拉伸门框

图 12-75　拉伸门

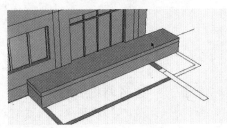

图 12-76　拉伸平台

步骤 19 单击"编辑"工具栏中的 ⬆️（拉伸）按钮，拉伸墙体柱子，如图 12-77 所示。

图 12-77　拉伸墙体柱子

步骤 20 打开图层管理器，将正立面图层显示，如图 12-78 所示。

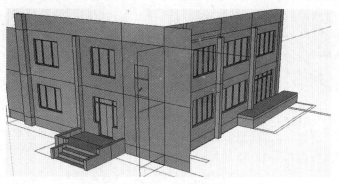

图 12-78　显示图层

步骤 21　此时建筑中一些面是反向的，单击"常用"工具栏中的 ▲（选择）按钮，选中面，单击鼠标右键，选择"将面翻转"选项，如图 12-79 所示。

步骤 22　在墙体交叉地方，有一部分是多余的墙体，需要删除，如图 12-80 所示。

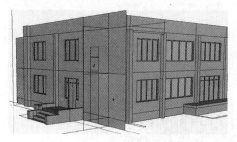

图 12-79　将面翻转

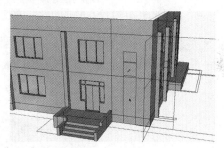

图 12-80　删除多余墙体

12.5.6　绘制建筑屋顶

步骤 01　单击"绘图"工具栏中的 ▣（矩形）按钮，绘制平屋顶，如图 12-81 所示。

步骤 02　单击"编辑"工具栏中的 ⬈（偏移复制）按钮，将屋顶矩形向外偏移 500mm，如图 12-82 所示。

图 12-81　绘制平屋顶

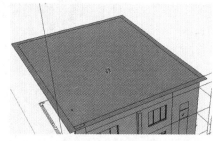

图 12-82　偏移矩形

步骤 03　单击"编辑"工具栏中的 ▲（拉伸）按钮，将整个矩形向上拉伸 500mm，如图 12-83 所示。

步骤 04　单击"编辑"工具栏中的 ⬈（偏移复制）按钮，将屋顶矩形向内偏移两个 500mm，如图 12-84 所示。

图 12-83　拉伸 500mm

图 12-84　偏移矩形

步骤 05　单击"编辑"工具栏中的 ⚓（拉伸）按钮，将中间矩形向上拉伸 1200mm，作为女儿墙高度，如图 12-85 所示。

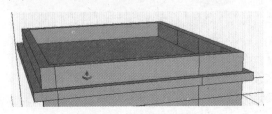

图 12-85　拉伸女儿墙

步骤 06　由于在 SketchUp 中，至需要渲染看得到的角度，因此其余了两面墙可以不绘制，至此，这节讲解就结束了，最终效果如图 12-86 所示。

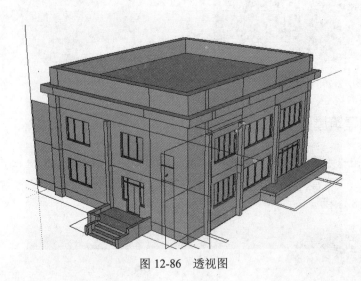

图 12-86　透视图

12.6　本章小结

　　本章主要介绍如何正确导入 CAD 文件，天正图纸的导入与 CAD 图纸导入的区别，在导入时要注意每一步的提示及设置。本章的学习有助于 CAD 设计与草图软件的有效结合。方便软件之间的沟通。

第13章　现代住宅设计

当前人们对住宅居住环境的要求已由原先"住得下"逐渐发展为"住得好"，要求数量和质量、功能与环境并重，追求居住的舒适性、私密性、实用性，这种需求的变化给住宅设计带来更高的要求。如何做出节能、环保、舒适、安全又符合人性化要求的现代住宅设计，以满足住宅消费要求，是建筑设计师必须妥善解决的问题。

学习目标

- 绘制每层立面图
- 绘制建筑门窗
- 绘制住宅屋顶花园
- 给建筑赋予材质
- 添加配景

本章以现代住宅为例，讲述不同风格的建筑在 SketchUp 中的绘制方法。由图 13-1 效果图可以看出，本案例中每层的建筑平面都不一样，因此需要逐层的绘制建筑主体模型，然后将绘制好的模型进行对位。最后进行细致的刻画，如建筑门窗和屋顶花园等。具体操作步骤如下。

图 13-1　现代住宅效果图

13.1　导入CAD平面图

步骤 01 单击菜单栏中的"文件"→"导入"，将绘制好的 CAD 平面图导入 SketchUp 中，效果如图 13-2 所示。

步骤 02 单击菜单栏中的"文件"→"保存" 🖫，将导入的平面文件先保存好。

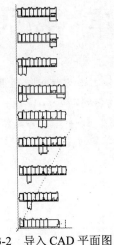

图 13-2　导入 CAD 平面图

13.2　绘制首层立面模型

步骤 01 将视图调整到首层平面图。单击"绘图"工具栏中的 ✐（线）按钮，沿首层平面图边沿描绘，将线性文件中的一部分转变成面域 ，包括建筑、柱子、廊等，并将其创建为组件，如图 13-3 所示。

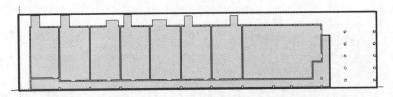

图 13-3　首层面域

步骤 02 单击"编辑"工具栏中的 ♨（拉伸）按钮，将首层立面绘制出来，拉伸高度为 3000mm，如图 13-4 所示。

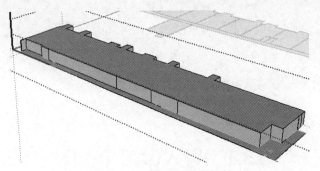

图 13-4　拉伸首层建筑高度

步骤 03 单击"编辑"工具栏中的 ⬇ (拉伸)按钮,将图中的方柱和圆柱,也拉伸同样的高度,如图 13-5 所示。

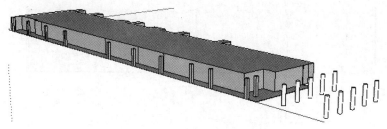

图 13-5 拉伸方柱和圆柱

13.3 绘制二层立面模型

步骤 01 单击"编辑"工具栏中的 ⬇ (拉伸)按钮,沿平面图边沿描绘,图纸转变成面域,包括建筑、柱子、廊等,并将其创建为组件,如图 13-6 所示。

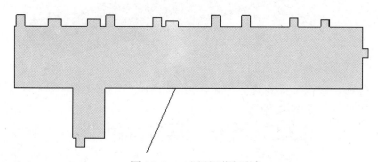

图 13-6 二层平面图面域

步骤 02 单击"编辑"工具栏中的 ⬇ (拉伸)按钮,将二层立面绘制出来,拉伸高度为 3000mm,如图 13-7 所示。

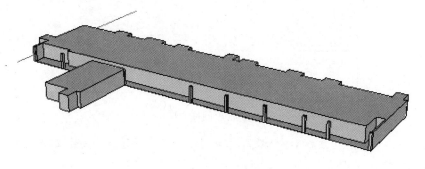

图 13-7 拉伸二层建筑

13.4 绘制三层立面模型

步骤 01 将视图调整到第三层平面图中。单击"绘图"工具栏中的 ✎ (线)按钮,沿平面图边沿描绘，图纸转变成面域，如图 13-8 所示。

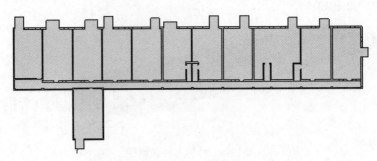

图 13-8　三层面域

步骤 **02**　单击"编辑"工具栏中的 （拉伸）按钮，将三层立面绘制出来，拉伸高度为 3000mm，如图 13-9 所示。

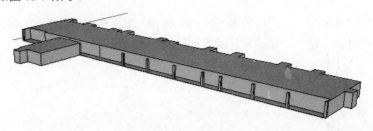

图 13-9　拉伸三层建筑

13.5　绘制四层立面模型

步骤 **01**　将视图调整到第四层平面图中。单击"绘图"工具栏中的 （线）按钮，沿平面图边沿描绘，图纸转变成面域 ，如图 13-10 所示。

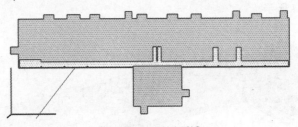

图 13-10　四层面域

步骤 **02**　单击"编辑"工具栏中的（拉伸）按钮 ，将四层立面绘制出来，拉伸高度为 3000mm，如图 13-11 所示。

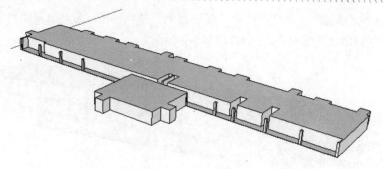

图 13-11　拉伸四层建筑

13.6　绘制其余层的立面模型

步骤 01　其余层建筑和 1-4 层的绘制方法一样，如图 13-12 所示。

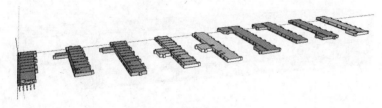

图 13-12　各层的建筑模型

步骤 02　单击"编辑"工具栏中的 ✥（移动/复制）按钮，将各层立面竖向罗列起来。首先将 cad 图移动，将二层的平面图纸移动到一层上方，三层的平面图纸移动到二层上方，以此类推，将柱子对齐，如图 13-13 所示。

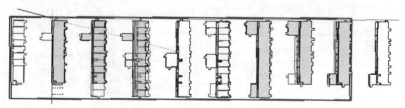

图 13-13　移动 cad 图纸

步骤 03　单击"编辑"工具栏中的 ✥（移动/复制）按钮，移动建筑，二层建筑移动到一层上方，并与二层 CAD 平面图对齐，效果如图 13-14 所示。

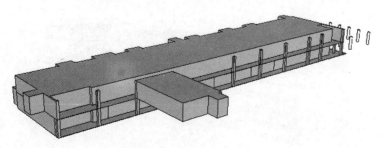

图 13-14　移动二层建筑

步骤 04 单击"编辑"工具栏中的 ☒ (移动/复制)按钮,将三层建筑移动到二层上方,与三层的 CAD 图纸对齐,效果如图 13-15 所示。

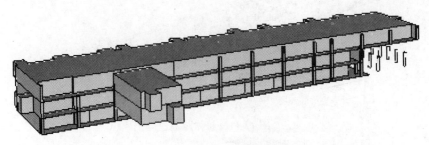

图 13-15 移动三层建筑

步骤 05 单击"编辑"工具栏中的 ☒ (移动/复制)按钮,将四层建筑移动到三层上方,以此类推,效果如图 13-16 所示。

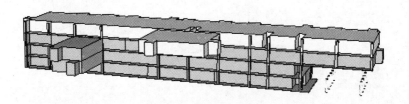

图 13-16 移动四层建筑

步骤 06 单击"编辑"工具栏中的 ☒ (移动/复制)按钮,将五层建筑移动到四层上方,效果如图 13-17 所示。

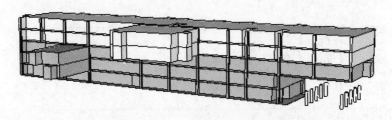

图 13-17 移动五层建筑

步骤 07 单击"编辑"工具栏中的 ☒ (移动/复制)按钮,将六层建筑移动到五层上方,效果如图 13-18 所示。

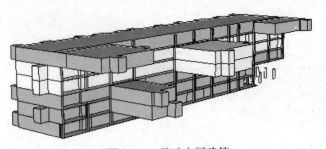

图 13-18 移动六层建筑

步骤 08　单击"编辑"工具栏中的 ✖ （移动/复制）按钮，将七层建筑移动到六层上方，效果如图 13-19 所示。

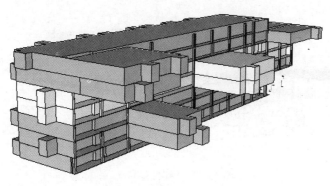

图 13-19　移动七层建筑

步骤 09　单击"编辑"工具栏中的 ✖ （移动/复制）按钮，将八层建筑移动到七层上方，效果如图 13-20 所示。

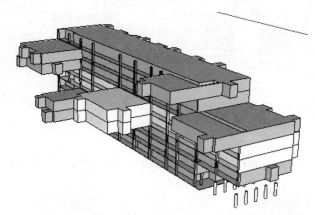

图 13-20　移动八层建筑

步骤 10　单击"编辑"工具栏中的 ✖ （移动/复制）按钮，将九层建筑移动到八层上方，效果如图 13-21 所示。

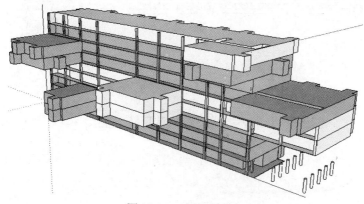

图 13-21　建筑透视图

步骤 **11** 单击"编辑"工具栏中的 ![拉伸] (拉伸) 按钮,将二三层的东侧墙壁向外推拉,如图 13-22 所示。

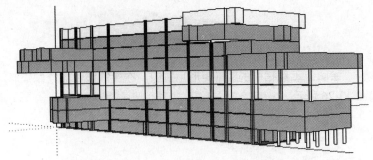

图 13-22　横向拉伸二三层

步骤 **12** 将视图移动到仰视角度,如图 13-23 所示。

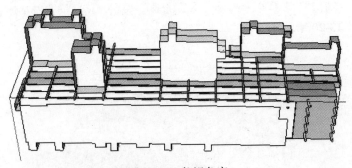

图 13-23　仰视角度

步骤 **13** 单击"绘图"工具栏中的 ![线] (线) 按钮,完成建筑底面的封闭,如图 13-24 所示。

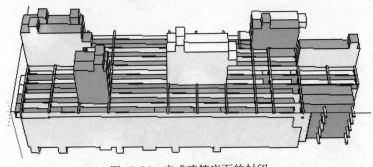

图 13-24　完成建筑底面的封闭

13.7　绘制建筑门窗

步骤 **01** 单击"常用"工具栏中的 ![选择] (选择) 按钮,双击建筑第 6 层建筑,打开其组件,如图 13-25 所示。

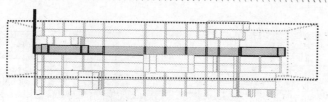

图 13-25　选中建筑第 6 层

步骤 02　单击"绘图"工具栏中的 ■（矩形）按钮，在建筑墙体上绘制矩形，作为窗户轮廓，如图 13-26 所示。

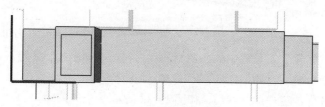

图 13-26　窗户轮廓

步骤 03　单击"编辑"工具栏中的 ☞（偏移复制）按钮，将矩形向内偏移一定的距离，偏移的距离为窗框宽度，如图 13-27 所示。

步骤 04　单击"绘图"工具栏中的 ✎（线）按钮，并使用 ✖（移动/复制）工具，绘制窗户中间的框，如图 13-28 所示。

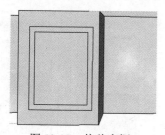

图 13-27　偏移窗框

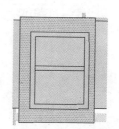

图 13-28　绘制窗框

步骤 05　单击"编辑"工具栏中的 ☝（拉伸）按钮，将窗框向外拉伸，如图 13-29 所示。

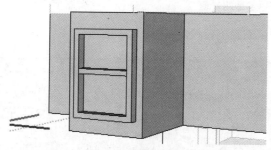

图 13-29　拉伸窗框厚度

步骤 06　单击工具栏中的 ▦（玻璃幕墙）按钮，为墙体添加落地窗，同时也为其他层的墙体添加玻璃幕墙，如图 13-30 所示。

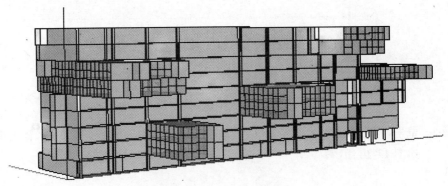

图 13-30　绘制玻璃幕墙

步骤 **07**　单击"常用"工具栏中的 （材质）按钮，在弹出的材质面板中选择"半透明"→
　　　　"蓝色半透明材质"命令，如图 13-31 所示。

步骤 **08**　给刚才做的窗户添加材质，如图 13-32 所示。

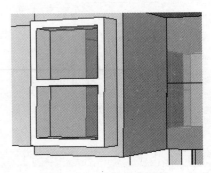

图 13-31　蓝色半透明材质　　　　　　　　图 13-32　添加玻璃材质

步骤 **09**　用同样方法绘制建筑窗户，如图 13-33 所示。

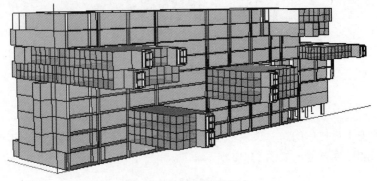

图 13-33　绘制建筑窗户

步骤⑩　单击"常用"工具栏中的 ▶ (选择)按钮，双击建筑第 9 层，打开其组件。

步骤⑪　单击菜单栏中的"窗口"→"组件"命令，选择"建筑"→"Doors and Windows"
　　　　如图 13-34 所示。

步骤⑫　选择"Door"，如图 13-35 所示。

图 13-34　Doors and Windows

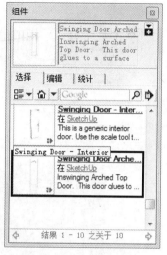

图 13-35　选择门

步骤⑬　将绘制好的门添加到建筑立面，如图 13-36 所示。

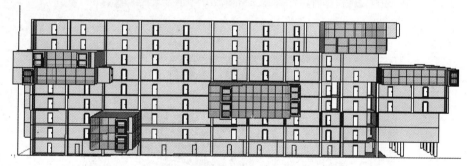

图 13-36　添加建筑立面

步骤⑭　单击"绘图"工具栏中的 ✐ (线)按钮和 ♠ (偏移/复制)按钮，在建筑立面上绘制
　　　　窗口，如图 13-37 所示。

步骤⑮　单击"编辑"工具栏中的 ♠ (拉伸)按钮，将偏移的轮廓拉伸出厚度，作为窗框，
　　　　如图 13-38 所示。

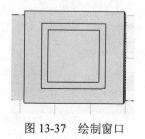

图 13-37　绘制窗口

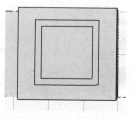

图 13-38　拉伸窗框

步骤 ⑯ 选中窗户，单击鼠标右键，选择"创建组"，如图 13-39 所示。

步骤 ⑰ 单击"常用"工具栏中的 ⑥ （材质）按钮，给玻璃添加"蓝色半透明"材质，如图 13-40 所示。

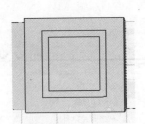

图 13-39　创建组

图 13-40　赋玻璃材质

步骤 ⑱ 按照上述方法，绘制其他楼层窗户，如图 13-41~13-45 所示。

图 13-41　窗户透视图

图 13-42　西侧窗户透视图

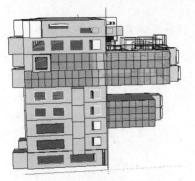

图 13-43　西侧窗户立面图

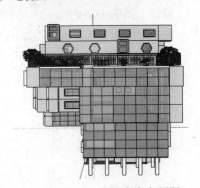

图 13-44　东侧窗户立面图

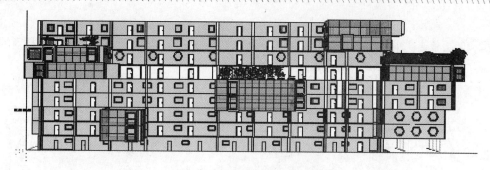

图 13-45　南立面图

13.8　绘制建筑屋顶花园

13.8.1　绘制七层屋顶花园

步骤 01　首先，绘制屋顶花园构件。单击"编辑"工具栏中的 （偏移复制）按钮，在七层屋顶绘制女儿墙，如图 13-46 所示。

步骤 02　单击"编辑"工具栏中的 （拉伸）按钮，将偏移的轮廓内部向下拉伸，作为女儿墙，如图 13-47 所示。

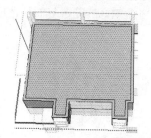

图 13-46　偏移厚度

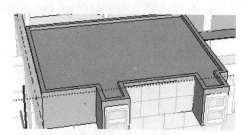

图 13-47　拉伸女儿墙

步骤 03　单击"绘图"工具栏中的 （线）按钮，绘制通往露天阳台的台阶，如图 13-48 所示。

步骤 04　单击"编辑"工具栏中的 （移动/复制）按钮，将绘制好的台阶复制一份到另一端，如图 13-49 所示。

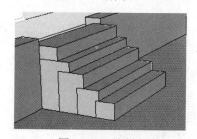

图 13-48　绘制台阶

图 13-49　复制台阶

步骤 05　单击"绘图"工具栏中的 （线）按钮和 （推/拉）工具，绘制花台，如图 13-50

所示。

步骤 06 单击"编辑"工具栏中的 ✖ (移动/复制) 按钮，将绘制好的花台复制到楼顶的另一侧，如图 13-51 所示。

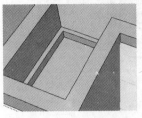

图 13-50　绘制花台

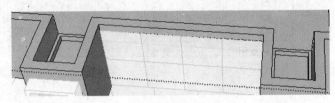

图 13-51　复制花台

步骤 07 绘制另外一个花台，如图 13-52 所示。

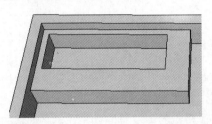

图 13-52　绘制花台

步骤 08 单击"编辑"工具栏中的 ✖ (移动/复制) 按钮，将绘制好的花台复制到楼顶的另一侧，如图 13-53 所示。

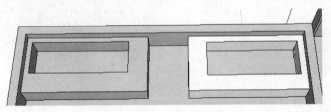

图 13-53　复制花台

步骤 09 单击"编辑"工具栏中的 ✖ (移动/复制) 按钮，继续复制，如图 13-54 所示。

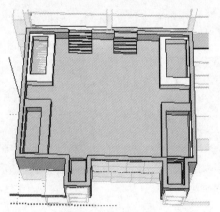

图 13-54　复制花台

步骤 **10**　接下来添加植物组件。单击菜单栏中的"窗口"→"组件",选择"景观"→"bamboo tree",如图 13-55 所示。将竹子放到花台内,如图 13-56 所示。

图 13-55　竹子组件

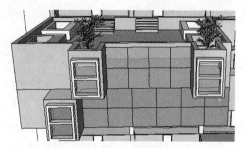

图 13-56　放置竹子

步骤 **11**　单击菜单栏中的"文件"→"导入",弹出"打开"对话框,如图 13-57 所示。

图 13-57　"打开"对话框

步骤 **12**　在"打开"窗口中选择"Desert_Yucca_Schotti",如图 13-58 所示。

图 13-58 导入"Desert_Yucca_Schotti"

步骤 13 将模型放置在花台内,效果如图 13-59 所示。

步骤 14 单击菜单栏中的"窗口"→"组件",选择"景观"→"table",如图 13-60 所示。

步骤 15 单击菜单栏中的"窗口"→"文件"栏→"导入",弹出"导出模型"窗口,将"喷泉造型"插入到模型中,如图 13-61 所示。

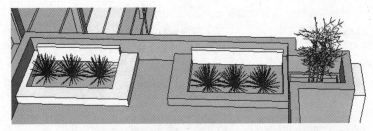

图 13-59 放入植物

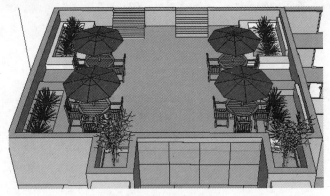

图 13-60 放置 table

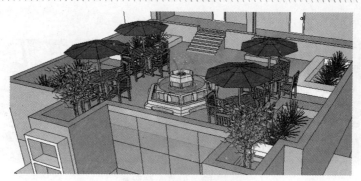

图 13-61 添加喷泉模型

13.8.2 绘制五层屋顶花园

步骤 01 单击"编辑"工具栏中的 (偏移复制) 按钮，在五层屋顶绘制女儿墙。单击"编辑"工具栏中的 (拉伸) 按钮，将偏移的轮廓内部向下拉伸，作为女儿墙，如图13-62 所示。

步骤 02 单击"绘图"工具栏中的 (线) 按钮和 (拉伸) 按钮，绘制通往露天阳台的台阶，如图 13-63 所示。

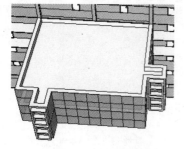

图 13-62 绘制女儿墙

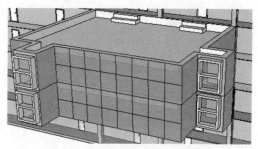

图 13-63 绘制台阶

步骤 03 单击菜单栏中的"窗口"→"组件"，选择"景观"→"Water Features"，如图 13-64所示。

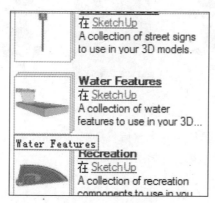

图 13-64 组件面板

步骤 **04** 将水池组建添加到屋顶，如图 13-65 所示。

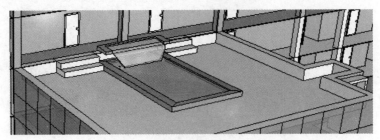

图 13-65 放置水池组建

步骤 **05** 单击菜单栏中的"文件"→"导入"，弹出"打开"对话框，如图 13-66 所示。选择 "Table_Set_Poolside"座椅，单击"打开"按钮，将其插入到模型中。

图 13-66 导入座椅

步骤 **06** 将座椅模型添加到屋顶，如图 13-67 所示。

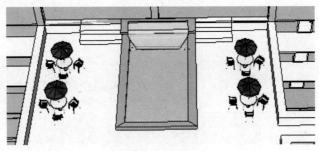

图 13-67 添加座椅

步骤 **07** 单击"编辑"工具栏中的 （偏移复制）按钮和 （拉伸）按钮，将偏移的轮廓内部向下拉伸，绘制花台，如图 13-68 所示。

图 13-68　绘制花台

步骤 08 单击"常用"工具栏中的 ✍（材质）按钮，在弹出的材质面板中选择"植被"→"人造草坪"，如图 13-69 所示。

步骤 09 将草坪添加到花台内部，如图 13-70 所示。

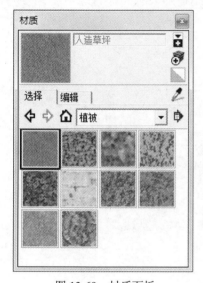

图 13-69　材质面板

图 13-70　复制草坪材质

步骤 10 单击菜单栏中的"文件"→"导入"，弹出"打开"对话框，在"打开"对话框中选择"Desert_Yucca_Schotti"模型文件，单击"打开"按钮，将"Desert_Yucca_Schotti"竹子模型插入到在花台模型中，效果如图 13-71 所示。

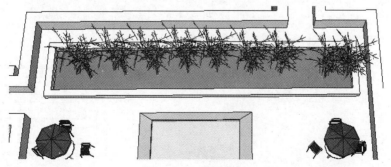

图 13-71　放置竹子

步骤 11　单击菜单栏中的"文件"→"导入"，弹出"打开"对话框，在"打开"对话框中选择"Planter_Window_Tulips"模型文件，如图 13-72 所示。单击"打开"按钮，将模型放置到阳台上。

图 13-72　选择"Planter_Window_Tulips"

步骤 12　将模型放置在花台内，效果如图 13-73 所示。

图 13-73　放花盆装饰

13.8.3　绘制六层屋顶花园

步骤 01　单击"编辑"工具栏中的 （偏移复制）按钮，在六层屋顶绘制女儿墙。

步骤 02　单击"编辑"工具栏中的 （拉伸）按钮，将偏移的轮廓内部向下拉伸，作为女儿墙，如图 13-74 所示。

步骤 03　单击菜单栏中的"文件"→"导入"，弹出"打开"窗口，选择"围栏"→"Railing_Steel_Grid"，如图 13-75 所示。

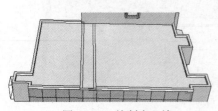

图 13-74　绘制女儿墙

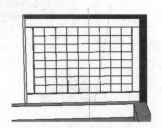

图 13-75　选择围栏

步骤 04　单击"编辑"工具栏中的 ✛ （移动/复制）按钮，将围栏沿女儿墙放置在天台，如图 13-76 所示。

图 13-76　复制围栏

步骤 05　单击菜单栏中的"窗口"→"组件"→"建筑门"，选择"门"，如图 13-77 所示。

步骤 06　将选择的门放置在六层建筑墙体，如图 13-78 所示。

图 13-77　选择门

图 13-78　插入门

步骤 07　单击菜单栏中的"文件"→"导入"→"场地"→"Swimming_Pool_50m"，如图 13-79 所示。

步骤 08　将游泳池放在六层天台上，单击"编辑"工具栏中的 ⬚ （缩放）按钮，进行大小比例调整，如图 13-80 所示。

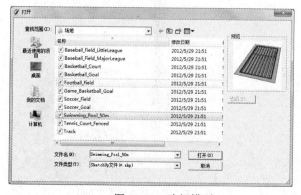

图 13-79　选择模型

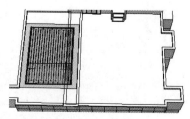

图 13-80　放置游泳池

225

步骤 **09** 单击菜单栏中的"文件"→"导入"→"场地"→"Table_Set_Poolside",如图 13-81 所示。

步骤 **10** 将 Table 放在六层天台上,单击"编辑"工具栏中的 (缩放)按钮,进行大小比例 调整,如图 13-82 所示。

图 13-81　导入 Table

图 13-82　放置 Table

步骤 **11** 单击"编辑"工具栏中的 (移动/复制)按钮,将 Table 复制 6 组,如图 13-83 所 示。

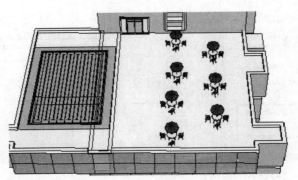

图 13-83　复制 Table

步骤 **12** 单击菜单栏中的"文件"→"导入"→"沙发椅子"→"Chair_Lounge_Plastic",如 图 13-84 所示。

步骤 **13** 将"Chair"放在六层天台上,单击"编辑"工具栏中的 (缩放)按钮,进行大小 比例调整,如图 13-85 所示。

图 13-84　选择 Chair

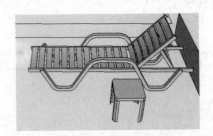

图 13-85　放置 Chair

步骤 14　单击"编辑"工具栏中的 ✳️（移动/复制）按钮，复制 3 组 Chair，如图 13-86 所示。

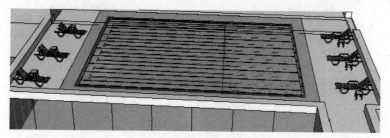

图 13-86　复制 Chair

步骤 15　按照上述方法，将导入的桌子遮阳伞，放置到每组 Chair 旁边，如图 13-87 所示。

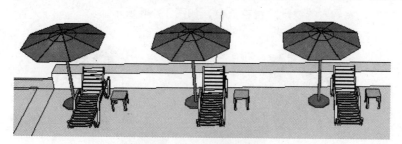

图 13-87　导入遮阳伞

步骤 16　单击菜单栏中的"文件"→"导入"→"花池"→"flowers pond"，如图 13-88 所示。

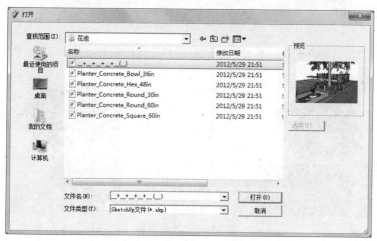

图 13-88　选择花池

步骤 17　将 flowers pond 放在天台上，单击"编辑"工具栏中的 🖱️（缩放）按钮，进行大小比例调整，如图 13-89 所示。

图 13-89　放置 flowers pond

步骤 18　同样，将导入的绿地放置在天台，如图 13-90 所示。

图 13-90　导入绿地

步骤 19　同上，将导入的花池放置在绿地中间，并进行复制，如图 13-91 所示。

图 13-91　放置花池

步骤 20　单击"常用"工具栏中的 ▶ （选择）按钮，选择地面。

步骤 21　单击"常用"工具栏中的 ❤ （材质）按钮，在弹出的材质面板中选择"创建材质"，
　　　　弹出"选择图像"窗口，如图 13-92 所示。

图 13-92　"选择图像"窗口

步骤 22　在窗口中选择"地砖 111"，如图 13-93 所示。

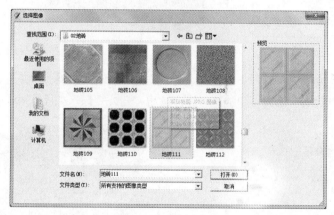

图 13-93　选择地砖

步骤 23　单击"常用"工具栏中的 （材质）按钮，将编辑好的地砖材质赋到地面上，如图 13-94 所示。

图 13-94　赋地面材质

13.9　给建筑赋材质

步骤 01　单击"常用"工具栏中的 （材质）按钮，在弹出的材质面板中选择"棕色侧板覆层"，效果如图 13-95 所示。

步骤 02 给建筑赋材质，效果如图 13-96 所示。

图 13-95　选择材质

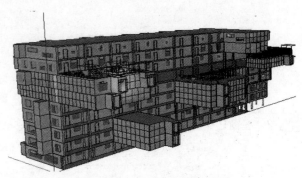

图 13-96　给建筑赋材质

步骤 03 单击"绘图"工具栏中的 ▦（矩形）按钮，在地面绘制一个矩形，如图 13-97 所示。

步骤 04 单击"绘图"工具栏中的 ✎（线）按钮，划分矩形，如图 13-98 所示。

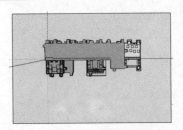

图 13-97　绘制矩形

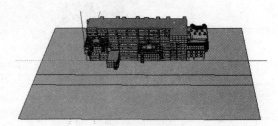

图 13-98　划分矩形

步骤 05 单击"常用"工具栏中的 ◈（材质）按钮，在弹出的"选择图像"对话框中选择"花草 02"，如图 13-99 所示。

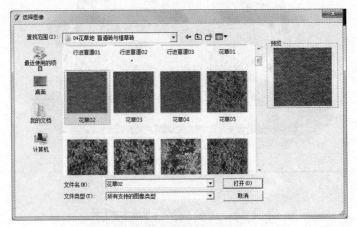

图 13-99　选择草坪贴图

步骤 06 将草坪贴图赋到草坪上，如图 13-100 所示。

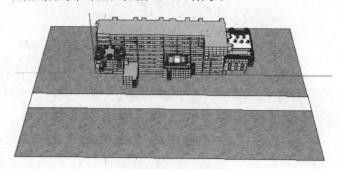

图 13-100 赋材质

步骤 07 单击"常用"工具栏中的 （材质）按钮，在弹出的材质面板中选择"颜色"，如图 13-101 所示。

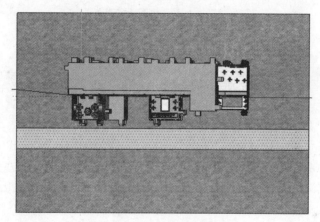

图 13-101 给道路添加颜色

步骤 08 单击菜单栏中的"文件"→"导入"→"景观模型"→"路灯"和"汽车"、"人物"模型，如图 13-102 所示。

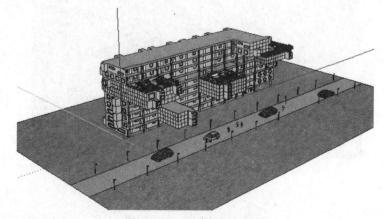

图 13-102 为场景添加材质

步骤 09 单击菜单栏中的"文件"→"导入"→"植物"，如图 13-103 所示。

图 13-103　导入植物

步骤 10　现代住宅设计,绘制完成,选择几个不同的角度,进行展示,正立面的效果如图 13-104
所示。

图 13-104　正立面效果图

步骤 11　当今的景观设计中,景观一次已经不仅仅局限于地面,在一些大的,公共性的建筑
屋顶上,做一些适宜的屋顶花园,也是未来景观所追求的理想的新景观,效果如图
13-105 (a)、(b) 所示。

图 13-105　屋顶花园细节图（a）

图 13-105　屋顶花园细节图（b）

步骤 12 天台属于活动空间中的室外空间，因此座椅的选择和摆放不同于室内，选择一些带遮挡性的桌椅，更利于置身于室外的人们休息交流，效果如图 13-106（a）、（b）所示。

图 13-106　天台细节图（a）

图 13-106　天台细节图（b）

步骤 13 现代住宅，不局限于以往的规则性，而是建立在规则之上，更加追求审美功能、舒适性、私密性、实用性，给建筑师们带来更大的挑战。至此，本章的现代住宅设计，讲解结束，一个完整的住宅加周边环境效果如图 13-107 所示。

图 13-107 透视效果图

13.10 本章小结

　　如何做出节能、环保、舒适、安全又符合人性化要求的现代住宅设计，以满足住宅消费者的需求，是建筑设计师必须妥善解决的问题。本章节讲述的住宅楼是居于现代建筑理念之上，设计的具有多样化的住宅风情，将空间与景观完美结合的现代住宅设计。

第 14 章　屋顶花园设计

屋顶花园是在各类建筑物、构筑物、桥梁（立交桥）等的顶部、阳台、天台、露台上进行园林绿化、种植草木花卉作物所形成的景观。不但降温隔热效果优良，而且能美化环境、净化空气、改善局部小气候，还能丰富城市的俯仰景观，能补偿建筑物占用的绿化地面，大大提高了城市的绿化覆盖率。

学习目标

- 导入图纸并制作模型
- 绘制入口小广场
- 绘制停留小广场
- 绘制中庭广场
- 绘制休憩广场

本章的屋顶花园模型较前面的复杂，面积较大，内容丰富。因此，按照其使用功能，把地块分成三个小广场来分别制作，分别是入口小广场、停留观赏广场、休息娱乐广场。在绘制时要注意不同功能的广场内部设置的景观元素的不同，设计手法也有差别，效果如图 14-1 所示。

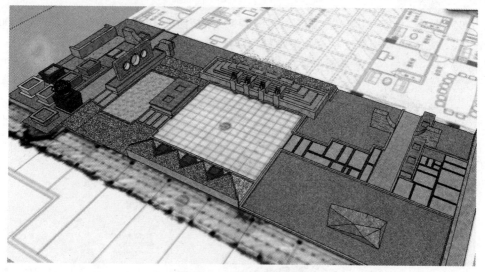

图 14-1　屋顶花园效果图

14.1　导入屋顶花园底图并分析建模思路

步骤 01 单击菜单栏中的"窗口"→"场景信息"→"设置单位和精确度",单位为十进制、毫米,精确度为 0mm,效果如图 14-2 所示。

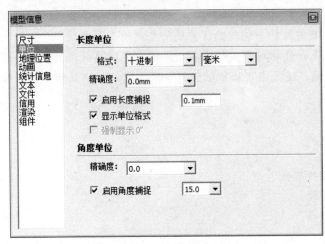

图 14-2　设置场景信息

步骤 02 单击菜单栏中的"文件"→"导入",选择配套光盘文件中的"屋顶花园底图",单击"作为图片"然后打开,效果如图 14-3 所示。

步骤 03 图纸导入后确定其比例,单击"视图"工具栏中的 ▣(顶视图)按钮,切换成顶视图。

步骤 04 单击"构造"工具栏中的 ▨(测量/辅助线)按钮,测量入户门框尺寸,输入 1600mm,按 Enter 键重置图纸,效果如图 14-4 所示。

步骤 05 比例确定后,观察屋顶花园总平面,我们可以从上至下把这个屋顶花园分为四个部分:①入口小广场、②停留小广场、③中庭活动广场、④休憩景观广场。接下来需要建立好逐个对应的模型场景。分区效果如图 14-5 所示。

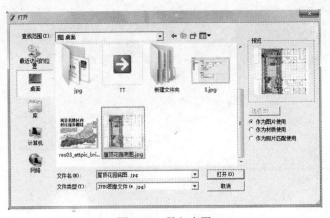

图 14-3　导入底图

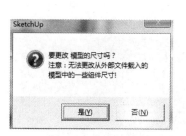

图 14-4　确定比例

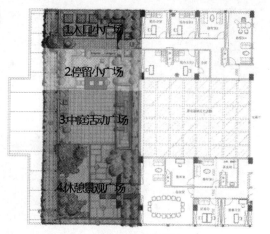

图 14-5　底图分区

14.2　制作入口小广场

14.2.1　导入图纸

步骤 01　单击"绘图"工具栏中的 ✐（线）按钮，参考图纸，勾勒出入口小广场区位平面，然后调整为"X 光模式"效果如图 14-6 所示。

步骤 02　运用绘图工具中的直线工具与矩形工具相结合进行细化分割，效果如图 14-7 所示。

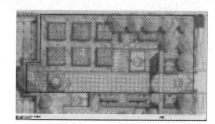

图 14-6　入口小广场区位

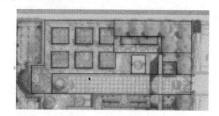

图 14-7　细化分割

步骤 03　分割完成之后，首先单击"编辑"工具栏中的 ✐（偏移复制）按钮制作好道沿节点，单击"常用"工具栏中的 ✐（材质）按钮，在弹出的材质面板中选择"石头"的材质，赋予道沿材质，效果如图 14-8 所示。

步骤 04　单击"常用"工具栏中的 ✐（材质）按钮，在弹出的材质面板中选择砖和复层材质，赋予道路材质并调整好比例，效果如图 14-9 所示。

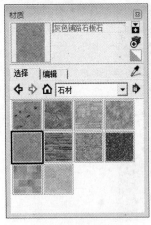

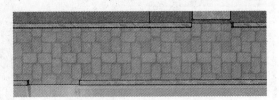

图 14-8　制作道沿　　　　　　　　　　　图 14-9　给道路赋予材质

14.2.2　制作树池造型

步骤 01 单击"常用"工具栏中的 ▶（选择）按钮，将物体选中，单击鼠标右键，选择"创建组"，在群组内进行树池的模型制作。

步骤 02 单击"编辑"工具栏中的 ✥（移动/复制）按钮，偏移厚度为 120mm。

步骤 03 单击"编辑"工具栏中的 ♨（拉伸）按钮，把内框矩形向下推拉 50mm，制作出树池的大体形状。效果如图 14-10 所示。

步骤 04 单击"常用"工具栏中的 ♨（材质）按钮，在弹出的材质面板中选择石头和植物材质，赋予树池材质并调整好比例，效果如图 14-11、图 14-12、图 14-13 所示。

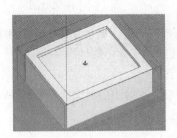

图 14-10　树池大体模型

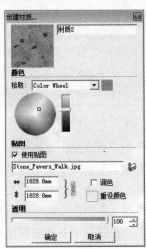

图 14-11　树池材质图

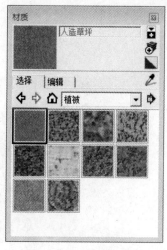

图 14-12　植物材质图

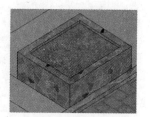

图 14-13　树池效果图

步骤 05　制作景观墙模型，首先创建组，利用推拉、弧线工具制作景观墙，设置高度为 1200mm。

步骤 06　单击"构造"工具栏中的 （测量/辅助线）按钮，做出距离墙体外沿线 700mm 的辅助线，效果如图 14-14 所示。

步骤 07　单击"绘图"工具栏中的 （圆弧）按钮 C，以辅助线和墙体的交叉点作为圆弧的起始点和终点，画出半径为 800mm 的圆弧，效果如图 14-15 所示。

步骤 08　单击"编辑"工具栏中的 （拉伸）按钮工具，把不必要的部分去掉。效果如图 14-16 所示。

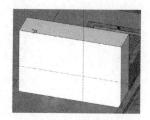

图 14-14　制作辅助线

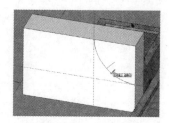

图 14-15　画出圆弧

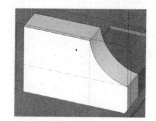

图 14-16　去掉多余部分

步骤 09　单击"常用"工具栏中的 （材质）按钮，在弹出的材质面板中选择石头材质，赋予景观墙材质并调整好比例，效果如图 14-17、图 14-18 所示。

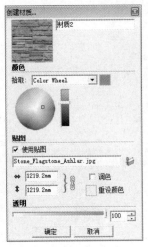

图 14-17　调整材质比例

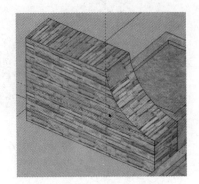

图 14-18　景观墙效果图

14.2.3　制作汀步

步骤 **01** 单击"绘图"工具栏中的 ■（矩形）按钮，画出 500mm×800mm 的矩形汀步。

步骤 **02** 单击"编辑"工具栏中的 ◆（拉伸）按钮，高度设置为 20mm。

步骤 **03** 单击"编辑"工具栏中的 ◢（移动/复制）按钮，进行框选后复制出第二个汀步。

步骤 **04** 单击"常用"工具栏中的 ◉（材质）按钮，在弹出的材质面板中选择石头材质，如
图 14-19 所示。

步骤 **05** 赋予汀步材质并调整好比例，如图 14-20 所示。

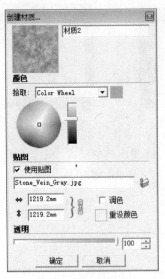

图 14-19　调整材质比例

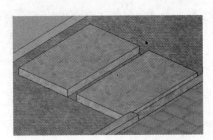

图 14-20　汀步效果图

14.2.4 制作花坛

步骤 01 单击"构造"工具栏中的 （测量/辅助线）按钮，画出距离边线 200mm 的辅助线，效果如图 14-21 所示。

步骤 02 单击"绘图"工具栏中的 （矩形）按钮，根据辅助线位置画出矩形。效果如图 14-22 所示。

图 14-21 画出辅助线

图 14-22 画出矩形

步骤 03 单击"编辑"工具栏中的 （拉伸）按钮，推拉出花坛高度 800mm，同时，推拉出植物高度 750mm，如图 14-23 所示。

步骤 04 单击"常用"工具栏中的 （材质）按钮，在弹出的材质面板中选择"提取材质"工具 ，吸取做汀步时使用过的植物材质，然后赋予植物材质。效果如图 14-24 所示。

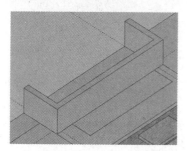

图 14-23 设置花坛高度

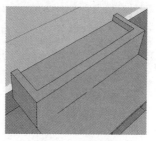

图 14-24 设置植物高度

步骤 05 单击"常用"工具栏中的 （材质）按钮，在弹出的材质面板中选择"提取材质"工具 ，吸取做汀步时使用过的植物材质，以及前面做树池的材质，赋予花坛和植物材质。效果如图 14-25、图 14-26 所示。

图 14-25 赋予花坛材质

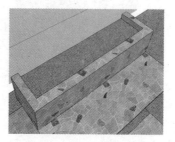

图 14-26 赋予植物材质

14.2.5　制作座椅

步骤 01　单击"绘图"工具栏中的 ▇（矩形）按钮和 ♨（拉伸）按钮，在花坛前的位置画出一个矩形，如图 14-27 所示。

步骤 02　按住 Alt 键把能看到的四个面全选，如图 14-28 所示。

图 14-27　制作矩形

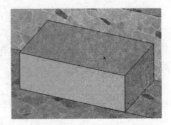

图 14-28　选中可视面

步骤 03　单击鼠标右键选择"创建组"，在群组模式内制作座椅模型。以方便后期的复制和修改。效果如图 14-29 所示。

步骤 04　单击"编辑"工具栏中的 ♨（拉伸）按钮，绘制椅子靠背，效果如图 14-30 所示。

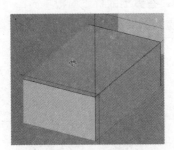

图 14-29　创建组

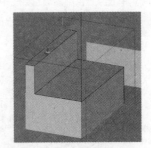

图 14-30　制作椅背

步骤 05　单击"编辑"工具栏中的 ❖（移动/复制）按钮，选中靠面与坐面交叉线的起始点制作椅背斜面。效果如图 14-31 所示。

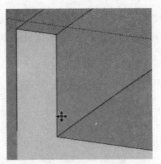

图 14-31　制作斜面

步骤 06　单击"编辑"工具栏中的 ❢（偏移复制）按钮，单击座椅侧面的外轮廓线进行复制。分别需要对坐面、靠面以及靠背顶面三个面进行复制。效果如图 14-32 所示。

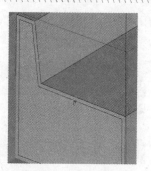 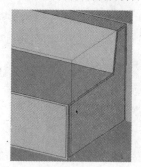

图 14-32　复制三面轮廓线

步骤 07 制作椅背厚度，单击"绘图"工具栏中的 ✏️（线）按钮，延长必要的内侧轮廓线与外轮廓线相交，并删掉不必要线条。效果如图 14-33 所示。

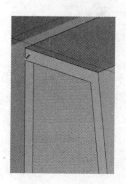 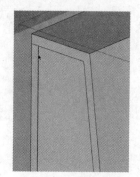 

图 14-33　延长线条并删除多于线条

步骤 08 单击"编辑"工具栏中的 ⬇️（拉伸）按钮，设置厚度为 10mm，效果如图 14-34 所示。

步骤 09 单击"常用"工具栏中的 🎨（材质）按钮，在弹出的材质面板中选择木材，赋予座椅材质并调整好比例。效果如图 14-35、图 14-36 所示。

 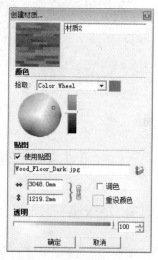

图 14-34　设置厚度　　　　　　　　　图 14-35　赋予材质

步骤 10 单击"编辑"工具栏中的 ✥ (移动/复制) 按钮，按住键盘上的 Ctrl 键复制出需要的第二个座椅。效果如图 16-37 所示。

图 14-36　座椅效果图　　　　　　　　　　　图 14-37　复制座椅

步骤 11 单击"编辑"工具栏中的 ✎ (缩放) 按钮，对复制完成的第二个座椅进行尺寸的调整，满足不同尺寸座椅的需求。效果如图 14-38、图 14-39 所示。

图 14-38　调整座椅尺寸　　　　　　　　　　图 14-39　不同尺寸座椅效果图

步骤 12 接着用以上制作树池、花坛、座椅的方式完成入口小广场中剩余部分。效果如图 14-40 所示。

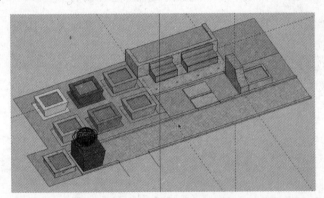

图 14-40　入口小广场效果图

14.3　制作停留小广场

14.3.1　绘制入口广场景墙

步骤 01 单击"绘图"工具栏中的 ✎ (线) 按钮，参考图纸，勾勒出停留小广场区位平面。

步骤 02 单击"风格"工具栏中的 ▦ (X 光模式) 按钮，调整为"X 光模式"效果如图 14-41

所示。

步骤 **03**　运用绘图工具中的 ✐（线）工具、▧（矩形）工具、✿（移动/复制）工具相结合进行细化分割，效果如图 14-42 所示。

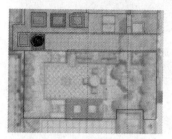

图 14-41　停留小广场区位

图 14-42　细化分割

步骤 **04**　细化分割完成之后，单击"编辑"工具栏中的✿（移动/复制）按钮，把入口小广场中的景墙与树池复制过来，效果如图 14-43 所示。

步骤 **05**　复制完成后，单击"编辑"工具栏中的↻（旋转）按钮，选中景墙并单击鼠标右键选择沿轴镜像中的绿色轴方向，把景墙旋转成效果需要的方向。

步骤 **06**　单击"编辑"工具栏中的✿（移动/复制）按钮，移动景墙到相应位置，与入口广场中的景墙形成对称的形势，效果如图 14-44 所示。

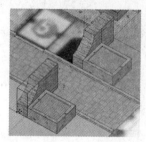

图 14-43　复制景墙与树池

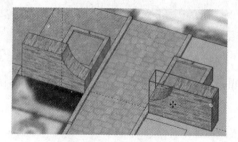

图 14-44　景墙效果图

步骤 **07**　单击"编辑"工具栏中的 ⬇（拉伸）按钮，设置花坛整体高度为 400mm，如图 14-45 所示。

步骤 **08**　单击"编辑"工具栏中的 ☜（偏移复制）按钮，复制出花坛的厚度，效果如图 14-46 所示。

图 14-45　设置花坛高度

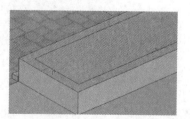

图 14-46　画出花坛厚度

步骤 **09**　单击"编辑"工具栏中的 ⬇（拉伸）按钮，把花坛表面的矩形向下推拉 50mm，效果如图 14-47 所示。

步骤 **10**　单击"常用"工具栏中的 ☒（材质）按钮，在弹出的材质面板中选择模型中使用过的石材和植物材质，赋予花坛材质，效果如图 14-48、图 14-49、图 14-50 所示。

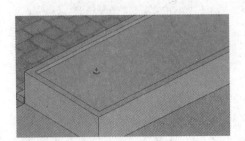

图 14-47　向下推拉

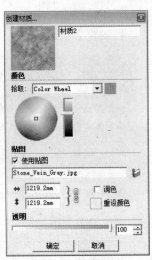

图 14-48　选择模型中材质

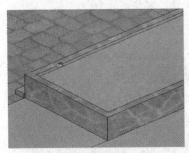

图 14-49　赋予花坛材质

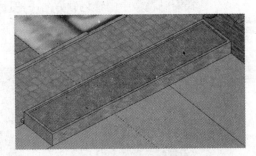

图 14-50　赋予植物材质

步骤⑪　单击视图工具栏中 ▯（顶视图）按钮，然后把场景切换成"X 光模式"，用矩形工具根据底图画出文化墙位置，效果如图 14-51 所示。

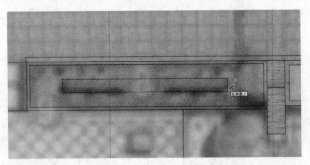

图 14-51　绘制文化墙位置

步骤⑫　单击"风格"工具栏中的 ▧（材质贴图）工具，把场景切换回材质贴图模式。

步骤⑬　单击"常用"工具栏中的 ▧（材质）按钮，在弹出的材质面板中选择模型中使用过的石头材质，赋予文化墙材质，效果如图 14-52、图 14-53 所示。

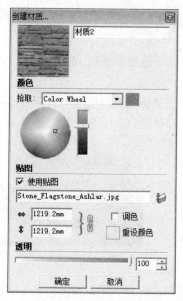

图 14-52　选择石头材质　　　　　　　　　图 14-53　赋予文化墙材质

步骤⑭　单击"构造"工具栏中的 （测量/辅助线）按钮，以文化墙长度和高度的中点做辅助线，效果如图 14-54、图 14-55 所示。

步骤⑮　单击"绘图"工具栏中的 ●（圆）按钮，以两点辅助线的交点为圆心点，画出半径为 450mm 的圆形，效果如图 14-56 所示。

图 14-54　做长度中点辅助线　　　图 14-55　两条辅助线　　　图 14-56　画出圆形

步骤⑯　单击"绘图"工具栏中的 ✎（线）按钮，先画出平分景观墙的中心线，然后再分别画出分割后墙面的中心线，找出左右两侧圆形的圆心点，效果如图 14-57 所示。

步骤⑰　单击"绘图"工具栏中的 ●（圆）按钮，以上一步中找到的两个圆心点，分别画出半径为 300mm 的圆形，效果如图 14-58 所示。

步骤⑱　单击"编辑"工具栏中的 ♨（拉伸）按钮，把画好的三个圆形推拉成镂空形式，效果如图 14-59 所示。

图 14-57　找出两侧圆形圆心点　　　图 14-58　画出两个圆形　　　图 14-59　推拉成镂空

步骤 **19** 单击"编辑"工具栏中的 (偏移复制) 按钮,复制出圆形外轮廓线,效果如图 14-60 所示。

步骤 **20** 单击"编辑"工具栏中的 (拉伸) 按钮,向外推拉出圆环 10mm 厚度,效果如图 14-61 所示。景墙的两个面都做此处理。

步骤 **21** 单击"常用"工具栏中的 (材质) 按钮,在弹出的材质面板中选择黄褐色石头材质,赋予环形材质,与文化墙整体形成颜色和材质的对比,效果如图 14-62 所示。

  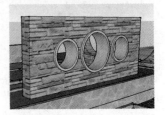

图 14-60　复制轮廓线　　　　图 14-61　推拉出圆环厚度　　　　图 14-62　赋予材质

步骤 **22** 文化墙完成后,为了视图以及操作方便,可以选中屋顶花园底图后单击鼠标右键,选择"隐藏"选项,暂时把屋顶花园底图隐藏。

步骤 **23** 单击"编辑"工具栏中的 (拉伸) 按钮,将停留小广场其他区域整体向下推拉 300mm,使停留小广场比入口小广场整体降低 300mm。效果如图 14-63 所示。

步骤 **24** 单击"常用"工具栏中的 (删除) 按钮,删除停留小广场和中庭活动广场之间多余的线条和面域,以方便以后的模型制作,效果如图 14-64 所示。

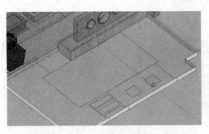 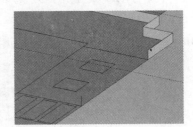

图 14-63　向下推拉剩余部分　　　　　　图 14-64　删除多余线条和面域

14.3.2　制作斜坡

下拉完成后,开始制作从入口小广场通向停留小广场的斜坡。

步骤 **01** 单击"绘图"工具栏中的 (线) 按钮,在斜坡的最低点,以 Y 轴蓝轴为方向向上画直线 50mm,效果如图 14-65 所示。

步骤 **02** 单击"绘图"工具栏中的 (线) 按钮,以上一步中所画出线段的终点为起始点,连接至入口小广场一侧斜坡的最高点,从而形成一个斜面,效果如图 14-66 所示。

图 14-65 画出 Y 轴为 50mm 的直线

图 14-66 连接两点形成斜面

步骤 03 单击"编辑"工具栏中的 ⬇ (拉伸) 按钮，将斜面推拉成厚度为 120mm 的形体。

步骤 04 单击"常用"工具栏中的 🎨 (材质) 按钮，单击材质面板右上角的"提取材质"按钮，吸取旁边花坛的石材材质，赋予斜面，效果如图 14-67、14-68 所示。

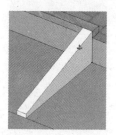

图 14-67 推拉成块

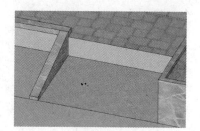

图 14-68 赋予材质

14.3.3 制作花丛

步骤 01 单击"绘图"工具栏中的 ✏ (线) 按钮，以斜坡体块顶面的最低点和入口小广场中道沿的最低边线相连接，将斜坡侧面分割成两个面域，效果如图 14-69 所示。

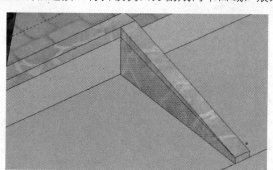

图 14-69 分割侧面

步骤 02 单击"常用"工具栏中的 🎨 (材质) 按钮，在弹出的面板上单击 🎨 (创建材质) 按钮，效果如图 14-70 所示。

步骤 03 在创建材质面板中单击 🖼 (浏览文件夹) 选项，找到"花丛"材质保存的文件夹，然后单击确定把花丛材质贴图添加到模型中材质库，如图 14-71 所示。

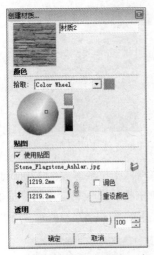

图 14-70　创建材质

图 14-71　添加材质

步骤 04 赋予花丛材质后，单击"编辑"工具栏中的 按钮，把形成的面推拉到左侧边线处，并根据场景需要调整花丛的贴图尺寸。然后用同样的方法做出小广场右侧花丛效果如图 14-72、14-73、14-74 所示。

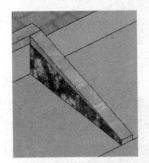

图 14-72　赋予材质

图 14-73　推拉至边线

图 14-74　调整材质比例后的花丛

14.3.4　制作踏步

步骤 01 单击"绘图"工具栏中的 按钮，选中底边 X 轴线段的中间画线，效果如图 14-75 所示。

步骤 02 单击"常用"工具栏中的 按钮，在弹出的材质面板中选择模型中使用过的"石材"材质，先贴材质再进行推拉会使制作模型的步骤更加简便。所以我们在建模过程中要保持清晰的思维。效果如图 14-76 所示。

图 14-75　画出中线

图 14-76　赋予材质

步骤 **03**　单击"编辑"工具栏中的 按钮,设置推拉第一个台阶高度为 100mm,第二个台阶高度为 200mm,台阶制作完成。效果如图 14-77 所示。

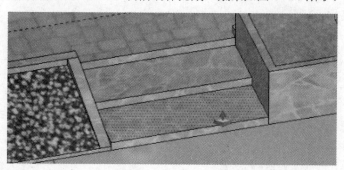
图 14-77　踏步效果图

14.3.5　细化中间休息区

步骤 **01**　按住键盘上 Ctrl 键,加选上中间休息区的边线,然后单击"编辑"工具栏中的 按钮,在右下角"长度"一栏中输入 120mm,往内侧复制出轮廓线。效果如图 14-78、14-79 所示。

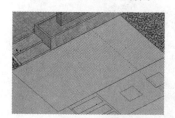
图 14-78　加选线段

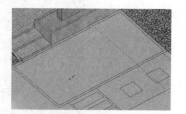
图 14-79　复制轮廓线

步骤 **02**　单击"绘图"工具栏中的 按钮,用直线画出在下一步中不需要拉伸的部位,包括踏步连接处和汀步连接处。效果如图 14-80（a）、14-80（b）所示。

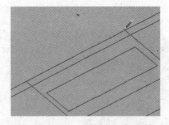

图 14-80（a）绘制踏步连接　　　　　　　　图 14-80（b）绘制汀步连接

步骤 03　单击"常用"工具栏中的 🎨（材质）按钮，设置剩余部分材质，效果如图 14-81 所示。

步骤 04　单击"编辑"工具栏中的 🎨（拉伸）按钮，推拉至第一个踏步的最高点（100mm），如图 14-82 所示。

图 14-81　赋予材质　　　　　　　　图 14-82　推拉 100mm

步骤 05　单击"常用"工具栏中的 🎨（材质）按钮，选择瓷砖材质进行地面铺装，SketchUp 中材质是自动默认对齐的，材质的纹理会与所要填充的边线保持平行效果如图 14-83 所示。

图 14-83　材质铺装

步骤 06　调整材质贴图。要想取得不一样的效果，需要根据情况进行材质的调整。

首先在所贴图材质上单击鼠标右键，选择"贴图"中的"位置"选项，在贴图材质中间部分会出现红、黄、蓝、绿四个图标，红色代表贴图命令的原点，绿色图标可以按比例缩小或放大贴图，也可以旋转贴图角度。每次进行命令操作时需要单击左边的方块图标，才能进行相应的操作。而右边图标代表了这个命令的位置点，可以用鼠标单击后进行位置的移动。效果如图

14-84（a）、14-84（b）、14-84（c）、14-84（d）所示。

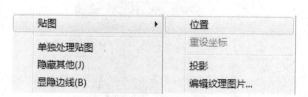

图 14-84（a）选择命令

图 14-84（b）图标

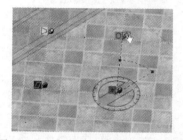

图 14-84（c）以红点为原点旋转贴图

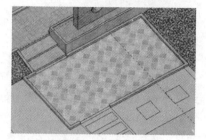

图 14-84（d）旋转后效果图

14.3.6　制作汀步

步骤 01　单击"绘图"工具栏中的 ■（矩形）按钮，画出汀步形状。

步骤 02　单击"常用"工具栏中的 ❀（材质）按钮，在弹出的材质面板中选择前面模型中用过的石头材质，这样就无需再调整比例，赋予汀步材质。

步骤 03　单击"编辑"工具栏中的 ♨（拉伸）按钮，高度设置为 20mm，效果如图 14-85 所示。

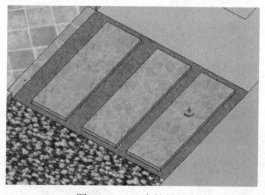

图 14-85　汀步效果图

14.3.7　制作树池座椅

步骤 01　单击"常用"工具栏中的 ❀（材质）按钮，在弹出的材质面板中选择前面模型中用过的石头材质，无需再调整比例，赋予底座区域材质。

步骤 02 再单击"编辑"工具栏中的 ☝（拉伸）按钮，高度设置为 350mm。效果如图 14-86、14-87 所示。

图 14-86 赋予材质

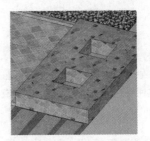

图 14-87 推拉高度

14.3.8 制作树池坐面

步骤 01 单击"编辑"工具栏中的 ☞（偏移复制）按钮，向外复制轮廓线，距离设置为 100mm，效果如图 14-88 所示。

步骤 02 单单击"常用"工具栏中的 ☝（材质）按钮，在弹出的材质面板中选择前面模型中用过的木头材质，赋予表面材质。效果如图 14-89 所示。

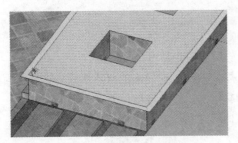

图 14-88 复制外轮廓线

图 14-89 赋予材质

步骤 03 单击"编辑"工具栏中的 ☝（拉伸）按钮，高度设置为 100mm，推拉出坐面的厚度，效果如图 14-90 所示。

步骤 04 单击"常用"工具栏中的 ☝（材质）按钮，将树池内侧也赋予相同的木头材质。效果如图 14-91 所示。

图 14-90 推拉坐面厚度

图 14-91 赋予材质

14.3.9　制作树池内植物

步骤 **01**　单击"编辑"工具栏中的 ⚓（拉伸）按钮，高度设置为 440mm，推拉出植物的厚度，效果如图 14-92 所示。

步骤 **02**　将赋予相应的植物材质，完成树池座椅的建模。效果如图 14-93 所示。

图 14-92　推拉植物厚度

图 14-93　树池座椅效果图

步骤 **03**　细化、删除其他细节后，停留小广场制作完成，效果如图 14-94 所示。

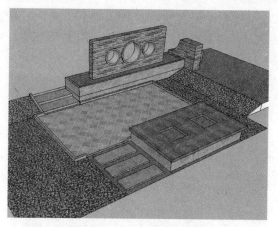

图 14-94　树池座椅效果图

14.4　制作中庭活动广场

步骤 **01**　在制作停留小广场时，曾把高度整体向下推拉了 300mm，把隐藏的屋顶花园底图显示后会发现，小广场的部分模型是在底图下面的，效果如图 14-95 所示。

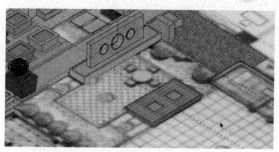

图 14-95　显示底图

步骤 **02** 选择屋顶花园底图，单击"编辑"工具栏中的 按钮，选择一个参考点后把底图向下平移 300mm，使停留小广场整体模型位于底图上面，步骤图如 14-96 (a)、14-96 (b)、14-96 (c) 所示。

（a）选择参考点

（b）向下平移

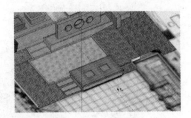
（c）平移后效果

图 14-96　移动底图步骤

步骤 **03** 单击"视图"工具栏中的 按钮，把模型视图切换为顶视图。

步骤 **04** 单击"绘图"工具栏中的 按钮，参考图纸，勾勒出中庭活动广场区位平面。

步骤 **05** 单击"风格"工具栏中的 按钮，将视图调整为"X 光模式"。

步骤 **06** 单间鼠标右键选择"创建组"模式，在群组中建造模型，方便以后的修改和调整。效果如图 14-97 所示。

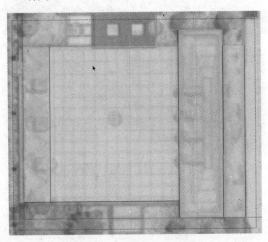

图 14-97　中庭活动广场区位

步骤 **07** 制作右侧花坛。单击"绘图"工具栏中的 按钮，首先在"X 光模式"下根据底图画出花坛的大体轮廓，如图 14-98 所示。

步骤 **08** 单击"风格"工具栏中的 按钮，切换模式，赋予模型中使用过的石头材质，再单击"编辑"工具栏中的 按钮，设置花坛高度为 800mm。效果如图 14-99 所示。

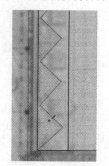

图 14-98　花坛轮廓

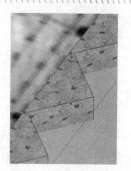

图 14-99　设置花坛高度

步骤 **09**　单击"编辑"工具栏中的 （偏移复制）按钮，复制花坛轮廓线 30mm。删除多余的线段后，把花坛顶点和终点的线段连接至边线上，效果如图 14-100、14-101 所示。

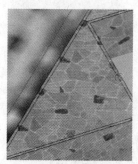

图 14-100　复制轮廓线

图 14-101　连接边线

步骤 **10**　单击"编辑"工具栏中的 （拉伸）按钮工具，把花坛中植物部分的面域向下推拉 50mm，效果如图 14-102 所示。

步骤 **11**　单击"常用"工具栏中的 （材质）按钮，赋予模型中使用过的植物材质，花坛制作完成，如图 14-103 所示。

图 14-102　向下推拉

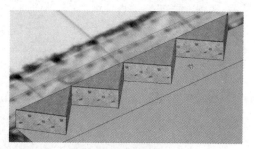

图 14-103　花坛效果图

步骤 **12**　接下来制作花箱部分，单击菜单栏中的"窗口"→"组件"，在弹出的组件对话框中选择花箱的相应组件，把花箱组件导入到模型中，效果如图 14-104（a）、14-104（b）所示。

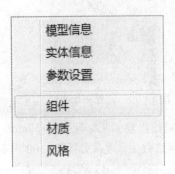

图 14-104（a）选择组件

图 14-104 （b）选择组件

步骤 13 单击"编辑"工具栏中的 🔩（移动/复制）按钮，把花箱移动到需要的位置，然后再进行复制。效果如图 14-105 所示。

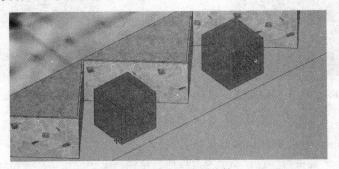

图 14-105 移动复制花箱

步骤 14 单击"常用"工具栏中的 🖌（材质）按钮，在弹出的材质面板中选择鹅卵石材质，赋予花箱下面材质后，然后按照模型需要调整好鹅卵石比例大小，花池周边部分制作完成，效果如图 14-106 所示。

图 14-106 赋予材质

步骤 15 把模型视图切换为顶视图，调整为"X 光模式"，根据底图，单击"编辑"工具栏中的 🖎（偏移复制）按钮，复制出中间广场部分的道沿，效果如图 14-107 所示。

步骤 16 单击"绘图"工具栏中的 ✏（线）按钮，画出细节部分，如图 14-108 所示。

图 14-107　复制道沿

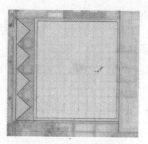

图 14-108　绘制细节

步骤 ⑰　细节绘制完成后，调整到材质贴图模式，单击"常用"工具栏中的 （材质）按钮，在弹出的材质面板中选择以前模型中使用过的道沿材质，赋予道沿材质，效果如图 14-109 所示。

步骤 ⑱　单击"编辑"工具栏中的 （拉伸）按钮，设置道沿厚度 80mm，效果如图 14-110 所示。

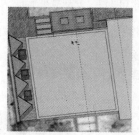

图 14-109　切换模式

图 14-110　设置厚度

步骤 ⑲　单击"常用"工具栏中的 （材质）按钮，在弹出的材质面板中选择砖和复层材质，赋予中间广场材质，并调整好比例，效果如图 14-111、14-112、14-113 所示。

图 14-111　选择材质

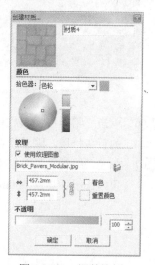

图 14-112　调整比例

14.5 制作喷泉

步骤 01 单击"视图"工具栏中的 ⬜（顶视图）按钮，把模型视图切换为顶视图。

步骤 02 单击"风格"工具栏中的 ⬛（X 光模式）按钮，调整为"X 光模式"。

步骤 03 根据底图，单击"编辑"工具栏中的 ⬚（偏移复制）按钮、✏（线）工具、✴（移动/复制）等工具，分割出喷泉的平面细节部分，效果如图 14-114 所示。

图 14-113 中间广场部分效果图

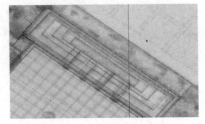

图 14-114 分割喷泉平面

步骤 04 单击"风格"工具栏中的 ⬛（显示材质贴图）按钮，把模型视图切换为从材质贴图模式。

步骤 05 单击"常用"工具栏中的 🧽（删除）按钮，把多余的不必要线段删除，喷泉的细节分割完成，效果如图 14-115、14-116 所示。

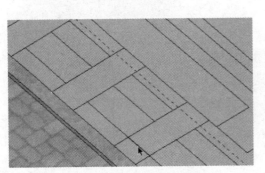

图 14-115 删除多余线段

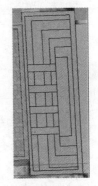

图 14-116 喷泉分割完成

步骤 06 单击"常用"工具栏中的 🎨（材质）按钮，在弹出的材质面板中选择模型中使用过的石头材质，赋予喷泉材质。

步骤 07 单击"编辑"工具栏中的 ⬆（拉伸）按钮，设置喷泉外壁高度 600mm，同时设置喷泉内部组件高度 600mm，效果如图 14-117、14-118 所示。

图 14-117　设置外壁高度

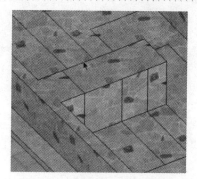

图 14-118　设置内部组件高度

步骤 08　制作内部组件

a. 单击"绘图"工具栏中的 ✐（线）按钮，补充需要的线段。

b. 单击"编辑"工具栏中的 ⬆（拉伸）按钮工具，设置喷泉内部组件中不同位置高度，分别为 400mm 与 300mm，效果如图 14-119 所示。

c. 两个高差不同的台面制作好后，再利用推拉工具将较低的台面在宽度上同时缩小 30mm，效果如图 14-120 所示。

图 14-119　设置高度

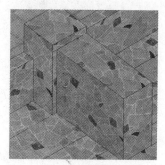

图 14-120　缩小宽度

d. 运用鼠标全部框选中上一步中制作完成的组件单体，然后单击"编辑"工具栏中的 ✛（移动/复制）按钮，复制组件到相应的位置点，效果如图 14-121 所示。

e. 接下来单击"编辑"工具栏中的 ⬆（拉伸）按钮工具，按照底图，把喷泉的阶梯效果推拉出来，每个层级高差为 300mm，效果如图 14-122 所示。

图 14-121　复制组件

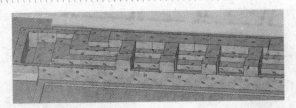

图 14-122　推拉喷泉阶梯

f. 单击"视图"工具栏中的 ▦（顶视图）按钮，切换为顶视图。

g. 单击"构造"工具栏中的 ✐（测量/辅助线）按钮，画出制作喷水头需要的辅助线，效果如图 14-123 所示。

h. 单击"绘图"工具栏中的 ●（圆）按钮，以两条辅助线的交点为圆心点画出喷水头平面图，效果如图 14-124 所示。

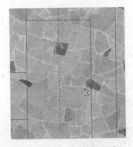

图 14-123　画辅助线

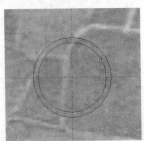

图 14-124　画出喷水头平面

i. 单击"常用"工具栏中的 ✆（材质）按钮，在弹出的材质面板中选择金属材质，赋予喷水头材质。

j. 然后单击"编辑"工具栏中的 ⬆（拉伸）按钮工具，设置厚度为 15mm。同时设置底部水体材质，并调整材质比例大小，效果如图 14-125、14-126 所示。完成后将喷水头复制到其他相应位置。

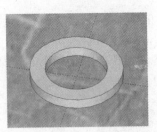

图 14-125　推拉厚度

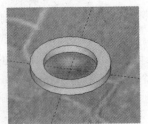

图 14-126　喷水头效果图

步骤 09　水流效果制作

a. 单击"绘图"工具栏中的 ⌒（圆弧）按钮，在阶梯的转角处画出一个带有弧度的面域，效果如图 14-127 所示。

b. 单击鼠标右键选择"分解"选项，为下一步路径跟随做准备。效果如图 14-128 所示。

图 14-127　画圆弧

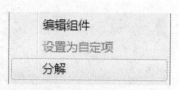

图 14-128　分解面域

c. 单击"绘图"工具栏中的 ✏（线）按钮，以圆弧的一点为起始点，画出路径跟随需要的路径。单击"编辑"工具栏中的 🔧（跟随路径）按钮，单击上一步中的面域进行路径跟随，效果如图 14-129 所示。

图 14-129　路径跟随

d. 单击鼠标选择上一步中跟随完成的所有面域，单击"常用"工具栏中的 🖌（材质）按钮，在弹出的材质面板中选择水体材质，赋予材质后，在材质编辑面板中调整材质的比例大小，同时将透明度改为 50%，效果如图 14-130 所示。

图 14-130　水体贴图效果

e. 利用上述方法将剩余水体部分完成，效果如图 14-131 所示。

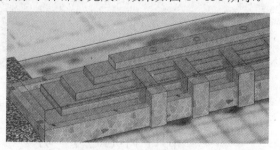

图 14-131　水体效果图

步骤 ⑩　单击菜单栏中的"窗口"→"组件"，在弹出的组件对话框中选择喷泉的组件，导入组件后,利用 ⚡ (移动/复制)、🔳 (缩放)将组件移动到相应位置,效果如图 14-132、14-133 所示。

图 14-132　缩放组件尺寸

图 14-133　移动位置

步骤⑪　单击菜单栏中的"窗口"→"组件",在弹出的组件对话框中选择天鹅的组件,导入组件后,利用移动、缩放工具将组件移动、复制到相应位置,效果如图 14-134 所示。

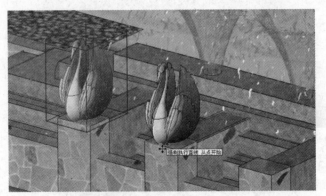

图 14-134　导入并复制天鹅组件

步骤⑫　喷泉制作完成,效果如图 14-135 所示。

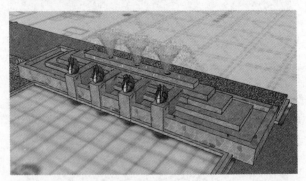

图 14-135　喷泉效果图

14.6　制作休憩小广场

休憩小广场是屋顶花园的景观元素之一,它既是人们娱乐的场所也是大家的公共休息空间。

14.6.1 调整视图

步骤 01 单击"视图"工具栏中的 ▣ (顶视图) 按钮,把模型视图切换为顶视图。

步骤 02 单击"绘图"工具栏中的 ✐ (线) 按钮,参考图纸,勾勒出休憩小广场区位平面,调整为"X 光模式"。

步骤 03 单击鼠标右键选择"创建组"模式,在群组中建造模型,方便以后的修改和调整。效果如图 14-136 所示。

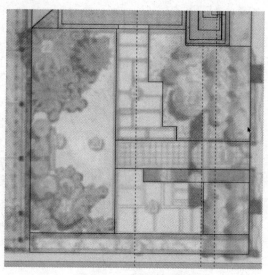

图 14-136 喷泉效果图

14.6.2 制作汀步

步骤 01 单击"绘图"工具栏中的 ▮ (矩形) 按钮和 ✐ (线) 按钮,按照底图绘制出汀步大体轮廓,效果如图 14-137、14-138 所示。

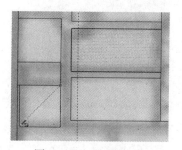

图 14-137 绘制轮廓

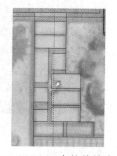

图 14-138 汀步整体轮廓

步骤 02 单击"编辑"工具栏中的 ☞ (偏移复制) 按钮,绘制出汀步的间隔效果,内轮廓线与外轮廓线间距设置为 35mm,效果如图 14-139 所示。

步骤 03 轮廓线细化完成后切换模式至材质贴图模式,单击"常用"工具栏中的 ☸ (材质) 按钮,在弹出的材质面板中选择模型中"石头"材质。

步骤 04　先赋予材质后再单击"编辑"工具栏中的 ⚓（拉伸）按钮工具，设置汀步高度 10mm，效果如图 14-140 所示。

图 14-139　复制轮廓线

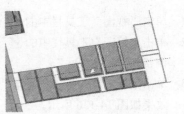

图 14-140　贴图并设置高度

步骤 05　石材制作完成后，单击"常用"工具栏中的 🖌（材质）按钮，在弹出的材质面板中选择模型中使用过的植物材质，对石材间隙进行填充，汀步制作完成，效果如图 14-141 所示。

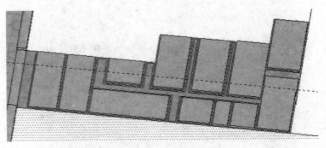

图 14-141　汀步效果图

14.6.3　制作景石

步骤 01　单击"绘图"工具栏中的 ▦（矩形）按钮，先画出一个矩形，效果如图 14-142 所示。

步骤 02　单击"编辑"工具栏中的 ⚓（拉伸）按钮工具，推拉出景石大体高度，高度视建模的场景需求而定，效果如图 14-143 所示。

图 14-142　绘制矩形

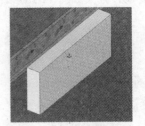

图 14-143　推拉高度

步骤 03　单击"绘图"工具栏中的 ✏（线）按钮，在矩形一侧绘制线段，效果如图 14-144 所示。

步骤 04　单击"编辑"工具栏中的 ✥（移动/复制）按钮，把线段向外侧移动，效果如图 14-145 所示。

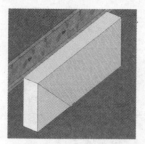

图 14-144　绘制线段

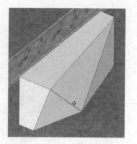

图 14-145　移动线段

步骤 **05**　单击"绘图"工具栏中的 ✎（线）按钮和 ✥（移动/复制，运用上述同样方法制作好矩形的其他三个面，景石的大体形状制作完成，效果如图 14-146 所示。

步骤 **06**　单击"常用"工具栏中的 ◈（材质）按钮，在弹出的材质面板中选择石头材质，赋予景石材质，景石整体效果制作完成，效果如图 14-147 所示。

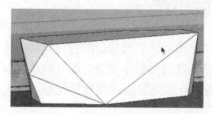

图 14-146　景石形状制作

图 14-147　景石效果图

步骤 **07**　接下来运用前面几个广场的制作方式，把休憩小广场剩余的汀步、矮墙、树池座椅制作完成，这里不再重复叙述，效果如图 14-148 所示。

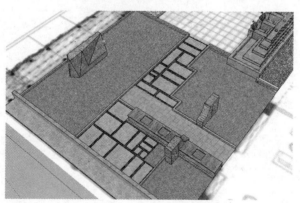

图 14-148　休憩小广场效果图

步骤 **08**　至此屋顶花园的基本模型建立完成，效果如图 14-149 所示。

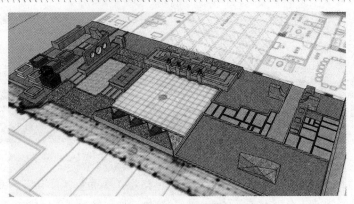

图 14-149　屋顶花园基本模型效果图

14.7　本章小结

　　屋顶花园是在各类建筑物、构筑物、桥梁（立交桥）等的顶部、阳台、天台、露台上进行园林绿化、种植草木花卉作物所形成的景观。不但降温隔热效果优良，而且能美化环境、净化空气、改善局部小气候，还能丰富城市的俯仰景观，补偿建筑物占用的绿化地面，大大提高了城市的绿化覆盖率。

第 15 章　绘制住宅单元

在城市居住区规划和居住小区设计中，将若干栋住宅集中紧凑地布置在一起，在建筑上形成整体的、在生活上有密切联系的住宅组织形式。一个居住小区通常由若干个住宅组团组成。住宅组团的规模同建筑层数、居民人数、管理体制、分期建设规模以及居住小区用地的形状、大小、自然条件等因素有关。每个住宅组团中设有居民委员会的办公用房，并根据需要设置生活服务设施，如托儿所、文化站、图书室、少年活动站、牛奶站、医疗站、综合服务站、自行车存放处等。在住宅组团中往往还设有基层商店或商业代销点。

住宅组团的规划设计要考虑住宅的朝向、日照、通风、建筑空间布局、生活服务设施的配置，以及合理地组织交通，布置绿地，为不同年龄的居民安排各种休息和活动场地等。在住宅组团之间，则一般用道路、绿地、公共建筑以及自然地形加以分隔，避免整个居住小区的住宅连绵成片。

学习目标

- 导入 CAD 图纸
- 绘制 SketchUp 平面图
- 绘制单体建筑
- 绘制道路及建筑小品
- 设置阴影

本章以一个单元为例，将建筑、景观结合在一起，做一个较为简单的住宅单元组合。主要分为两大步骤，首先绘制单体建筑，然后再绘制景观小品，完善住宅单元的使用功能，如图 15-1 所示。

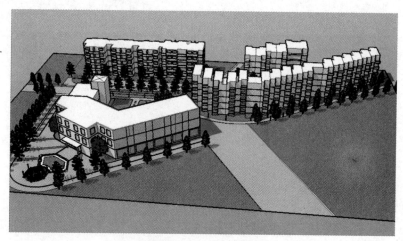

图 15-1　住宅单元效果图

15.1 导入CAD平面图

步骤 01 打开 SketchUp 软件首先进行参数设置，单击菜单栏中的"窗口"→"模型信息"，弹出"场景信息"对话框，选择"单位"，对其进行设置。将单位形式设置为"十进制"，"毫米"，精确度越高，则软件压力越大，反应越慢，但也不宜设置太小，在这里设置为"0.0mm"，设定好之后按 Enter 键，表明确认，如图 15-2 所示。

步骤 02 单击菜单栏中"文件"→"导入"，将 CAD 平面图导入到 SketchUp 中，找到"修改"文件，单击右边的"选项"，在"比例"中选择"毫米"，单击"确定"按钮，如图 15-3 所示。

步骤 03 单击"打开"，单击"相机"工具栏中的 （充满视窗工具）按钮 ，如图 15-4 所示。

步骤 04 单击"绘图"工具栏中的 （线）按钮，将图纸周边进行描绘，使其成为面，如图 15-5 所示。

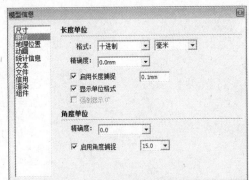

图 15-2 单位设置   图 15-3 导入平面图

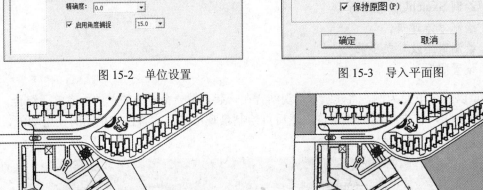

图 15-4 显示平面图   图 15-5 绘制面

15.2 创建平面图

步骤 01 单击菜单栏中的"plugins"，选择"线面工具"→"生成面域"，如图 15-6 所示。

步骤 02 单击"常用"工具栏中的 （选择）按钮，将图全部选中，单击"创建面"，此时，可以看见下面有进度条，当进度条结束后，出现"结果报告"对话框，如图 15-7 所示。

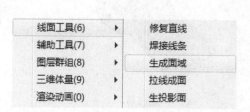

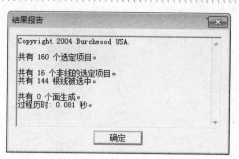

图 15-6　创建面工具　　　　　　　图 15-7　"结果报告"对话框

步骤 **03**　单击"确定"按钮后，场景中的大部分对象已经处于闭合状态。已经如图 15-8 所示。

步骤 **04**　此时场景中仍有一部分伤尚未闭合，主要是由弧形的面。这是由于 CAD 导入时的精度问题，单击键盘 Ctrl+A，将场景全选，单击菜单栏中的"plugins"，选择"工具"→"寻找线头"。

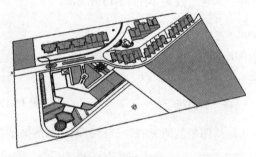

图 15-8　场景闭合

步骤 **05**　在"寻找线头"上单击鼠标右键，图纸中出现数字标记，如图 15-9 所示。

步骤 **06**　滚动鼠标中轴，放大图纸，可以看到数字标记，例如图中的"73of289"指的是这个地方的线段没有交叉连接，所以不能形成面，如图 15-10 所示。

73 of 289

图 15-9　数字标记　　　　　　　图 15-10　数字标记放大图

步骤 **07**　可以看到，其中的一个边有多余的交叉线段，我们将其删掉，并将标记的数字也删掉。其他部分也是一样。

步骤 **08**　当出现直线和圆弧相交的地方，没有连接到一起，此时单击"绘图"工具栏中的（线）按钮 ✏，将未连接的部分连接上，然后将数字标记删掉，如图 15-11 所示。

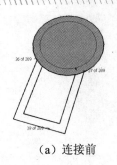
（a）连接前

（b）连接后

图 15-11　连接线头

步骤 09　当中间的面与周边的面不一致时，将中间的面删掉，此时单击"绘图"工具栏中的 ✏ （线）按钮，重新进行对这个面的绘制，然后选中面，单击鼠标右键，选择"将面统一"，如图 15-12 所示。

步骤 10　单击"将面统一"后，效果如图 15-13 所示。

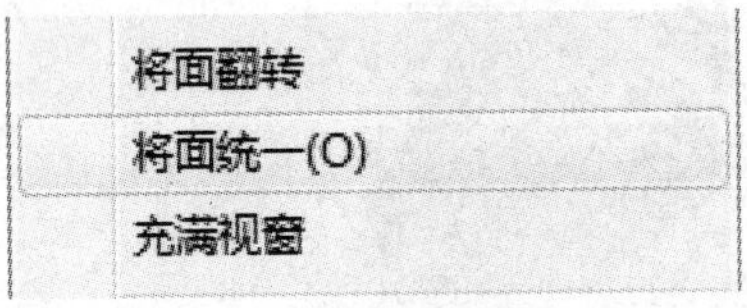

图 15-12　选择"将面统一"

图 15-13　统一后的效果图

步骤 11　按照上述方法，将图中的所有线条进行封闭。完成面的绘制，效果如图 15-14 所示。

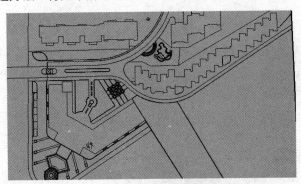

图 15-14　完成面的绘制

15.3　绘制单体建筑

步骤 01　单击"常用"工具栏中的 ▹ （选择）按钮，选择建筑物的基面，单击"常用"工具栏中的 ◔ （材质）按钮，在弹出的材质面板中选择"颜色 002"，如图 15-15 所示，对建筑平面赋予材质，如图 15-16 所示。

步骤 02　单击"编辑"工具栏中的 ▵ （拉伸）按钮工具，将其拉伸至 3500mm 高，如图 15-17 所示。

图 15-15 材质面板

图 15-16 赋予材质

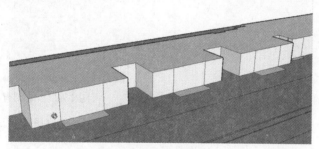

图 15-17 拉伸建筑高度

步骤 03 然后制作阳台。单击"编辑"工具栏中的 (偏移复制)按钮,将阳台平面向内偏移 120mm,如图 15-18 所示。

步骤 04 单击"绘图"工具栏中的 (线)按钮和 (删除)按钮,连接直线并删除多余的线段,如图 15-19 所示。

图 15-18 偏移阳台厚度

图 15-19 绘制阳台

步骤 05 单击"编辑"工具栏中的 (拉伸)按钮工具,将外轮廓拉伸 1200mm,效果如图 15-20 所示。

步骤 06 用同样的方法,绘制其他阳台,效果如图 15-21 所示。

图 15-20 拉伸高度

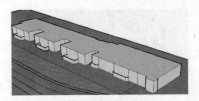

图 15-21 阳台效果

步骤 07 将绘制好的阳台选中，单击鼠标右键，创建组。

步骤 08 接下来绘制窗口，单击"构造"工具栏中的 （测量/辅助线）按钮，使用阳台来确定窗口位置，墙体向右为 300mm，阳台向左为 240mm，做竖向的位置定位，底边与阳台高平齐，底边向上为 1500mm，如图 15-22 所示。

步骤 09 单击"绘图"工具栏中的 ✐（线）按钮，绘制窗口外轮廓，如图 15-23 所示。

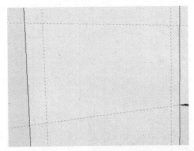

图 15-22 辅助线确定窗口位置

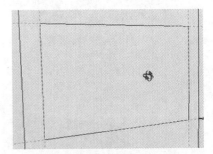

图 15-23 绘制窗口外轮廓

步骤 10 单击"常用"工具栏中的 ✿（材质）按钮，在弹出的材质面板中选择"蓝色半透明"材质，赋予玻璃，如图 15-24 所示。

步骤 11 单击"常用"工具栏中的 ✐（删除）按钮，删除辅助线。

步骤 12 将绘制好的窗户选中，单击鼠标右键，创建组，方便与接下来的复制，如图 15-25 所示。

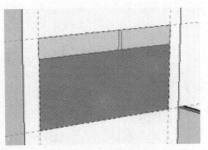

图 15-24 赋予玻璃材质图

图 15-25 创建组

步骤 13 单击"编辑"工具栏中的 ✣（移动/复制）按钮，将绘制好的窗户，复制到建筑其他窗口位置，如图 15-26 所示。

步骤 14 单击"常用"工具栏中的 ✎（选择）按钮，将建筑、窗户和阳台全部选中，创建组，如图 15-27 所示。

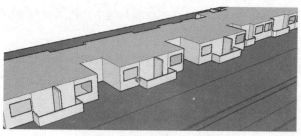

图 15-26　复制窗户群组图

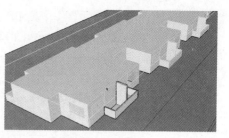

图 15-27　创建组

步骤 15　单击"编辑"工具栏中的 ✖（移动/复制）按钮，按住 Ctrl 键，将一层建筑向上复制 3 层，在右下方输入 x3，如图 15-28 所示。

图 15-28　复制建筑层

步骤 16　按照上述绘制建筑的方法，将平面图中其他的建筑也绘制好，效果如图 15-29 所示。

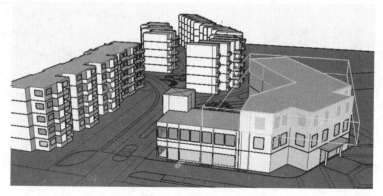

图 15-29　建筑群体

上述建筑的绘制构成中，在小区组团入口处的建筑绘制会比较详细，远处一些的比较简单，以减小软件的压力。

15.4　绘制道路及建筑小品

步骤 01　下图为绘制好的建筑平面图效果，在此基础上绘制道路，如图 15-30 所示。

步骤 02 单击"常用"工具栏中的 ▲（材质）按钮，在弹出的材质面板中选择"材质 006"，
给道路赋予颜色，如图 15-31、图 15-32 所示。

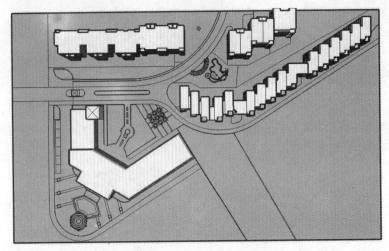

图 15-30　平面图效果图

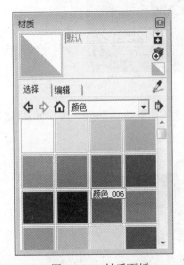

图 15-31　材质面板

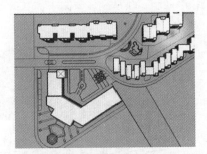

图 15-32　给道路赋予颜色

步骤 03 然后，选择"植被"文件夹，选择一种草坪，给平面绿地赋予草坪材质，如图 15-33
（a）、（b）所示。

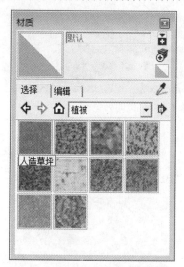

图 15-33（a）　材质面板

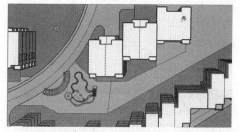

图 15-33（b）　赋予草坪材质

步骤 04　初步模型填充完之后，得到平面的简单效果图，如图 15-34 所示。

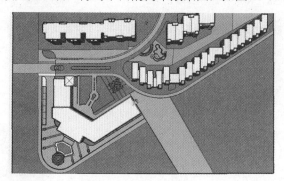

图 15-34　总平面效果图

步骤 05　但是，可以注意到，在图 15-35 的这个区域中，草坪并没有进行填充，原因是其属于水景区域。

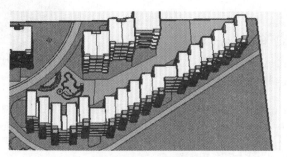

图 15-35　水景区域

步骤 06　在 SketchUp 中，除了绘制模型外，还会用到一些景观组件，以图 15-36 为例，进行讲解。

步骤 07　单击"编辑"工具栏中的 ▲（拉伸）按钮，将花坛的最外轮廓，向上拉伸 100mm，如图 15-37 所示。

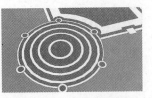

图 15-36　花坛平面图

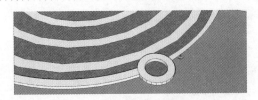

图 15-37　拉伸外轮廓

步骤 08 然后按照递进的关系，每靠紧中心一环，向上拉伸的高度就上升 100mm，包括其中的草坪，效果如图 15-38 所示。绘制好花坛之后，花坛透视图如图 15-39 所示。

步骤 09 单击菜单栏中的"窗口"→"组件"，选择"3D 常青树"，如图 15-40 所示。

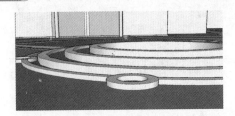

图 15-38　递进拉伸

图 15-39　花坛透视图

步骤 10 把中心植物和绿色地被植物插入到模型中，单击工具栏中的"缩放"按钮，对其大小进行合适的调整后，效果如图 15-41 所示。

图 15-40　选择植物

图 15-41　插入植物

步骤 11 在 SketchUp 中，如果每一部分的组件都是如此真实的 3D 立体模型的话，会非常影响计算机软件的运行速度，因此，也可以将一部分使用 2D 组件，与 3D 的组件进行混合使用，如图 15-42 所示。

步骤 12 接下来继续插入植物组件，这时计算机的运行速度可能会变得有些慢，是因为插入的组件越多，计算机反应就会越慢，按照上述方法，花坛绘制完毕，如图 15-43 所示。

图 15-42　插入组件

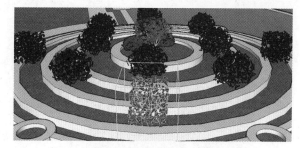

图 15-43　花坛绘制完毕

步骤 ⑬　同样使用"菜单"栏→"窗口"→"组件"→"景观"命令，将路灯组件插入到模型中，图 15-44 为路灯组件文件夹，添加路灯后的效果如图 15-45 所示。

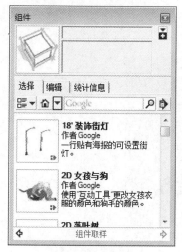

图 15-44　路灯组件

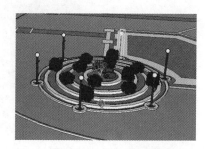

图 15-45　添加路灯组件

做完如上步骤后，为了使后续的操作相对流畅，接来下，需要将刚才插入植物对象进行隐藏，以减缓计算机的压力。

步骤 ⑭　单击"常用"工具栏中的（选择）按钮，选中插入的组件，路灯和植物，单击鼠标右键，选择"隐藏"，如图 15-46 所示。隐藏后的效果如图 15-47 所示。

图 15-46　隐藏命令

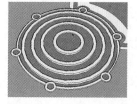

图 15-47　隐藏组件效果

步骤 ⑮　接下来，在相应的位置继续配置路灯。继续在刚才的文件夹中，选择路灯对象，如图 15-48 所示。

步骤 ⑯　此时，可以发现路灯的方向有误，单击"编辑"工具栏中的（旋转）按钮，将路灯沿 X 轴方向转动 90°，如图 15-49 所示。

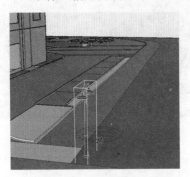

图 15-48　选择路灯对象

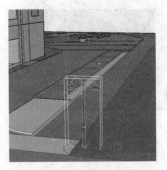

图 15-49　旋转路灯方向

步骤 17　单击"编辑"工具栏中的 ✥（移动/复制）按钮，按住 Ctrl 键，间隔为 2000mm，输入 x20，如图 15-50 所示。

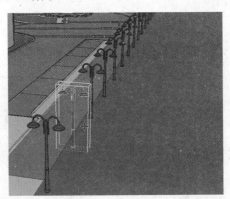

图 15-50　复制路灯

步骤 18　选中复制的多余的路灯，并将其删除，如图 15-51 所示。

步骤 19　单击"编辑"工具栏中的 ✥（移动/复制）按钮，将路灯像路边移动，使其沿路边放置，如图 15-52 所示。

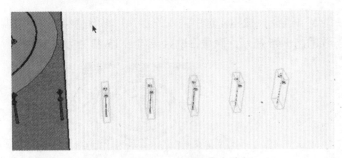

图 15-51　删除多余路灯

图 15-52　移动路灯

步骤 20　采用相同方法，将其他路边的路灯放置完毕，同时也将其他路的植物种植好，效果如图 15-53 和图 15-54 所示。

图 15-53　植物配置图

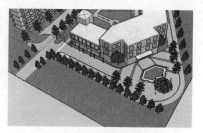

图 15-54　植物配置

技巧提示　树木全部采用的是 2D 的组件，这样可以减轻软件的负担，如图 15-55 所示。

图 15-55　2D 树木组件

- 步骤 21　接下来，对模型进行进一步的绘制，首先找到如图 15-56 所示的图纸区。
- 步骤 22　可以先将图中的一些树木进行隐藏，方便接下来的作图。单击"编辑"工具栏中的 🛠
  （拉伸）按钮工具，将花坛向上拉伸，内部为花坛，外部为花坛座椅，如图 15-57
  所示。
- 步骤 23　绘制好以后，将隐藏的植物显示，树阵效果图，如图 15-58 所示。

图 15-56　图纸区

图 15-57　拉伸花坛

- 步骤 24　用同样的方法，将水景区域绘制好，过程较为简单，主要是利用材质工具。效果如
  图 15-59 所示。

图 15-58 树阵效果图

图 15-59 水景区域效果图

水景中的建筑小品，需要拉伸，依次表达建筑小品的倒影。至此，建筑及景观的已经基本绘制完成了。

15.5 增加阴影

步骤 01 单击菜单栏中的"窗口"→"模型信息"→"地理位置"→"手动设置位置"，自主选择国家和所在地区，太阳方位，这里均采用的是默认，如图 15-60 所示。

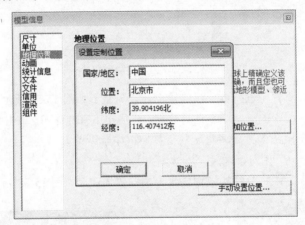

图 15-60 设置场景信息

步骤 02 然后设置阴影，单击菜单栏中的"窗口"→"阴影设置"，勾选"使用太阳制造阴影"，将时间和日期进行调整，尽量使阴影面积大些，以得到透视图的最佳效果，如图 15-61 为"阴影设置"窗口，阴影效果如图 15-62 所示。

图 15-61 阴影设置

图 15-62 阴影效果

步骤 03　单击"编辑"工具栏中的 ⟳（旋转）按钮，调整视角，获得最佳观察位置。

步骤 04　单击菜单栏中的"窗口"→"样式"，弹出样式面板，选择"编辑"→⬜"背景设置"
　　　　　按钮，勾选"天空"，如图 15-63 所示。

步骤 05　单击天空颜色图块，弹出"选择颜色"窗口，进行颜色调节，地面调节的方法也是
　　　　　如此，但地面的颜色需要深些，如图 15-64 所示。

步骤 06　单击"文件"→"导出"→"二维图形"，如图 15-65 所示。

步骤 07　弹出"导出二维消隐线"窗口，选择保存路径并对其进行命名，如图 15-66 所示。

步骤 08　单击右下角"选项"，弹出"导出图像选项"窗口进行设置，勾选"消除锯齿"，可
　　　　　以增加图纸的质量，如图 15-67 所示。

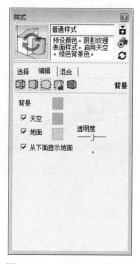

图 15-63　设置场景信息

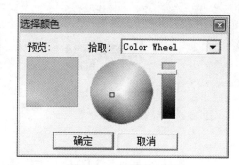

图 15-64　调整地面颜色

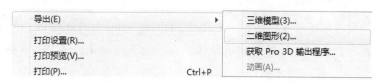

图 15-65　导出图像

图 15-66　"导出二维消隐线"窗口

步骤 09　单击"确定"按钮后，图纸的最终效果如图 15-68 所示。同样，也可以调整出其他视角的效果图，如图 15-69 为模型的鸟瞰图。

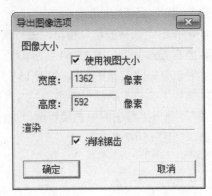

图 15-67　"消除锯齿"选项

图 15-68　透视效果图

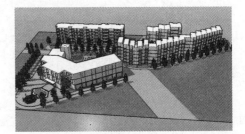

图 15-69　鸟瞰图

15.6　本章小结

绘制住宅单元房，不仅要注意建筑单体房屋的尺寸，同时也要将窗户、门等建筑部件的尺寸按照建筑设计标准绘制。在绘制好建筑单体之后完善小区绿化以及公共设施。

第16章 绘制居住小区

居住小区（housing estate）是以住宅楼房为主体并配有商业网点、文化教育、娱乐、绿化、公用和公共设施等而形成的居民生活区。居住小区一般称小区，是被居住区及道路或自然分界线所围合，并与居住人口规模 7000～15000 人相对应，配建有一套能满足该区居民基本的物质与文化生活所需的公共服务设施的居住生活聚居地。

居住小区在城市规划中的概念是指由城市道路或城市道路和自然界线划分的，具有一定规模的，并不为城市交通干道所穿越的完整地段。小区内设有一整套满足居民日常生活需要的基层公共服务设施和机构。为含有教育、医疗、文体、经济、商业服务及其他公共建筑的城镇居民住宅建筑区。

📥 学习目标

- 导入 CAD 图纸
- 绘制住宅楼
- 绘制公共建筑
- 给场景赋予材质
- 绘制小区景观
- 导出效果图

居住小区（housing estate）是以住宅楼房为主体并配有商业网点、文化教育、娱乐、绿化、公用和公共设施等而形成的居民生活区。因此，在本章的内容中，主要包括三大部分，分别由住宅楼、公共建筑、小区景观三大要素组成。在模型绘制过程中，也是按照这三大要素分别进行绘制。因为小区入口处代表着一个小区的形象，所以在入口的设计讲解比较详细，需要大家耐心学习。效果如图 16-1 所示。

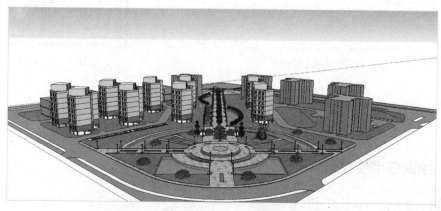

图 16-1　居住区效果图

16.1　导入CAD平面图

步骤 01　打开 CAD 软件，将总平面图打开，如图 16-2 所示。将其优化，即描绘图纸中最重要的轮廓，将重要的边线留下来，其余删除。作为 SketchUp 的模型图纸，如图 16-3 所示。也可以在本书的磁盘中，直接打开已经修改好的简单的 CAD 图纸。

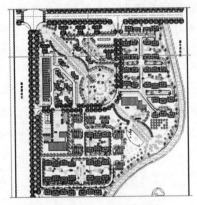
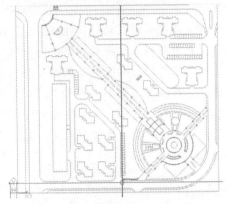

图 16-2　CAD 平面图　　　　　　　　　　　图 16-3　修改后的 CAD 图纸

步骤 02　打开 SketchUp 软件，单击菜单栏中的"文件"→"导入"，将文件类型选为"Auto CAD 文件"，选择需要的 CAD 文件，单击"确定"按钮，如图 16-4 所示。导入的平面图如图 16-5 所示。

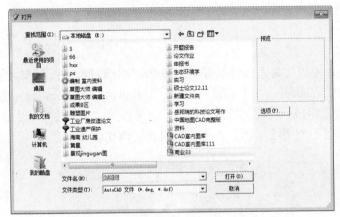
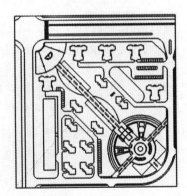

图 16-4　修改后　　　　　　　　　　　　　图 16-5　平面图

16.2　绘制住宅楼

16.2.1　绘制住宅楼首层

步骤 01　首先进行参数设置，单击菜单栏中的"窗口"→"模型信息"，弹出"模型信息"对话框，选择"单位"，对其进行设置。将单位格式设置为"十进制"，"毫米"，精确度设置为"0.0mm"，设定好之后按 Enter 键，表明确认，如图 16-6 所示。

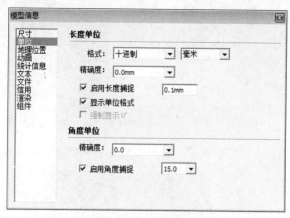

图 16-6　单位设置

步骤 02 单击菜单栏中的"文件"→"导入"，选择"住宅选型"CAD 文件，单击选项，弹出"导入选项"窗口，勾选"合并上面的面"和"面的方向保持一致"，选择"毫米"，勾选"保持原图"，单击"确定"按钮。

步骤 03 单击"充满视图" 🔍 命令，此时视图全面显示，如图 16-7 所示。

步骤 04 单击"常用"工具栏中的 ▸ （选择）按钮，将墙体内部的建筑结构删掉，只留下墙体的外部轮廓，在必要的时候，单击"绘图"工具栏中的 ✏ （线）按钮，将断开的直线连接，如图 16-8 所示。

图 16-7　充满视窗图

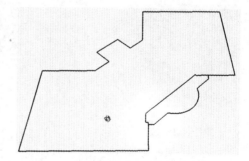

图 16-8　墙体轮廓

步骤 05 单击"绘图"工具栏中的 ✏ （线）按钮，对平面进行外轮廓描边操作，使图纸形成一个面，如图 16-9 所示。

步骤 06 单击"编辑"工具栏中的 ▲ （拉伸）按钮，将平面拉伸至 1500mm 的高度，按 Enter 键，如图 16-10 所示。

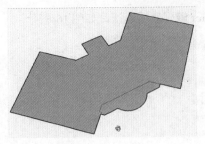
图 16-9　面的显示

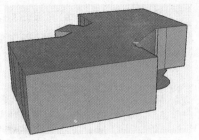
图 16-10　拉伸建筑高度

步骤 07 单击"绘图"工具栏中的 ✐（线）按钮，在阳台部分绘制梁，如图 16-11 所示。

图 16-11　绘制梁

步骤 08 单击"编辑"工具栏中的 ▲（拉伸）按钮，将中间的矩形向上拉伸，如图 16-12 所示。

步骤 09 接下来绘制窗台，单击"编辑"工具栏中的 ☝（偏移复制）按钮，对平面进行向内偏移，尺寸为 60mm，如图 16-13 所示。

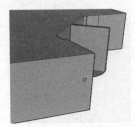
图 16-12　拉伸梁

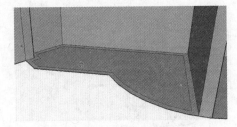
图 16-13　所示偏移对象

步骤 10 单击"绘图"工具栏中的 ✐（线）按钮，对窗台补线，如图 16-14 和 16-15 所示。

步骤 11 单击"常用"工具栏中的 ✐（删除）按钮，删除多余的线条，如图 16-16 所示。

步骤 12 单击"编辑"工具栏中的 ▲（拉伸）按钮，将阳台轮廓拉伸，高度为 625mm，如图 16-17 所示。

步骤 13 按照上述方法，将右边的阳台绘制好，效果如图 16-18 所示，这样阳台的部分就绘制完毕。

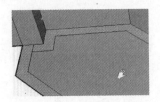
图 16-14　补线 1

图 16-15　补线 2

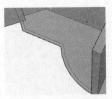
图 16-16　删除线段

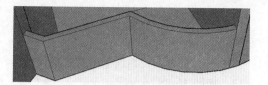
图 16-17　拉伸阳台

图 16-18　阳台效果图

步骤 14　下面绘制窗体。在东立面墙上绘制窗体，如图 16-19 所示。

步骤 15　单击"构造"工具栏中的 （测量/辅助线）按钮，从墙体顶部向下绘制，输入 300mm，再从墙体底部向上输入 300mm，效果如图 16-20 所示。

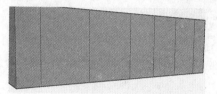
图 16-19　绘制窗体

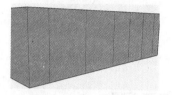
图 16-20　绘制辅助线

步骤 16　单击"绘图"工具栏中的 （线）按钮，直接绘制窗体分割线及外轮廓线，然后删除掉辅助线，如图 16-21 所示。

步骤 17　单击"编辑"工具栏中的 （拉伸）按钮，将 3 个窗户分别向内拉伸 25mm，如图 16-22 所示。

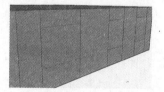
图 16-21　绘制外轮廓线

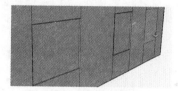
图 16-22　拉伸窗户

步骤 18　然后，对第一扇窗户按照 cad 图纸，进行精确绘制。同样单击"构造"工具栏中的 （测量/辅助线）按钮，左右依次向内拉伸 330mm，如图 16-23 所示。

步骤 19　单击"绘图"工具栏中的 （线）按钮，对窗户进行分割，并删除掉多余的辅助线，如图 16-24 所示。

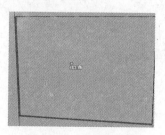
图 16-23　绘制辅助线

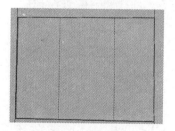
图 16-24　分割窗户

步骤 20　单击"编辑"工具栏中的 （偏移复制）按钮，将举行向内偏移 25mm，如图 16-25 所示。

步骤 21　单击"编辑"工具栏中的 （拉伸）按钮，将床沿及玻璃拉伸 25mm，如图 16-26

所示。

步骤 22 继续使用拉伸工具，将玻璃向内 25mm，如图 16-27 所示。

步骤 23 单击"常用"工具栏中的 ◎（制作组件）按钮，将绘制好的窗户制作成组件。按照上述方法，绘制好其他位置的窗户，如图 16-28 所示。

步骤 24 单击"常用"工具栏中的 ▶（选择）按钮，选中所有的模型，单击鼠标右键，选择"创建组"，如图 16-29 所示。

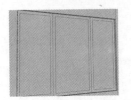
图 16-25 偏移窗框

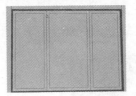
图 16-26 拉伸窗户

图 16-27 拉伸玻璃

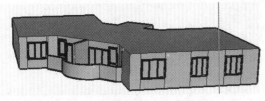
图 16-28 绘制其他窗户

图 16-29 创建组

16.2.2 编辑住宅楼

步骤 01 单击"编辑"工具栏中的 ✥（移动/复制）按钮，按住 Ctrl 键，将建筑向上复制 5 层，输入 X5，如图 16-30 所示。

步骤 02 将试图旋转到建筑底部，单击"绘图"工具栏中的 ✏（线）按钮，将底部绘制成一个平面，如图 16-31 所示。

图 16-30 复制楼层

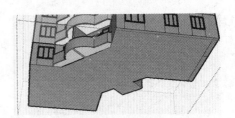
图 16-31 底部平面

步骤 03 单击"编辑"工具栏中的 ♨（拉伸）按钮工具，将建筑底部楼层向下拉伸，距离为1050mm，效果如图 16-32 所示。

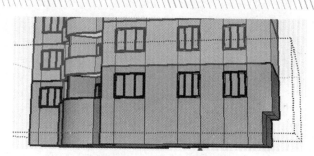

图 16-32　拉伸底层建筑

步骤 04　同样，将建筑背面也进行拉伸，如图 16-33 所示。

步骤 05　单击"常用"工具栏中的　（删除）按钮，删除底部平面及底层立面多余的线条，如图 16-34 所示。

16.2.3　深入建筑细部

步骤 01　单击"绘图"工具栏中的　（线）按钮，将底层平面进行分割，如图 16-35 所示。

步骤 02　单击"编辑"工具栏中的　（拉伸）按钮，将底层阳台向下即反向拉伸 1050mm，使其脱离于建筑底面，如图 16-36 所示。

图 16-33　拉伸建筑背部

图 16-34　删除多余线条

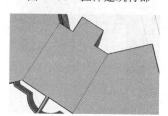

图 16-35　分割底面

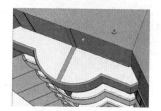

图 16-36　拉伸阳台

步骤 03　选中阳台底面，单击鼠标右键，选择"反转平面"，如图 16-37 所示。

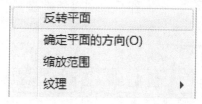

图 16-37　将面翻转

步骤 04　单击"编辑"工具栏中的　（拉伸）按钮，将分割出的两个对称面，进行反向拉伸，距离为 1050mm，如图 16-38 所示。

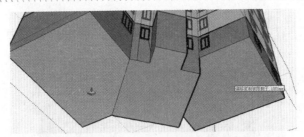

图 16-38　反向拉伸建筑底部

步骤 05 遵照 cad 图纸的原始设计，在边角绘制边长为 250mm 的矩形，如图 16-39 所示。

步骤 06 单击"编辑"工具栏中的 ✂ （移动/复制）按钮，按住 Ctrl 键，将绘制好的矩形水平
复制 2 个，如图 16-40 所示。

步骤 07 用相同的方法复制其他位置的矩形，如图 16-41 所示。

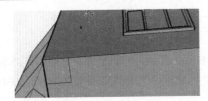

图 16-39　绘制矩形

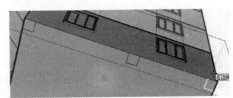

图 16-40　复制矩形

步骤 08 单击"编辑"工具栏中的 ⬆ 工具（拉伸）按钮，对矩形进行拉伸，距离为 1050mm，
形成建筑物的底柱，如图 16-42 所示。

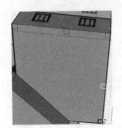

图 16-41　复制矩形

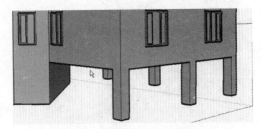

图 16-42　拉伸底柱

步骤 09 按照上述方法，把另一边的底柱也绘制好，结果如图 16-43 所示。

图 16-43　底柱效果图

步骤 ⑩ 接下来绘制楼体的顶部，如图 16-44 所示为将要绘制的位置。单击"编辑"工具栏中的 ☁（拉伸）按钮，将顶部中间的面选中并向上拉伸 2000mm，效果如图 16-45 所示。

图 16-44　拉伸前效果图

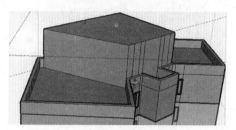

图 16-45　拉伸后效果图

步骤 ⑪ 单击"常用"工具栏中的 ☁（材质）按钮，在弹出的材质面板中选择"颜色"，如图 16-46 所示。

步骤 ⑫ 选择白色为建筑 2 至 7 层赋予白色材质，选择灰色，为底层建筑赋予灰色材质，至此，单体建筑绘制完成，效果如图 16-47 所示。

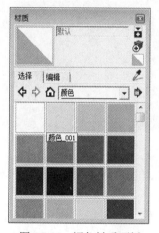

图 16-46　颜色材质面板

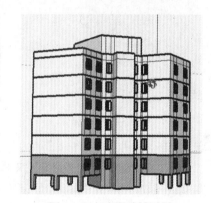

图 16-47　建筑赋材质图

16.3　绘制公共建筑

步骤 ⑴ 首先，将 CAD 平面图导入到 SketchUp 中，可以看到，图纸不是一个平面，如图 16-48 所示。

步骤 ⑵ 单击"绘图"工具栏中的 ✏（线）按钮，对图中的所有边线进行描边，使其成为一个平面，如图 16-49 所示。

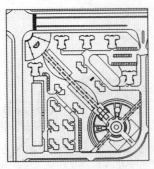

图 16-48　导入 cad 平面图

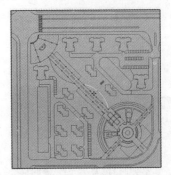

图 16-49　描边

步骤 **03** 单击"常用"工具栏中的 （材质）按钮，在弹出的材质面板中选择"色标"，灰色，对建筑平面进行填充，如图 16-50 所示。

步骤 **04** 单击"编辑"工具栏中的 （拉伸）按钮，将公共建筑向上拉伸 2000mm，如图 16-51 所示。

图 16-50　填充建筑平面

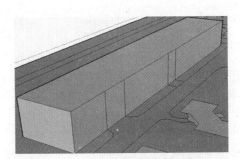

图 16-51　拉伸公共建筑

步骤 **05** 单击"常用"工具栏中的 （材质）按钮，在弹出的材质面板中选择"沥青和混凝土"，赋予拉伸的公共建筑，如图 16-52 所示。

步骤 **06** 选中顶面，单击"编辑"工具栏中的 （移动/复制）按钮，按住 Ctrl 键，将其向下复制，创建出楼板，如图 16-53 所示。

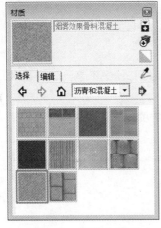

图 16-52　混凝土材质

图 16-53　创建楼板

步骤 07　将楼体全部选中，单击"编辑"工具栏中的 ![] (移动/复制) 按钮，按住 Ctrl 键，将其向上复制一层，效果如图 16-54 所示。

步骤 08　接下来，按照上一章节讲述的方法，利用辅助线和矩形工具，在建筑立面上绘制窗户，然后将绘制好的窗户进行拉伸，并对玻璃赋予材质，如图 16-55 所示。

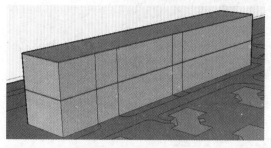

图 16-54　复制建筑楼体

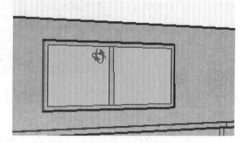

图 16-55　绘制窗户

步骤 09　将绘制好的窗户全部选中，单击鼠标右键，选择创建组件命令。

步骤 10　将窗户组件进行复制，效果如图 16-56 所示。

步骤 11　同时，也可以将窗户详细复制，增加建筑物的细节，如图 16-57 所示。

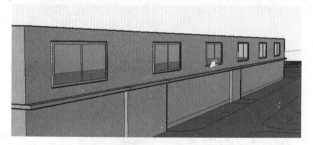

图 16-56　复制窗户

图 16-57　公共建筑

步骤 12　选择菜单栏中的"文件"→"保存"。然后，再次单击选择"文件"→"导入"，将之前绘制的住宅楼，导入到图中，效果如图 16-58 所示。

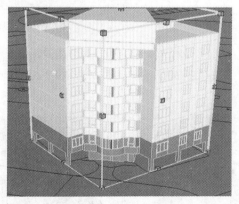

图 16-58　导入单体建筑

步骤 13　单击"编辑"工具栏中的 ![] (移动/复制) 按钮，按住 Ctrl 键，将住宅楼复制到平面图其他规划位置中。

步骤 14 按照上述方法，在平面图中，绘制其他建筑单体，绘制好的效果如图 16-59 所示。

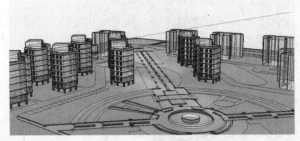

图 16-59   建筑效果图

16.4   给场景赋材质

步骤 01 单击"常用"工具栏中的 ❸（材质）按钮，在弹出的材质面板中选择"植被"，选择一个草地，给场景中的草坪赋予材质，效果如图 16-60 所示。

步骤 02 同样，在材质面板中选择"大理石"，对景观小品及周边道路，赋予大理石材质，如图 16-61 所示。

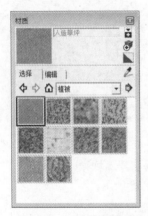

图 16-60   赋草地材质

图 16-61   赋予大理石材质

步骤 03 然后，返回到颜色面板，选择深灰色，对小区道路赋予材质，如图 16-62 所示。

步骤 04 单击"编辑"工具栏中的 ❸（拉伸）按钮，将中心广场的景观进行竖向拉伸，如图 16-63 所示。

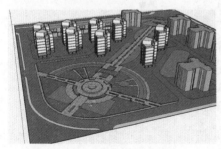

图 16-62   道路材质

图 16-63   拉伸广场景观

步骤 05 然后绘制中心广场的绿化带。为了加快绘图速度，可以先将场景中的建筑物隐藏，选中建筑物，单击鼠标右键，选择"隐藏"，如图 16-64 所示。

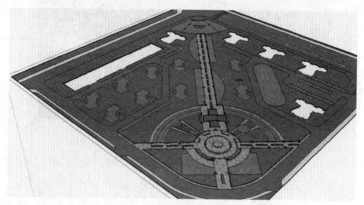

图 16-64 隐藏建筑物

16.5 绘制小区景观

步骤 01 接下来绘制水体部分。单击"常用"工具栏中的 （材质）按钮，在弹出的材质面板中选择"人行道铺路石"，将其赋予水体部分，作为水体景观底面，如图 16-65 所示。

步骤 02 单击"编辑"工具栏中的 （拉伸）按钮，将所有水体部分向下推拉 400mm，绘制出水池的高度，如图 16-66 所示。

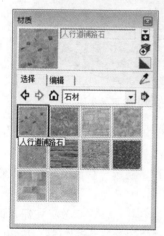

图 16-65 水体底面材质

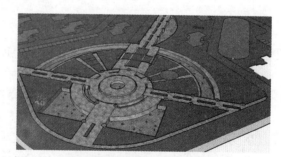

图 16-66 绘制出水池的高度

步骤 03 选中水池对象，单击"编辑"工具栏中的 （移动/复制）按钮，按住 Ctrl 键，将对象向上复制到与地面水平，如图 16-67 所示。

图 16-67　复制水池底面

步骤 **04**　单击"常用"工具栏中的 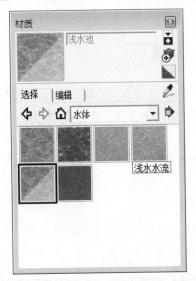（材质）按钮，在弹出的材质面板中选择"浅水水流"，对刚才复制的地面赋予"浅水水流"材质，如图 16-68 所示。

步骤 **05**　用同样的方法，将其他部分的水体也赋予"浅水水流"材质，如图 16-69 所示。

图 16-68　赋予水体材质

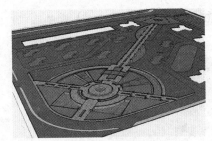

图 16-69　水景效果图

步骤 **06**　单击"常用"工具栏中的（材质）按钮，在弹出的材质面板中选择"草坪"，将水景部分的绿化赋予材质，如图 16-70 所示。

步骤 **07**　单击菜单栏中的"窗口"→"组件"，选择"路灯"，挑选一款合适的路灯放在场景中。

步骤 **08**　如果路灯的比例与场景不符，则单击"编辑"工具栏中的（缩放）按钮，调整路灯的比例大小至合适为止，并单击"编辑"工具栏中的（移动/复制）按钮，将其放到平面图中的位置，如图 16-71 所示。

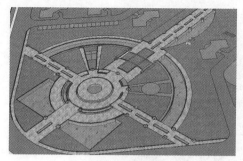

图 16-70　赋草坪材质

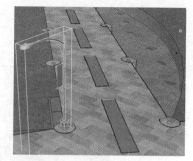

图 16-71　插入路灯组件

步骤 09　单击工具栏中的"旋转"按钮 ↻，将路灯的照射方向调整到最佳位置，如图 16-72 所示。

步骤 10　然后，在组件面板中，选择"室外座椅"，将其放置到路灯旁，如图 16-73 所示。

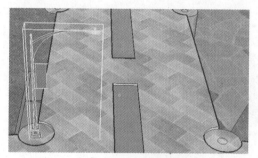

图 16-72　调整路灯方向

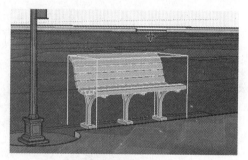

图 16-73　放置座椅

步骤 11　接下来在组件面板中继续选择"植物"文件夹，选择"3D"的植物模型，将其导入到景观中，如图 16-74 所示。

步骤 12　单击"编辑"工具栏中的 ✥（移动/复制）按钮，按住 Ctrl 键，将植物进行阵列复制，如图 16-75 所示。

步骤 13　按照上述的讲解方法，将其他位置的植物及路灯座椅等景观元素绘制完善，效果如图 16-76 所示。

图 16-74　放置植物组件

图 16-75　阵列植物

图 16-76 小区景观效果图 1

步骤 14 将道路的两边对称放置两排路灯，中间添置绿化，用自然元素将道路分割成两条对向行驶的人行道，这是景观道路设计中最常用的方法之一，也是最生态美观的设计方法之一，效果如图 16-77 所示。

图 16-77 小区景观效果图 2

步骤 15 在道路的尽端或者十字路口交叉处，设置一处小景观节点，起到了指示作用，也使环境更加美观，效果如图 16-78 所示。

图 16-78 小区景观效果图 3

16.6 导出效果图

步骤 01 单击菜单栏中的"窗口"→"阴影设置"，弹出"阴影设置"对话框，将 "使用太阳制造阴影"勾选，如图 16-79 所示。

步骤 02　单击菜单栏中的"窗口"→"模型信息"，弹出"模型场景信息"对话框，单击"地理位置"，国家选择"中国"，位置选择"北京市"，如图 16-80 所示。

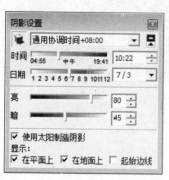

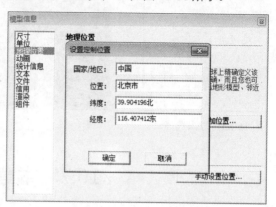

图 16-79　阴影设置　　　　　　　　　图 16-80　地理位置设置

步骤 03　单击菜单栏中的"窗口"→"样式"，弹出样式面板，选择"编辑"→　"背景设置"按钮，勾选"天空"，如图 16-81 所示。

步骤 04　单击菜单栏中的"窗口"→"阴影设置"，弹出"阴影设置"对话框，将"使用太阳制造阴影"勾选，然后滑动时间轴和日期轴，调整阴影时间，如图 16-82 所示。

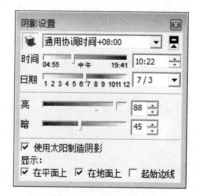

图 16-81　颜色设置　　　　　　　　　图 16-82　阴影设置

步骤 05　单击"文件"→"导出"，在弹出的窗口中，单击最下方的"选择"，勾选"抗锯齿"，如图 16-83 所示。

步骤 06　场景设置好之后，导出的图片效果，如图 16-84 所示。

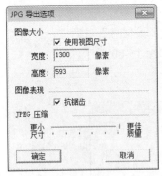

图 16-83　导出选择

图 16-84　导出效果图

16.7　本章小结

绘制居住小区，建筑房屋的尺寸按照建筑设计标准绘制。在绘制好建筑单体之后完善小区绿化以及公共设施。然后将其赋予材质，完善并美化图纸。

第 17 章　绘制城市休闲广场

　　城市休闲广场的要素有很多，涵盖了从基面、建筑、小品等这些实体的广场构筑物以及气候、时间、地域、文化、行为心理等因素，是个十分庞大的景观要素系统。休闲广场景观的整体性程度对广场能否很好地发挥作用有着重要的影响，景观要素之间的协调性就是休闲广场的整体性。这些要素各有其自身的特点和作用效果，将这些因素综合考虑，归纳整理，结合国内外休闲广场的建造经验，总结出一些城市休闲广场景观要素协调性的组织原则和方法，对于今后的广场设计工作起到一定的引导作用。

📥 学习目标

- 制作广场底图
- 制作模型主体和局部造型
- 给模型赋材质
- 添加配景

　　本章以一个城市休闲广场为例，细致地讲解 SketchUp 的操作方法。其中在景观钢板墙立面的绘制过程中，运用到的"模型交错命令"是在前面的章节中没有使用过的，大家可以在这里体会一下"模型交错命令"的奇妙。本章的绘制流程先是从平面开始，然后建立竖向模型，最后添加场景组件，如植物、座椅、路灯等完善场景的使用功能，效果如图 17-1 所示。

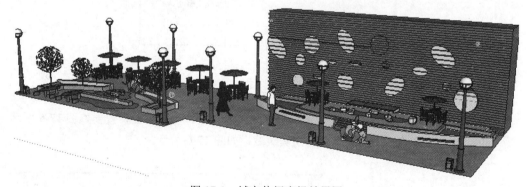

图 17-1　城市休闲广场效果图

17.1　制作模型

17.1.1　制作广场底图

步骤 01　单击菜单栏中的"文件"→"导入"命令，将绘制好的 CAD 平面图导入 SketchUp 中，效果如图 17-2 所示。

步骤 02　单击"常用"工具栏中的 📄（制作组件）按钮，将导入的平面图编辑成组。

步骤 03　单击"绘图"工具栏中的 ✏（线）按钮，将平面图绘制成面，并将每个需要拉伸的面单独制成组件，效果如图 17-3 所示。

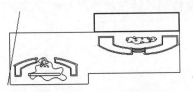
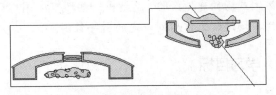

图 17-2　导入平面图　　　　　　　　　　　　图 17-3　绘制面底图

步骤 04　单击菜单栏中的"文件"→"保存"命令，将文件保存。

17.1.2　制作平台与台阶

步骤 01　单击"绘图"工具栏中的 ✏（线）按钮，将台阶后的地台单独切开，使其成为一个单独的形体，效果如图 17-4 所示。

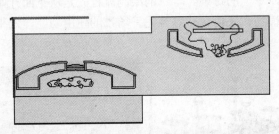

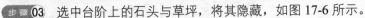

图 17-4　绘制地台

步骤 02　单击"绘图"工具栏中的 ✏（线）按钮 ✏，绘制台阶平面，效果如图 17-5 所示。

步骤 03　选中台阶上的石头与草坪，将其隐藏，如图 17-6 所示。

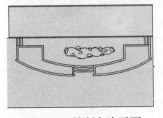
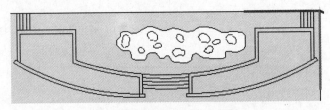

图 17-5　绘制台阶平面　　　　　　　　　图 17-6　隐藏石头与草坪

步骤 04　将台阶上留下的痕迹删除，将整个台阶平面修成一个整体，如图 17-7 所示。

步骤 05 单击"常用"工具栏中的 （制作组件）按钮，将平台编组，效果如图 17-8 所示。

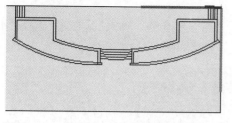

图 17-7　删除痕迹线

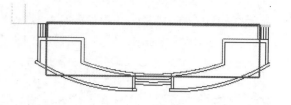

图 17-8　将平台编组

步骤 06 单击"编辑"工具栏中的 （拉伸）按钮，将平台向上拉伸 650，效果如图 17-9 所示。

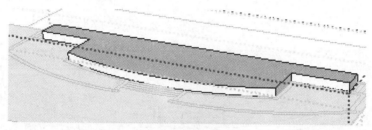

图 17-9　将平台拉伸

步骤 07 单击"编辑"工具栏中的 工具（拉伸）按钮，将每个台阶以 150mm 的高差递进向上拉伸，效果如图 17-10 所示。

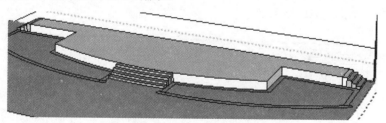

图 17-10　将台阶拉伸

步骤 08 完成以上操作后，单击菜单栏中的"文件"→"保存"，将图纸存盘。

17.1.3　制作花台侧边

步骤 01 单击"常用"工具栏中的 （选择）按钮，选中两侧花台。单击"编辑"工具栏中的 （拉伸）按钮，将两侧花台拉伸至于平台同样高度，效果如图 17-11 所示。

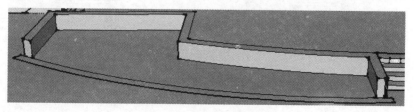

图 17-11　拉伸两侧平台

步骤 **02** 单击"常用"工具栏中的 ▶（选择）按钮，选中长弧形花台，将其拉伸高于两侧花台，效果如图 17-12 所示。

步骤 **03** 单击"常用"工具栏中的 ▶（选择）按钮，选中全部花台，单击鼠标右键，选择"柔化/平滑边线"命令，将模型中的线段柔化，效果如图 17-13 所示。

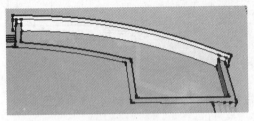

图 17-12　拉伸弧形花台

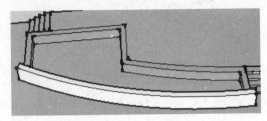

图 17-13　柔化边线

步骤 **04** 按照上述操作，完成另外一侧的绘制，效果如图 17-14 所示。

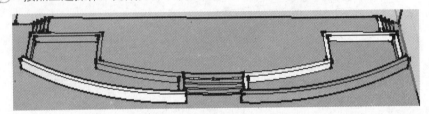

图 17-14　绘制另一侧花台

步骤 **05** 单击"编辑"工具栏中的 ♦（拉伸）按钮，将花台中的土地拉伸至略低于花台边缘，效果如图 17-15 所示。

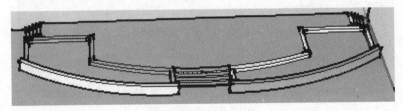

图 17-15　拉伸土地

17.1.4　制作钢背板

步骤 **01** 单击"绘图"工具栏中的 ■（矩形）按钮，绘制矩形钢板，效果如图 17-16 所示。

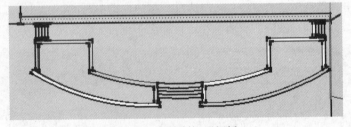

图 17-16　绘制矩形钢板

步骤 **02** 单击"编辑"工具栏中的 ♦（拉伸）按钮，拉伸钢板模型，效果如图 17-17 所示。

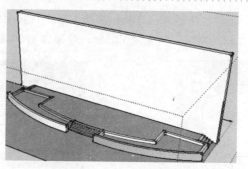

图 17-17 拉伸钢板模型

> **步骤 03** 单击"绘图"工具栏中的 $\bigcap$（圆弧）按钮，在矩形面上绘制曲线，效果如图 17-18 所示。

> **步骤 04** 单击"编辑"工具栏中的 ♨（拉伸）按钮，推拉其中一侧的曲面，效果如图 17-19 所示。

图 17-18 在矩形面上绘制曲线

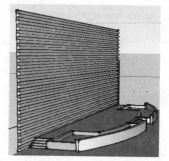

图 17-19 推拉曲面

17.2 制作局部造型

17.2.1 制作石头

> **步骤 01** 首先双击鼠标左键，进入石头编辑组，将隐藏的石头显示出来。单击菜单栏中的"编辑"→"显示"→"全部"，如图 17-20 所示。

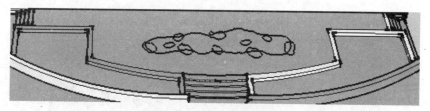

图 17-20 显示石头组件

> **步骤 02** 单击"编辑"工具栏中的 ♨（拉伸）按钮将其中一块石头拉伸一个高度，如图 17-21 所示。

步骤 03 单击"常用"工具栏中的 ⬚（选择）按钮，选中石头顶面，单击"编辑"工具栏中的 ⬚（移动/复制）按钮，将其向下复制，效果如图 17-22 所示。

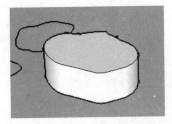

图 17-21 拉伸石头

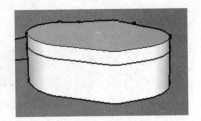

图 17-22 复制顶面

步骤 04 单击"编辑"工具栏中的 ⬚（缩放）按钮，将顶面缩放，且能保证缩放部位的高度限制在一小段距离，效果如图 17-23 所示。

步骤 05 使用相同方法，将石头下部分也做成同样的效果，做之前可以先将平台隐藏，如图 17-24 所示。

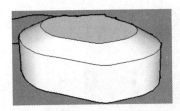

图 17-23 顶面缩放

图 17-24 石头效果图

步骤 06 单击"常用"工具栏中的 ⬚（选择）按钮，选中石头，单击鼠标右键选择"柔化/平滑边线"命令，进行柔化，如图 17-25 所示。

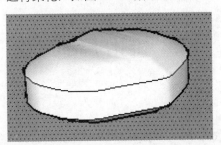

图 17-25 进行柔化

步骤 07 按照以上步骤，将其他的石头制作完成，效果如图 17-26 所示。

图 17-26 绘制其他石头

17.2.2　制作另一侧模型

步骤 01　双击鼠标进入矩形编辑内部，单击"编辑"工具栏中的 ⬇（拉伸）按钮，拉出高度，完成效果如图 17-27 所示。

图 17-27　绘制矩形长椅

步骤 02　单击"编辑"工具栏中的 ⬇（拉伸）按钮，将花台拉伸，效果如图 17-28 所示。

图 17-28　将花台拉伸

步骤 03　单击"编辑"工具栏中的 ⬇（拉伸）按钮，将花台内部的土向上拉伸 10mm，如图 17-29 所示。

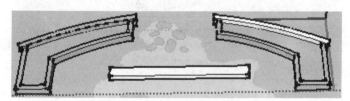

图 17-29　绘制土

步骤 04　按照上述方法，将石头绘制好，效果如图 17-30 所示。

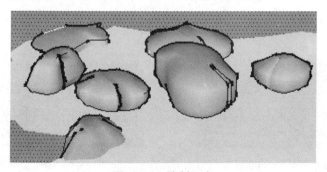

图 17-30　绘制石头

17.2.3　深化钢板细节

步骤 01　将视图切换到与钢板正视的效果，单击"绘图"工具栏中的 ●（圆）按钮，在钢板上先画出正圆形，如图 17-31 所示。

步骤 02 单击"编辑"工具栏中的 （缩放）按钮，将正圆形拉伸成椭圆形，效果如图 17-32 所示。

步骤 03 单击"编辑"工具栏中的 （拉伸）按钮，拉伸成圆柱，效果如图 17-33 所示。

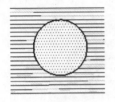 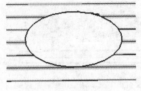 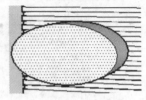

图 17-31　画圆形　　　　　图 17-32　编辑圆形　　　　　图 17-33　拉伸圆柱

步骤 04 单击"编辑"工具栏中的 （移动/复制）按钮，单击"编辑"工具栏中的 （旋转）按钮，使用复制与旋转命令，将圆形以不规则方式摆放在钢板上，效果如图 17-34 所示。

步骤 05 将钢板与椭圆形全部选择并单击鼠标右键，在弹出的快捷菜单中选择"相交面"→"与模型"命令，如图 17-35 所示。

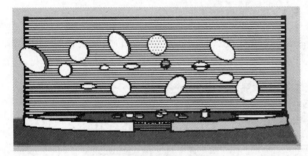

图 17-34　复制圆柱　　　　　　　　　　　图 17-35　"与模型"命令

步骤 06 删除模型中的所有的圆形，可以发现通过"模型交错命令"在钢板上留有每一个圆形的痕迹，如图 17-36 所示。

步骤 07 单击"常用"工具栏中的 （制作组件）按钮，将椭圆形与边线编入同一组内，如图 17-37 所示。

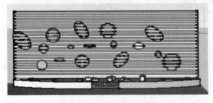 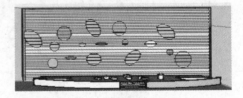

图 17-36　模型交错的效果　　　　　　　图 17-37　编入同一群组

17.2.4　制作长椅

步骤 01 单击"绘图"工具栏中的 （圆弧）按钮，在花台边缘靠上处绘制一段圆弧，作为长椅的椅子面位置，效果如图 17-38 所示。

步骤 02 单击"编辑"工具栏中的 ✦（移动/复制）按钮，将弧线沿 Z 轴移动一段距离，一小段足以，作为椅子与花台的距离。

步骤 03 单击"绘图"工具栏中的 ●（圆）按钮，在线段的端点绘制圆面，且与弧线垂直，效果如图 17-39 所示。

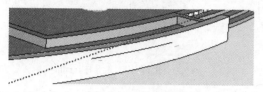

图 17-38 绘制圆弧

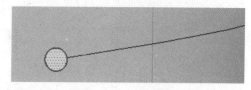

图 17-39 绘制圆形

步骤 04 单击"编辑"工具栏中的 ⏎（跟随路径）按钮，将绘制好的圆形按照弧线跟随，跟随出一个圆弧形的圆柱，效果如图 17-40 所示。

步骤 05 单击"常用"工具栏中的 ⬨（制作组件）按钮，将圆柱制作成组件，效果如图 17-41 所示。

图 17-40 路径跟随后的效果

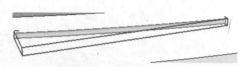

图 17-41 编辑组件

步骤 06 单击"编辑"工具栏中的 ✦（移动/复制）按钮，将圆柱水平复制一排，成为椅面，效果如图 17-42 所示。

步骤 07 单击"绘图"工具栏中的 ✏（线）按钮，单击"绘图"工具栏中的 ⌒（圆弧）按钮，制作椅子侧面支架，效果如图 17-43 所示。

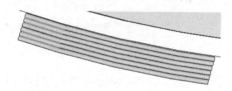

图 17-42 制作椅面

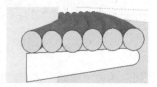

图 17-43 绘制侧面支架

步骤 08 单击"编辑"工具栏中的 ♣（拉伸）按钮，将其拉伸成体，效果如图 17-44 所示。

步骤 09 单击"编辑"工具栏中的 ✦（移动/复制）按钮，将绘制好的支架复制到椅面的另一端，效果如图 17-45 所示。

步骤 10 完成椅子的制作，再将绘制好的椅子复制到另一侧花台并与其对称，效果如图 17-46 所示。

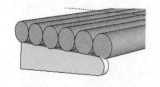

图 17-44 拉伸成体

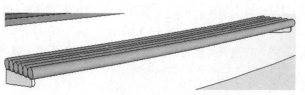

图 17-45 复制支架

步骤 11 单击"绘图"工具栏中的 ▇（矩形）按钮，绘制钢板下的椅子面，效果如图 17-47 所示。

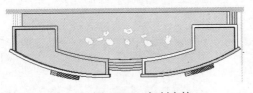

图 17-46 复制座椅

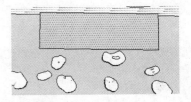

图 17-47 绘制椅子面

步骤 12 单击"编辑"工具栏中的 ♨（拉伸）按钮，将椅子面拉伸一定的厚度，效果如图 17-48 所示。

步骤 13 单击"常用"工具栏中的 ⬡（制作组件）按钮，将其制作成组件。

步骤 14 单击"绘图"工具栏中的 ✐（线）按钮，单击"绘图"工具栏中的 ◠（圆弧）按钮，制作椅子侧面支架，效果如图 17-49 所示。

步骤 15 单击"编辑"工具栏中的 ♨（拉伸）按钮，将其拉伸，效果如图 17-50 所示。

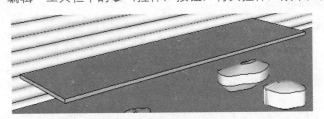

图 17-48 拉伸厚度

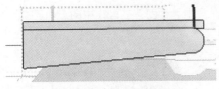

图 17-49 绘制支撑杆

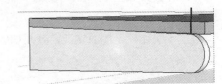

图 17-50 拉伸厚度

步骤 16 单击"编辑"工具栏中的 ⬦（移动/复制）按钮，将绘制好的支撑板复制三个，效果如图 17-51 所示。

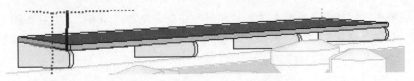

图 17-51 完成支撑板的绘制

步骤 17 单击菜单栏中的"窗口"→"组件"命令，选择"景观"组，选择"Teak table set"组件，效果如图 17-52 所示。

步骤 18 将选择好的组件，对称放置在平台两端，效果如图 17-53 所示。

图 17-52 组件窗口

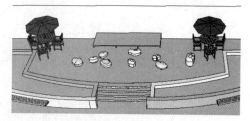

图 17-53 插入组件

17.2.5 制作椭圆形座椅

步骤 01 单击"绘图"工具栏中的●（圆）按钮，绘制圆桌面。

步骤 02 单击"常用"工具栏中的◇（制作组件）按钮，将其编辑成组。

步骤 03 单击"编辑"工具栏中的◢（缩放）按钮，将绘制好的圆编辑成椭圆形，如图 17-54 所示。

步骤 04 单击"编辑"工具栏中的◢（拉伸）按钮，将桌面向上拉伸，效果如图 17-55 所示。

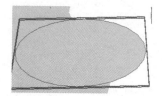

图 17-54 编辑圆形

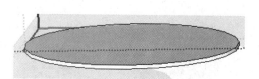

图 17-55 拉伸桌面

步骤 05 单击"绘图"工具栏中的●（圆）按钮，绘制桌腿，效果如图 17-56 所示。

步骤 06 单击"编辑"工具栏中的◢（拉伸）按钮，将桌腿拉伸，桌腿绘制完成，效果如图 17-57 所示。

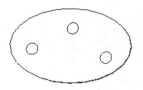

图 17-56 绘制桌腿

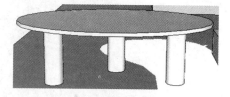

图 17-57 桌腿绘制完成

步骤 07 单击"绘图"工具栏中的●（圆）按钮和"编辑"工具栏中的◢（缩放）按钮，绘制座椅面，效果如图 17-58 所示。

步骤 08 单击"编辑"工具栏中的◢（拉伸）按钮，绘制椭圆形座椅高度。单击"编辑"工

具栏中的 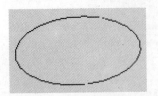（移动/复制）按钮，将绘制好的座椅复制一个，效果如图 17-59 所示。

图 17-58　绘制座椅面

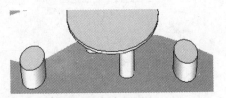

图 17-59　绘制椅子

步骤 09　将绘制好的桌椅复制一份到场景中，效果如图 17-60 所示。

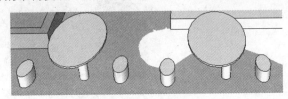

图 17-60　复制桌椅

17.2.6　制作楼梯扶手

步骤 01　单击"绘图"工具栏中的 ✎（线）按钮，绘制扶手基础结构，如图 17-61 所示。

步骤 02　单击"绘图"工具栏中的 ●（圆）按钮，在一端画圆，单击"编辑"工具栏中的 ⬡（跟随路径）按钮，将扶手绘制完，如图 17-62 所示。

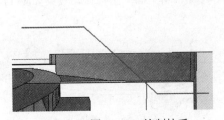

图 17-61　绘制扶手

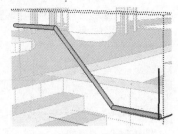

图 17-62　扶手绘制完

步骤 03　单击"绘图"工具栏中的 ●（圆）按钮和 ⬆（拉伸）按钮，绘制出扶手立杆，如图 17-63 所示。

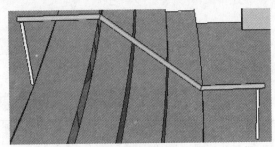

图 17-63　绘制出扶手立杆

17.3 给模型赋材质

步骤 01 单击"常用"工具栏中的 ◈（材质）按钮，在弹出的材质面板中选择"颜色"，选择"A07"材质将其赋予在立面背景墙上，如图 17-64 所示。

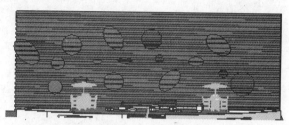

图 17-64 复制颜色材质

步骤 02 单击"常用"工具栏中的 ◈（选择）按钮，选中立面墙中的圆形图案，将其赋予"颜色 002"，如图 17-65 所示。

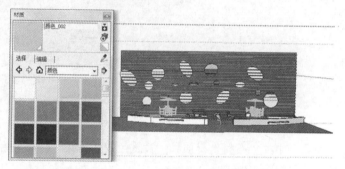

图 17-65 给圆形赋予材质

步骤 03 选择"材质"中的"金属"材质和"金属铝电镀效果"材质，分别给模型中的长椅支架（a）和楼梯扶手（b），赋予材质，效果如图 17-66 所示。

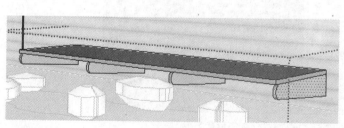

长椅支架（a）

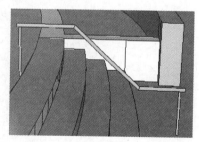

楼梯扶手(b)

图 17-66 赋予材质

步骤 04 选择"材质"中的"木材"材质和"樱桃原木"材质，给椅子面赋予材质，效果如图 17-67 所示。

图 17-67　椅子面赋予材质

步骤 05　选择"材质"中的"石材"材质和"大理石"材质，给花台较低的边沿赋予材质，效果如图 17-68 所示。

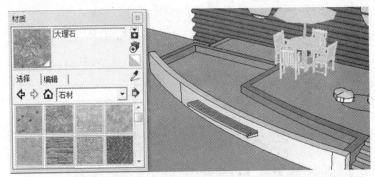

图 17-68　给低花台赋予材质

步骤 06　选择"材质"中的"石材"材质和"黄褐色戎式石头"材质，给花台较高的边沿赋予材质，效果如图 17-69 所示。

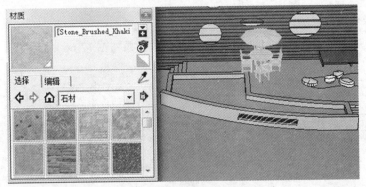

图 17-69　给高花台赋予材质

步骤 07　使用上述方法，将平台对称的另外一边花台也赋予同样的材质，效果如图 17-70 所示。

步骤 08　单击"常用"工具栏中的 ╲ （选择）按钮，选中台阶，将其赋予"颜色 A07"，如图 17-71 所示。

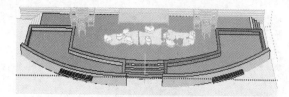

图 17-70 赋予花台材质

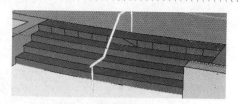

图 17-71 给台阶赋予颜色

步骤 09 单击"常用"工具栏中的（选择）按钮 ，选中平台，将其赋予"颜色_L10"，如图 17-72 所示。

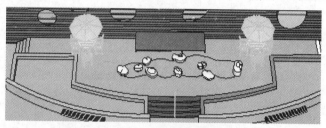

图 17-72 给平台赋予材质

步骤 10 接下来给场景中的石头和草坪赋予材质，如图 17-73 所示。

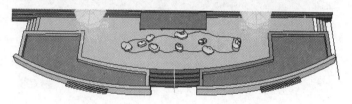

图 17-73 给石头和草坪赋予材质

步骤 11 给场景中的椭圆形桌椅赋予红色"A07"材质，如图 17-74 所示。

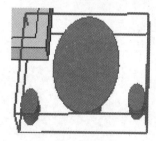 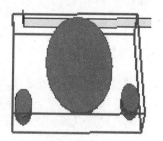

图 17-74 给椭圆桌椅赋予材质

步骤 12 场景中的材质效果，如图 17-75 所示。

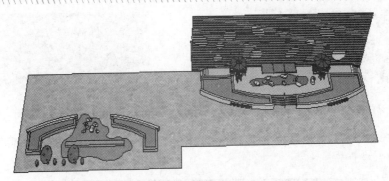

图 17-75　材质贴图效果

17.4　添加模型

步骤 01　单击菜单栏中的"窗口"→"组件"，给场景添加人物和植物，效果如图 17-76 所示。

图 17-76　给场景添加人物和植物

步骤 02　单击"材质"面板中的 ❧（使用贴图）按钮，弹出"选择图像"对话框，选择"veg034"
材质，如图 17-77 所示。

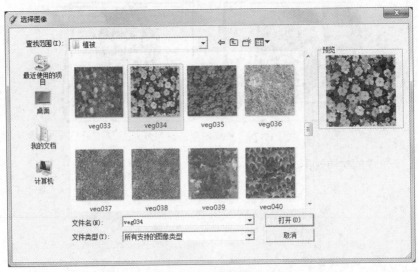

图 17-77　选择材质

步骤 03 在"选择图像"对话框中，选择好材质后，单击"打开"，弹出"创建材质"对话框，如图 17-78 所示。

步骤 04 在"创建材质"对话框中，单击"确定"按钮，弹出"材质"对话框，如图 17-79 所示。

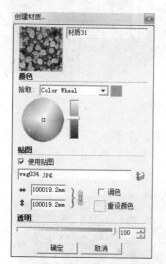

图 17-78 "创建材质"对话框

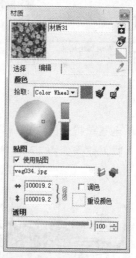

图 17-79 "材质"对话框

步骤 05 将材质赋在花台内部，效果如图 17-80 所示。

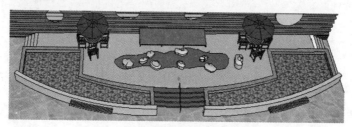

图 17-80 赋材质

步骤 06 单击"编辑"工具栏中的 ✿（拉伸）按钮，给立面装饰墙拉伸一个厚度，如图 17-81 所示。

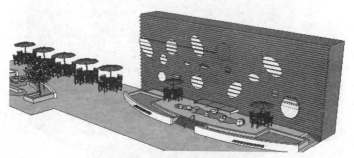

图 17-81 拉伸墙体厚度

步骤 07 单击菜单栏中的"窗口"→"组件"，选择"一个路灯"，给场景添加路灯，效果如图 17-82 所示。

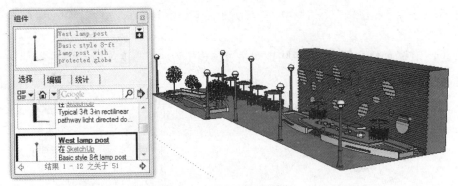

图 17-82　给场景添加路灯

步骤 08　单击菜单栏中的"窗口"→"组件"，选择"垃圾箱、人物"，给场景添加垃圾箱和人物，效果如图 17-83 所示。

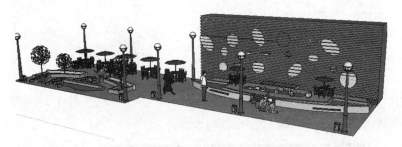

图 17-83　添加垃圾箱和人物

17.5　完成效果图

步骤 01　城市休闲广场是一个城市中的必要生活元素，城市休闲广场的实用性与否代表着整个城市的生活质量，下面是本章节中介绍的休闲广场的效果图，如图 17-84 和图 17-85所示。

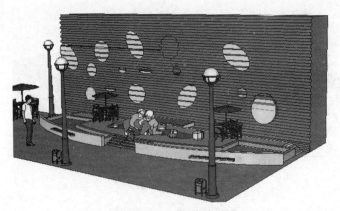

图 17-84　景观墙效果图

图 17-85　左立面效果图

步骤 **02**　图 17-86 和图 17-87 是休闲广场的两张细节详图,分别展示了休息区和景观台的不同的使用功能中的空间感。

图 17-86　休息区效果图

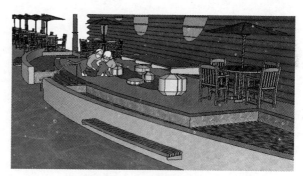

图 17-87　景观台效果图

步骤 **03**　总平面图是景观设计中最能体现设计构思与设计水平的平面图纸,它及功能、空间、布局、艺术性于一体,所以在景观设计中,平面设计构思尤为重要,如图 17-88 所示,为本章节中的城市广场的平面图,既包含了私密区即休息区,也包含了动区即景观区,动静分开,充分满足了使用者的实用性。

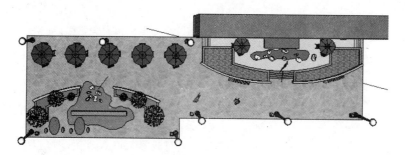

图 17-88　广场平面图

17.6　本章小结

　　绘制城市休闲广场，不仅要注意建筑的尺寸，同时也要将窗户、门等建筑部件的尺寸按照建筑设计标准绘制。在绘制好建筑单体之后给建筑赋予材质，完善小区绿化以及公共设施，本章用到的工具和上一章节相似，大家通过复习便能熟练掌握草图的技巧。

第18章 小区景观设计

小区景观的设计包括对基地自然状况的研究和利用，对空间关系的处理和发挥，与小区整体风格的融合和协调。包括道路的布置、水景的组织、路面的铺砌、照明设计、小品的设计、公共设施的处理等，这些方面既有功能意义，又涉及到视觉和心理感受。在进行景观设计时，应注意整体性、实用性、艺术性、趣味性的结合。

学习目标

- 导入 CAD 图纸
- 绘制整体地形
- 绘制中心广场
- 给模型赋材质

本章是以一个小区的景观为设计重点，非常详细地讲述了小区的景观设计要素、设计手法及绘制方法。其中包含了很多的设计元素，如广场、景观楼梯、景观墙、景观河道、景观花池等。在总体的原则上，先绘制好大的框架，然后一一详细绘制，最后制作一个简单的住宅建筑，复制放置其中，完善小区的设计要素。这样一个小区的景观效果就完善了，效果如图 18-1 所示。

图 18-1 小区景观效果图

18.1　导入小区规划底图并分析建模思路

步骤 01　单击菜单栏中的"窗口"→"模型信息"→设置单位和精确度，单位格式为十进制、毫米，精确度为 0.0mm，效果如图 18-2 所示。

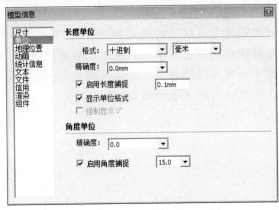

图 18-2　设置场景信息

步骤 02　单击菜单栏中的"文件"→"导入"→选择配套光盘文件中的"小区规划底图"，单击"作为图片"并打开，在场景中捕捉原点，将底图放置原点位置，效果如图 18-3、18-4 所示。

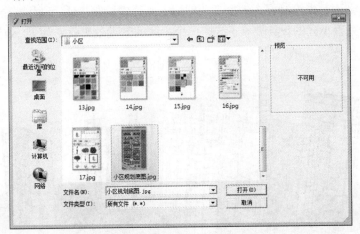

图 18-3　导入底图

步骤 03　图纸导入后确定其比例，将视图切换成顶视图。单击"构造"工具栏中的 （测量/辅助线）按钮，测量双向车道的宽度作为参考标准，设置其宽度为 12400mm，按 Enter 键重置图纸，效果如图 18-5、18-6 所示。

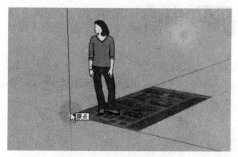

图 18-4　放置原点位置

图 18-5　确定比例

步骤 04　重置完成后，单击"构造"工具栏中的 （测量/辅助线）按钮，测量底图中的楼体宽度，进行尺寸比例的验证，效果如图 18-7 所示。

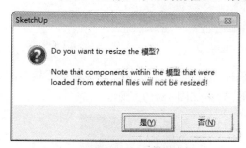

图 18-6　重置模型

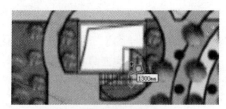

图 18-7　验证比例

步骤 05　比例确定后，观察小区规划总平面，可以看出规划项目通常由周边配套环境、内部景观、建筑物等组成部分。在本范例中，首先从整体地形入手，再分别建立广场中央景观和河道模型，分区效果如图 18-8 所示。

图 18-8　底图分区

18.2　制作整体地形

步骤 01　单击"绘图"工具栏中的■（矩形）按钮，参考图纸，勾勒出小区规划平面大体框架，单击"风格"工具栏中的●（X 光模式）按钮，调整为"X 光模式"，效果如图 18-9 所示。

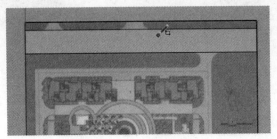

图 18-9　勾画框架

步骤 02　单击"绘图"工具栏中的✎（线）按钮和◠（圆弧）按钮，运用绘图工具中的直线工具与弧线工具相结合进行细化处理，效果如图 18-10 所示。

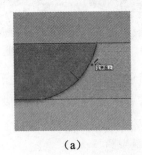

（a）　　　　　　　　　　　　　　　（b）

图 18-10　细化分割

步骤 03　单击"绘图"工具栏中的✎（线）按钮，用直线整体进行内部道路的细节分割。

步骤 04　单击"绘图"工具栏中的◠（圆弧）按钮，将转角部位修改成弧线，并单击"常用"工具栏中的✎（删除）按钮工具，删除原有直线，效果如图 18-11、18-12 所示。

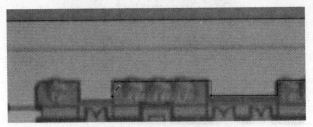

图 18-11　分割道路

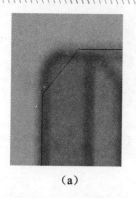
（a）

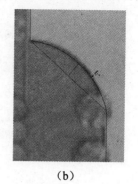
（b）

图 18-12　修改转角

步骤 05 小区道路细节绘制完成后，在绘制区域上单击鼠标右键，将道路部分单独创建成群组，效果如图 18-13（a）、18-13（b）所示。

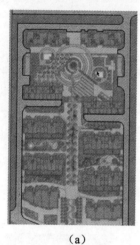
（a）

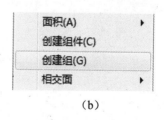
（b）

图 18-13　创建组

步骤 06 单击"绘图"工具栏中的 （线）按钮，分割建筑轮廓。

为了方便后期建模需求，在用直线工具进行绘制时，需要根据实际建筑的各种墙面进行分段绘制，不能一次使用一条线段绘制完成，其建筑轮廓不包括散水部分。效果如图 18-14、18-15 所示。

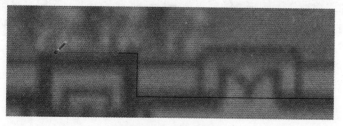

图 18-14　分段绘制

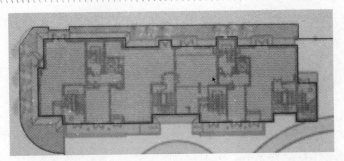

图 18-15　完成效果

步骤 07　单击"绘图"工具栏中的 ✎（线）按钮，根据底图补充绘制出建筑周围的线段。

步骤 08　对绘制好的道路外边线进行加选，在图像上单击鼠标右键，选择"翻转方向"的"红色方向"，镜像复制出其他相同的建筑轮廓，如图 18-16、18-17 所示。

步骤 09　单击"编辑"工具栏中的 ✐（移动/复制）按钮，选择一点，将其移动到相应位置，同时对其局部进行完善，删除或增加线段，效果如图 18-18 所示。

翻转方向 ▶	红色方向
软化/平滑边线	绿色方向
缩放范围	蓝色方向

图 18-16　选择命令

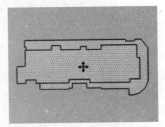

图 18-17　镜像完成

步骤 10　利用同样的方法制作出其他建筑轮廓，按住 Ctrl 键进行加选，将所有的建筑轮廓创建成一个群组，效果如图 18-19 所示。

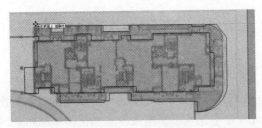

图 18-18　移动位置

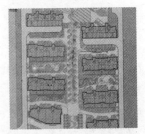

图 18-19　加选建筑轮廓

步骤 11　单击"绘图"工具栏中的 ⌒（圆弧）按钮与 ✎（线）按钮，绘制出花坛的外轮廓。

步骤 12　单击"编辑"工具栏中的 ⌒（偏移复制）按钮，将花坛轮廓向内偏移 100mm，效果如图 18-20、18-21 所示。

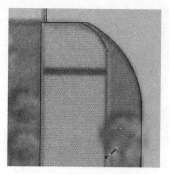

图 18-20　绘制外轮廓

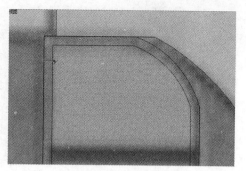

图 18-21　复制轮廓

步骤 13　对花坛的内外轮廓线进行框选，单击"编辑"工具栏中的 ⚔（移动/复制）按钮，对花坛轮廓线进行复制。

步骤 14　在复制好的图像上单击鼠标右键，选择"翻转方向"的"红色方向"，镜像复制出其他相同的花坛轮廓。

步骤 15　单击"编辑"工具栏中的 ⚔（移动/复制）按钮，选择一点，将其移动到相应位置，效果如图 18-22、18-23、18-24、18-25、18-26 所示。

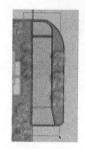

图 18-22　框选

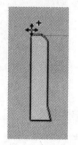

图 18-23　复制

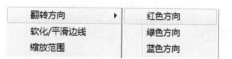

图 18-24　选择镜像

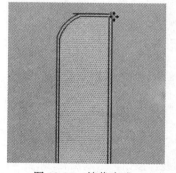

图 18-25　镜像完成

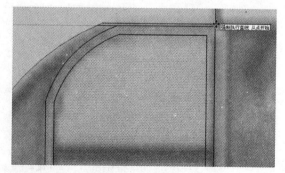

图 18-26　移动位置

步骤 16　单击"绘图"工具栏中的 ✏（线）按钮，根据底图描绘出小区内的景观轮廓线，在初步绘制中，忽略所有曲线形式，统一采用直线对其进行大体的描绘。

步骤 17　单击"绘图"工具栏中的 ⌒（圆弧）按钮，对曲线部分进行修正，效果如图 18-27、18-28、18-29 所示。

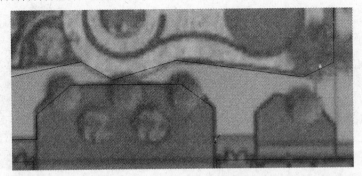

图 18-27　画出直线轮廓线

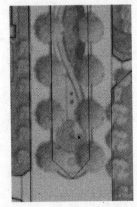

图 18-28　画出直线轮廓线

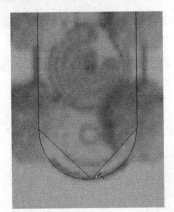

图 18-29　修改成曲线

步骤18　采用上述方法，将小区整体地形轮廓描绘出来，效果如图 18-30 所示。

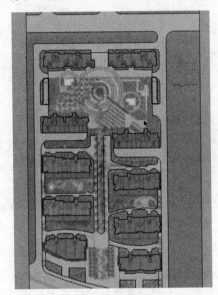

图 18-30　地形轮廓

18.3 制作中心广场

18.3.1 绘制主要景观框架

步骤 01 单击 "绘图" 工具栏中的 ✐ (线) 按钮, 参考图纸, 勾勒出中心广场区位平面。

步骤 02 单击 "风格" 工具栏中的 ▦ (X 光模式) 按钮, 调整为 "X 光模式" 并创建为群组, 效果如图 18-31 所示。

步骤 03 根据观察中心广场平面图, 我们可以看出中心广场的主要景观构架为大小不一的圆形所组成, 所以结合使用绘图工具栏中的 ⌒ (圆弧) 按钮和 ▦ (矩形) 工具, 绘制出中心广场的主要景观框架, 效果如图 18-32 所示。

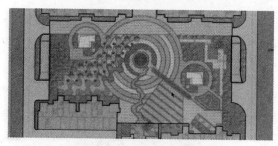
图 18-31 中心广场区位

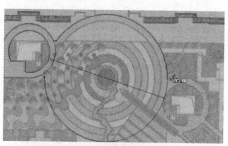
图 18-32 绘制圆形轮廓

步骤 04 运用绘图工具中的 ✐ (线) 按钮、▦ (矩形) 按钮、✖ (移动/复制) 按钮相结合进行细化分割, 效果如图 18-33 所示。

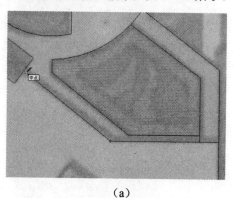

（a）　　　　　　　　　　　　　　　　（b）

图 18-33 细化分割

18.3.2 制作中部跌水喷泉模型

1. 制作跌水喷泉

步骤 01 参考底图首先单击 "绘图" 工具栏中的 ● (圆) 按钮, 绘制出一个圆形。

步骤 02 单击 "编辑" 工具栏中的 ⟳ (偏移复制) 按钮, 根据底图复制出多个圆形, 效果如

图 18-34、18-35 所示。

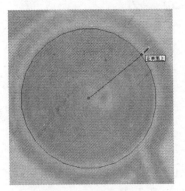

图 18-34　绘制圆形

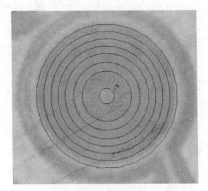

图 18-35　复制圆形

步骤 03 单击"绘图"工具栏中的 ✏（线）按钮，连接同心圆圆心与最外围圆形边线，形成一个夹角，运用框选选择其中一条夹角线段，效果如图 18-36、18-37 所示。

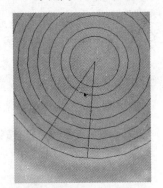

图 18-36　绘制夹角

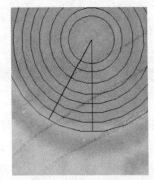

图 18-37　选择线段

步骤 04 单击"编辑"工具栏中的 ⟳（旋转）按钮，捕捉住圆心点进行定点复制，按住键盘上的 Ctrl 键，在右下角的角度一栏中输入 60，复制出一个相同夹角，效果如图 18-38 所示。

步骤 05 单击"常用"工具栏中的 ⬦（删除）按钮，删除掉多余线段，为下一次复制作准备，效果如图 18-39 所示。

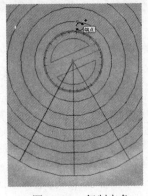

图 18-38　复制夹角

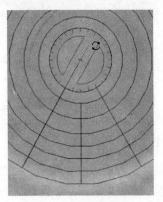

图 18-39　删除线段

步骤 06　单击"常用"工具栏中的 ▶ (选择)按钮,选择需要复制的线段,单击"编辑"工
具栏中的 ↻ (旋转)按钮,进行上述操作,在右下角的角度一栏中输入 15,效果如
图 18-40、18-41 所示。

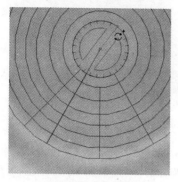

图 18-40　复制线段

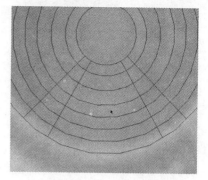

图 18-41　复制效果

步骤 07　单击"风格"工具栏中的 ▣ (显示材质贴图)按钮,切换场景至材质贴图模式。单
击"编辑"工具栏中的 ▲ (拉伸)按钮,设置面域高度,在右下角距离工具栏中输
入 2000mm,效果如图 18-42、18-43 所示。

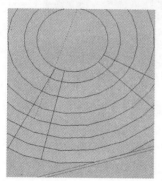

图 18-42　切换场景

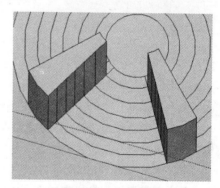

图 18-43　设置高度

步骤 08　单击"常用"工具栏中的 ◆ (删除)按钮,删除多余线段,效果如图 18-44 所示。

步骤 09　单击"编辑"工具栏中的 ▲ (拉伸)按钮,设置圆环高度,在右下角距离工具栏中
输入 2100mm,效果如图 18-45 所示。

图 18-44　删除线段

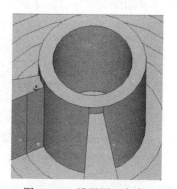

图 18-45　设置圆环高度

步骤 **10** 单击"编辑"工具栏中的 ⚓（拉伸）按钮，设置底部最外围圆环高度，在右下角距离工具栏中输入 300mm，效果如图 18-46 所示。

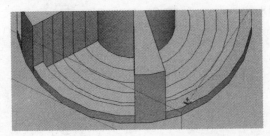

图 18-46　设置底部最外围圆环高度

步骤 **11** 单击"编辑"工具栏中的 ⚓（拉伸）按钮，采用双击的快速推拉方式，依次由低到高设置圆环高度，每个台阶高度相差为 300mm，效果如图 18-47、18-48 所示。

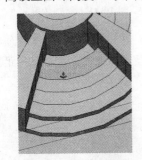
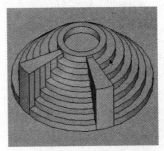

图 18-47　设置高度　　　　　　　　　图 18-48　完成效果

步骤 **12** 单击"编辑"工具栏中的 🖋（偏移复制）按钮，复制出花坛内轮廓线，在右下角距离工具栏中输入 75mm，效果如图 18-49 所示。

步骤 **13** 单击"编辑"工具栏中的 ⚓（拉伸）按钮，向下推拉 30mm，制作出花坛内植物高度，效果如图 18-50 所示。

步骤 **14** 单击"常用"工具栏中的 🎨（材质）按钮，在弹出的材质面板中选择石头材质，单击右侧"创建材质"按钮，对所选择的材质进行编辑。

步骤 **15** 单击"调色"选项，在颜色环上进行颜色的拾取，通过"颜色环"右侧的颜色条，进行颜色明度的选择。在编辑一栏下对上述所选择的材质进行尺寸大小的编辑，效果如图 18-51、18-52 所示。

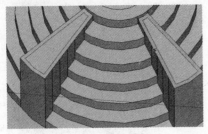

图 18-49　复制轮廓　　　　　　　　　图 18-50　制作高度

步骤 **16** 按住鼠标左键对喷水池模型进行框选，对"跌水喷泉"整体赋予材质，简化建模步骤。

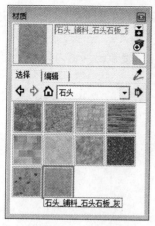

图 18-51　选择材质

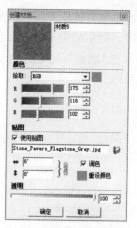

图 18-52　编辑材质

步骤 ⑰　单击"常用"工具栏中的 🖌（材质）按钮，在弹出的材质面板中依次选择水材质和植物材质，赋予相应位置，"中心跌水喷泉"制作完成，效果如图 18-53、图 18-54 所示。

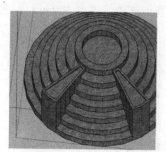

图 18-53　赋予水材质

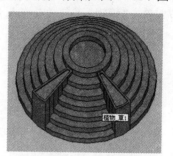

图 18-54　赋予植物材质

2. 制作河道

步骤 ①　"中心跌水喷泉"制作完成后，单击"风格"工具栏中的 🎲（X 光模式）按钮，切换场景为"X 光模式"，根据底图描绘出河道部分。

步骤 ②　单击"绘图"工具栏中的 ◠（圆弧）按钮，绘制出"跌水喷泉"外侧的圆弧，效果如图 18-55 所示。

步骤 ③　单击"绘图"工具栏中的 ✏（线）按钮，利用直线描绘出河道的轮廓线，效果如图 18-56 所示。

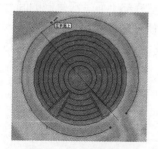

图 18-55　绘制圆弧

图 18-56　绘制河道

步骤 **04** 将绘制好的轮廓线全部选择，单击鼠标右键选择"创建组"，在群组中进行下一步建模。效果如图 18-57 所示。

步骤 **05** 单击"编辑"工具栏中的 （偏移复制）按钮，复制出河道内轮廓线，效果如图 18-58 所示。

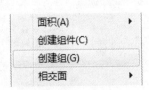

面积(A)	▶
创建组件(C)	
创建组(G)	
相交面	▶

图 18-57　创建组

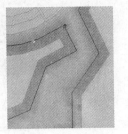

图 18-58　复制轮廓线

步骤 **06** 单击"常用"工具栏中的 （材质）按钮，在弹出的材质面板中选择石头材质，赋予材质，效果如图 18-59 所示。

步骤 **07** 单击"编辑"工具栏中的 （拉伸）按钮，设置河道边沿高度 300mm，效果如图 18-60 所示。

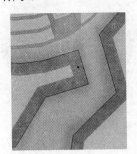

图 18-59　赋予材质

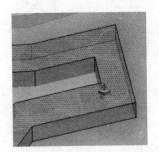

图 18-60　设置高度

接下来制作河道底部效果，在河道的制作过程中要注意分层进行制作与材质的赋予，不能直接简化成一个水面，那样效果会显得不真实。

步骤 **08** 单击"编辑"工具栏中的 （拉伸）按钮，向下推拉河道底部，高度设置为 400mm。

步骤 **09** 单击"常用"工具栏中的 （材质）按钮，在弹出的材质面板中选择与河道边沿相同的"石头"材质，赋予河道底部材质，效果如图 18-61、18-62 所示。

步骤 **10** 继续使用推拉工具，按住键盘上 Ctrl 键，把底部平面进行复制的同时向上平移，高度设置为 300mm，把建模场景切换为"材质贴图"模式，同时赋予水的材质，调整水贴图材质的透明度，使水面看上去有一定的厚度，效果如图 18-63、18-64 所示。

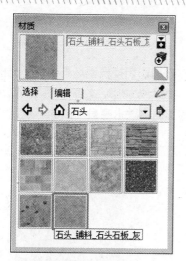

图 18-61　选择材质

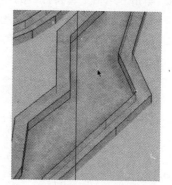

图 18-62　赋予材质

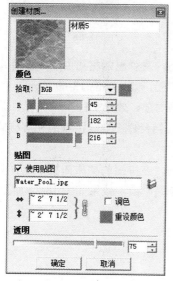

图 18-63　编辑材质

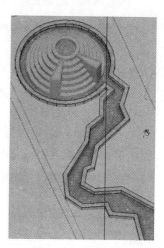

图 18-64　赋予材质

步骤 11　使用上述方法,将中部跌水喷泉剩余部分的河道制作完成,河道整体效果如图 18-65、18-66 所示。

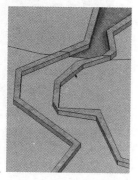

图 18-65　推拉边沿

图 18-66　完成效果

337

18.3.3 制作圆形广场

步骤 01 单击"风格"工具栏中的 ![icon] (X 光模式) 按钮，切换模型场景到"X 光模式"，结合利用直线和弧线，根据底图描绘出圆形广场大体轮廓，效果如图 18-67 所示。

步骤 02 使用绘图工具栏中的"徒手画笔"，根据底图画出跌水喷泉周围的不规则草坪的形状，效果如图 18-68 所示。

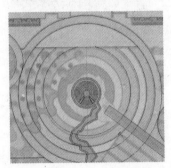

图 18-67　绘制底图

图 18-68　绘制草坪

步骤 03 单击"常用"工具栏中的 ![icon] (材质) 按钮，在弹出的材质面板中选择草地材质，在编辑选项中进行尺寸编辑，具体尺寸见下图，效果如图 18-69 所示。

步骤 04 选择相应的石头材质，赋予圆形广场地面材质，效果如图 18-70 所示。

步骤 05 单击"绘图"工具栏中的 ![icon] (线) 按钮，结合底图描绘出铺装轮廓样式，效果如图 18-71 所示。

步骤 06 单击"常用"工具栏中的 ![icon] (材质) 按钮，在弹出的材质面板中选择吸管工具，对上述过程中的材质进行吸附，赋予相同铺装材质，效果如图 18-72 所示。

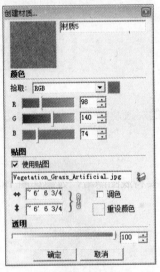

图 18-69　编辑材质

图 18-70　赋予材质

图 18-71　绘制轮廓

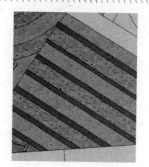

图 18-72　赋予材质

18.3.4　制作圆形广场两侧地下通道入口

步骤 01　单击"绘图"工具栏中的 ✎（线）按钮，结合底图描绘出地下通道入口轮廓样式。

步骤 02　单击"编辑"工具栏中的 ☞（偏移复制）按钮，复制轮廓线，距离设置为 200mm，效果如图 18-73 所示。

步骤 03　单击"绘图"工具栏中的 ✎（线）按钮，结合底图描绘出地下通道入口轮廓样式。

步骤 04　单击"编辑"工具栏中的 ♨（拉伸）按钮，设置高度为 200mm，效果如图 18-74 所示。

步骤 05　把完成部分进行框选，单击"常用"工具栏中的 ◈（制作组件）按钮，创建组件，在组件命令下完成下列步骤，效果如图 18-75 所示。

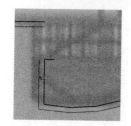

图 18-73　复制轮廓线

图 18-74　设置高度

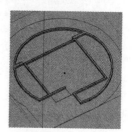

图 18-75　创建组件

步骤 06　单击"风格"工具栏中的 ▧（X 光模式）按钮，切换模型场景为"X 光模式"，单击"编辑"工具栏中的 ♨（拉伸）按钮，将地下通道的底面向下推拉，距离设置为 3200mm，效果如图 18-76 所示。

步骤 07　切换回"材质贴图"模式，选择底图后单击鼠标右键，在弹出的命令中选择"隐藏"命令，为了方便接下来的建模，暂时需要将底图隐藏，效果如图 18-77 所示。

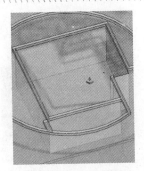

图 18-76　向下推拉

图 18-77　隐藏底图

步骤 08　单击"构造"工具栏中的 （测量/辅助线）按钮，以矩形的上侧边线作为参考线，
向下做辅助线，距离设置为 1387mm，效果如图 18-78（a）所示。

步骤 09　以地下通道入口底部矩形的右侧边线作为参考线，向左侧做辅助线，第一条辅助线
到内侧墙体边线，第二条辅助线距离第一条 2870mm，效果如图 18-78（b）所示。

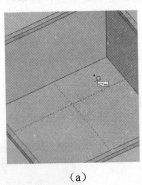

（a）

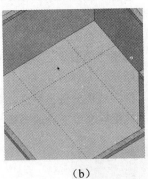

（b）

图 18-78　绘制辅助线

18.3.5　制作楼梯

步骤 01　单击"绘图"工具栏中的 （矩形）按钮，按照辅助线绘制出矩形，效果如图 18-79
所示。

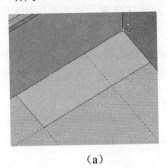

（a）

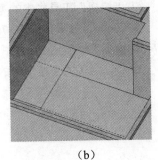

（b）

图 18-79　绘制矩形

步骤 02　选择上述步骤中绘制的两个矩形，单击鼠标右键创建组件，如图 18-80 所示。

步骤 03 在组建中单击"编辑"工具栏中的 ⚓（拉伸）按钮，设置高度，与两侧墙体高度相同，效果如图 18-81 所示。

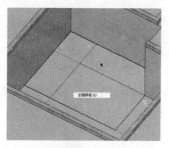

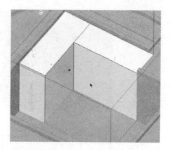

图 18-80 创建组件　　　　　　　　　　　　　图 18-81 设置高度

步骤 04 单击"绘图"工具栏中的 ✏（线）按钮，连接第一个矩形墙面的底部端点和中点，效果如 18-82（a）所示。

步骤 05 连接两矩形相交中点和第二个矩形顶部端点，效果如图 18-82（b）所示。

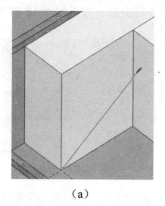

（a）　　　　　　　　　　　　　　　　　　（b）

图 18-82 连接线段

步骤 06 单击"编辑"工具栏中的 ⚓（拉伸）按钮，将多余的体块推平，效果如图 18-83 所示。

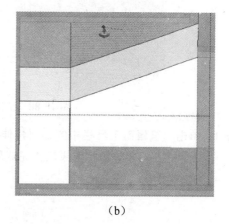

（a）　　　　　　　　　　　　　　　　　　（b）

图 18-83 推拉体块

步骤 07 单击"绘图"工具栏中的 ✐（线）按钮，连接第二个矩形左侧顶点和右侧边线的中点，效果如图 18-84 所示。

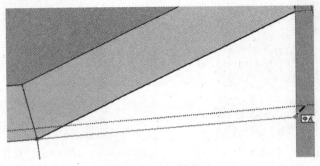

图 18-84　连接线段

步骤 08 选择矩形右侧边线，单击鼠标右键选择"拆分"命令，在右下角段数窗口中输入 7，将线段拆分为 7 份，效果如图 18-85、18-86 所示。

步骤 09 单击"绘图"工具栏中的 ✐（线）按钮，依次连接线段，效果如图 18-87 所示。

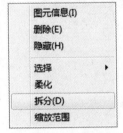
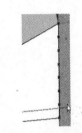

图 18-85　选择命令　　　　图 18-86　拆分线段　　　　图 18-87　连接线段

步骤 10 单击"绘图"工具栏中的 ✐（线）按钮，依次连接线段，为制作楼梯踢面作准备，效果如图 18-88 所示。

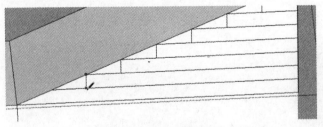

图 18-88　依次连接线段

步骤 11 单击"编辑"工具栏中的 ☝（拉伸）按钮，将上述步骤中所形成的斜面运用推拉工具推平，楼体踏步效果制作完成后，将多余的线段删除，效果如图 18-89、18-90所示。

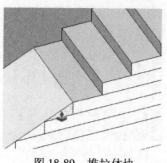

图 18-89　推拉体块

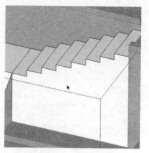

图 18-90　删除线段

步骤 12 利用上述方法，将另一侧楼梯制作出来，效果如图 18-91 所示。

图 18-91　楼梯效果图

18.3.6　制作出入口

步骤 01 单击"绘图"工具栏中的 ✎ （线）按钮，绘制出入口轮廓线，效果如图 18-92 所示。

步骤 02 单击"编辑"工具栏中的 ⚙ （偏移复制）按钮，复制轮廓线，同时使用直线工具将内轮廓线连接至外轮廓线，效果如图 18-93 所示。

图 18-92　绘制轮廓

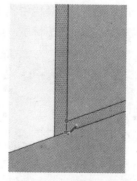

图 18-93　连接线段

步骤 03 删除多于线段，单击"编辑"工具栏中的 ⬆ （拉伸）按钮，向内推拉，制作出出入口深度，推拉距离设置为 5000mm，效果如图 18-94 所示。

步骤 04 使用上述相同步骤制作出另一侧出入口，效果如图 18-95 所示。

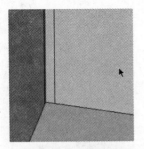

图 18-94　删除线段

图 18-95　另一侧出入口

步骤 05　单击"常用"工具栏中的 （材质）按钮，在弹出的材质面板中选择石头材质，在
材质面板中选择"创建材质"，根据模型需要编辑材质，具体参数如图 18-96、18-97
所示。

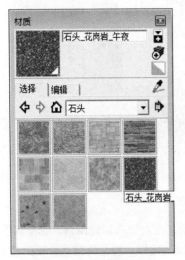

图 18-96　选择材质

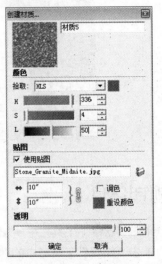

图 18-97　编辑材质

步骤 06　单击"常用"工具栏中的 （材质）按钮，在弹出的材质面板中选择模型中使用过
的植物材质，赋予材质，效果如图 18-98、18-99 所示。

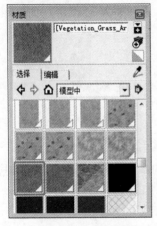

图 18-98　选择材质

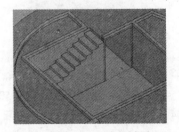

图 18-99　赋予材质

18.3.7　制作栏杆

步骤 01　单击"绘图"工具栏中的 ✏（线）按钮，以最下面踏步的端点作为起始点，在蓝色轴方向绘制直线，直线长度为 900mm，再以最上面踏步的端点为起始点绘制相同的直线，效果如图 18-100 所示。

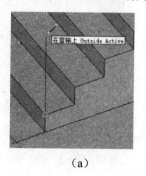　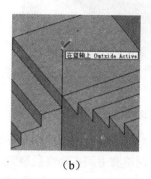

（a）　　　　　　　　　　　　　（b）

图 18-100　绘制直线

步骤 02　单击"绘图"工具栏中的 ✏（线）按钮，连接上一部中绘制直线的端点和与踏步相交的两点，效果如图 18-101 所示。

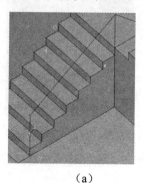　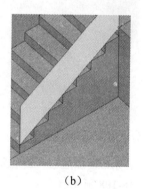

（a）　　　　　　　　　　　　　（b）

图 18-101　连接直线

步骤 03　单击鼠标右键选择"拆分"命令，在右下角段数一栏输入 4，将线段拆分为 4 份，效果如图 18-102、18-103 所示。

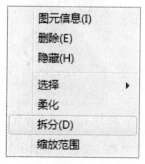　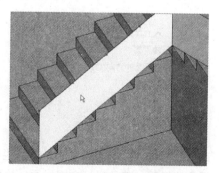

图 18-102　选择命令　　　　　　　图 18-103　拆分线段

步骤 04 单击"绘图"工具栏中的 ✐ (线) 按钮, 连接线段, 效果如图 18-104 所示。

步骤 05 单击"编辑"工具栏中的 ☞ (偏移复制) 按钮, 复制轮廓线, 内外轮廓线间距为 35mm, 效果如图 18-105 所示。

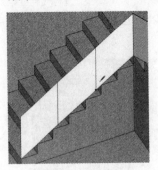

图 18-104 连接线段

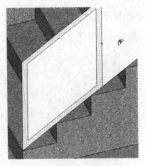

图 18-105 复制轮廓

步骤 06 将两轮廓中间多余线段删除, 单击"编辑"工具栏中的 ☚ (拉伸) 按钮, 设置栏杆厚度为 50mm, 效果如图 18-106、18-107 所示。

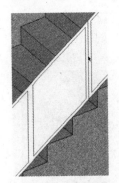

图 18-106 删除线段

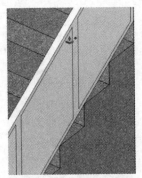

图 18-107 设置厚度

步骤 07 用鼠标右键加选栏杆的轮廓面, 然后单击鼠标右键选择"反转平面"命令, 效果如图 18-108 所示。

步骤 08 单击"绘图"工具栏中的 ▦ (矩形) 按钮, 将栏杆转角处补充完整, 效果如图 18-109 所示。

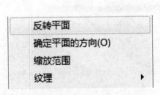

图 18-108 选择命令

图 18-109 补充转角

步骤 09 选择栏杆组件, 单击"常用"工具栏中的 ☻ (材质) 按钮, 在弹出的材质面板中选择金属材质, 赋予栏杆金属材质, 效果如图 18-110、18-111 所示。

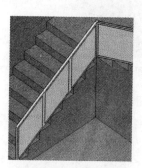

图 18-110　选择栏杆

图 18-111　选择材质

步骤⑩　单击"编辑"工具栏中的 （拉伸）按钮，向后推拉 20mm，制作出玻璃的厚度，效果如图 18-112 所示。

步骤⑪　单击"常用"工具栏中的 （材质）按钮，在弹出的材质面板中选择半透明玻璃材质，赋予材质后，栏杆效果制作完成，效果如图 18-113、18-114 所示。

图 18-112　制作厚度

图 18-113　选择材质

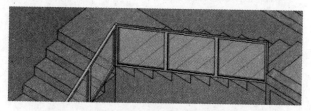

图 18-114　栏杆效果图

步骤⑫　使用制作栏杆的相同方法制作出地下车库出入口地面上层外围的栏杆，效果如图 18-115 所示。

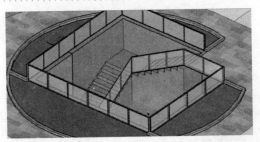

图 18-115　外围栏杆效果图

步骤 13　单击"编辑"工具栏中的 ✍ （移动/复制）按钮，将制作好的一侧出入口进行镜像和
复制，移动到另一侧出入口位置，中心广场两侧出入口制作完成，效果如图 18-116
所示。

步骤 14　单击菜单栏中的"编辑"→"取消隐藏"→"全部"，显示出模型，为接下来的模型
制作做准备，如图 18-117 所示。

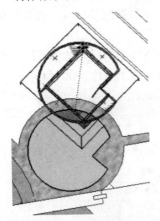

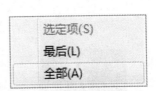

图 18-116　复制出入口　　　　　　　　　　图 18-117　取消隐藏

18.3.8　制作右侧景观墙

步骤 01　制作路沿和路面。单击"风格"工具栏中的 ◈ （X 光模式）按钮，切换场景为"X
光模式"和顶视图，根据底图描绘出景观墙景观的大体轮廓，效果如图 18-118 所示。

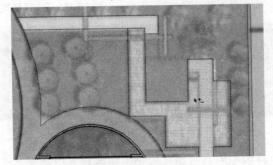

图 18-118　描绘轮廓

步骤 02　单击"编辑"工具栏中的 ⟲ （偏移复制）按钮，复制出道沿内侧轮廓线，距离设置

为 120mm。效果如图 18-119 所示。

步骤 **03**　切换场景为"贴图材质"模式，单击"常用"工具栏中的 <i>材质</i> 按钮，在弹出的材质面板中选择模型中使用过的材质，赋予道沿材质，效果如图 18-120 所示。

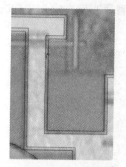

图 18-119　复制轮廓

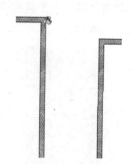

图 18-120　赋予材质

步骤 **04**　对上述过程中绘制的图形全选，单击鼠标右键选择"创建组"，在群组命令下继续建模，效果如图 18-121 所示。

步骤 **05**　单击"编辑"工具栏中的 <i>拉伸</i> 按钮，设置道沿高度为 100mm，效果如图 18-122 所示。

图 18-121　创建组

图 18-122　设置高度

步骤 **06**　单击"常用"工具栏中的 <i>材质</i> 按钮，在弹出的材质面板中选择石头材质，赋予道路材质，效果如图 18-123、18-124 所示。

图 18-123　选择材质

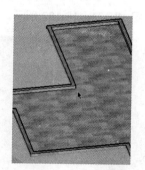

图 18-124　赋予材质

步骤 07　单击"风格"工具栏中的 ▇（X 光模式）按钮，切换场景为"X 光模式"和顶视图，根据底图单击"绘图"工具栏中的 ▇（矩形）按钮，描绘出景观墙的轮廓，效果如图 18-125 所示。

步骤 08　单击"编辑"工具栏中的 ▇（拉伸）按钮，设置景观墙高度为 2500mm，效果如图 18-126 所示。

图 18-125　绘制轮廓

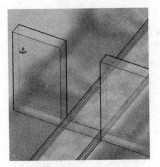

图 18-126　设置高度

步骤 09　单击"绘图"工具栏中的 ▇（线）按钮，对左侧景观墙进行分割，效果如图 18-127 所示。

步骤 10　单击"编辑"工具栏中的 ▇（拉伸）按钮，将分割出来的上半部分推拉至右侧景观墙，效果如图 18-128 所示。

步骤 11　将多余线段删除，效果如图 18-129 所示。

图 18-127　分割墙面

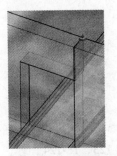

图 18-128　推拉墙面

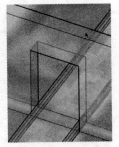

图 18-129　删除线段

步骤 12　依照上述步骤绘制出另一侧景观墙，高度设置为 2000mm，如图 18-130 所示。

步骤 13　单击"绘图"工具栏中的 ▇（矩形）按钮和 ▇（拉伸）按钮将景观墙掏空，效果如图 18-131、18-132 所示。

图 18-130　设置高度

图 18-131　绘制矩形

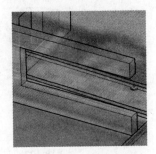

图 18-132　推拉矩形

步骤 14　单击"风格"工具栏中的 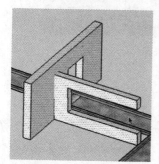（显示材质贴图）按钮，切换场景为"材质贴图"模式，对建模好的景观墙进行全部选择，如图 18-133 所示。

步骤 15　单击"常用"工具栏中的 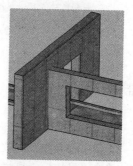（材质）按钮，在弹出的材质面板中选择沥青和混凝土材质，如图 18-134 所示。

步骤 16　单击"编辑"选项，在弹出的编辑面板中，对所选材质进行编辑，再赋予景观墙材质，具体参数如图 18-135、18-136 所示。

图 18-133　选中模型

图 18-134　赋予材质

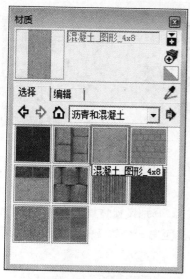

图 18-135　选择材质

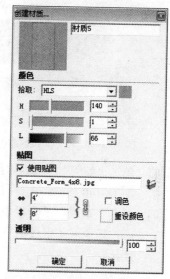

图 18-136　编辑材质

步骤 17　结合使用上述景观墙的建模方法，制作出剩余部分景观墙，景观墙效果制作完成。

步骤 18　单击"常用"工具栏中的 （材质）按钮，在弹出的材质面板中选择模型中使用过的"植物"材质，赋予景观墙周围材质，效果如图 18-137 所示。

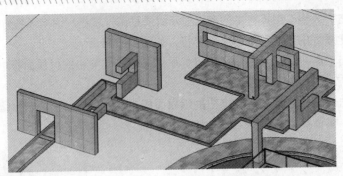

图 18-137　景观墙效果图

18.3.9　制作下层河道

步骤 01　单击"编辑"工具栏中的 ✸（移动/复制）按钮，将下层模型整体向下移动 3000mm，制作出高差效果，效果如图 18-138 所示。

步骤 02　单击"风格"工具栏中的 ✿（X 光模式）按钮，切换为"X 光模式"根据底图开始绘制台阶和中部河堤，效果如图 18-139 所示。

图 18-138　向下推拉模型

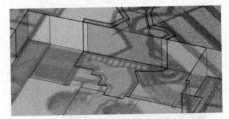

图 18-139　切换模式

步骤 03　单击"绘图"工具栏中的 ▢（矩形）按钮，对左侧台阶部位进行体块分割，效果如图 18-140 所示。

步骤 04　单击"编辑"工具栏中的 ♣（拉伸）按钮，分别设置体块高度，第一个体块和中心广场景观地平线相平，第二、三体块高度至第一个体块的中点，效果如图 18-141 所示。

图 18-140　分割图形

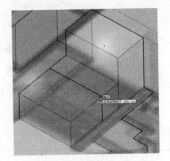

图 18-141　设置高度

步骤 05　单击"绘图"工具栏中的 ✎（线）按钮，在上述过程中体块的侧面连接对角线，效果如图 18-142 所示。

步骤 06　单击"编辑"工具栏中的 ♨（拉伸）按钮，将两侧体块的上半部分斜面推掉，效果
　　　　　如图 18-143 所示。

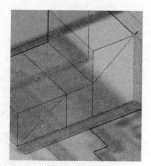

图 18-142　连接线段

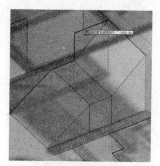

图 18-143　推拉体块

步骤 07　单击"风格"工具栏中的 ♦（显示材质贴图）按钮，切换为"材质贴图"场景模式，
　　　　　根据前面章节绘制建筑楼梯部分的讲述制作好台阶，这里就不再复述，效果如图
　　　　　18-144、18-145 所示。

图 18-144　切换场景

图 18-145　制作台阶

步骤 08　单击"绘图"工具栏中的 ■（矩形）按钮和 ♨（拉伸）按钮制作出台阶旁的挡墙，
　　　　　效果如图 18-146 所示。

步骤 09　单击"编辑"工具栏中的 ✚（移动/复制）按钮，把矩形变成斜面，效果如图 18-147
　　　　　所示。

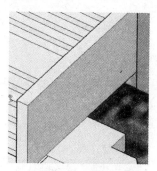

图 18-146　制作挡墙

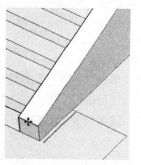

图 18-147　制作斜面

步骤 10　单击"常用"工具栏中的 ♦（材质）按钮，在弹出的材质面板中选择模型中使用的
　　　　　石头材质，赋予台阶和挡墙，效果如图 18-148、18-149 所示。

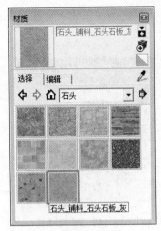

图 18-148　选择材质

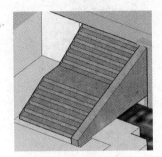

图 18-149　赋予材质

18.3.10　制作河道右侧台阶与花池

步骤 01　单击"风格"工具栏中的 ![X光模式] （X 光模式）按钮，切换为"X 光模式"场景，结合使用直线工具、圆弧工具和矩形工具，按照底图绘制出右侧台阶和花池轮廓，效果如图 18-150 所示。

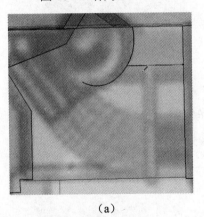

（a）

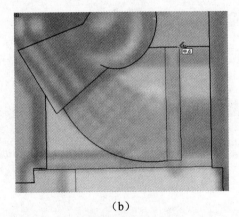

（b）

图 18-150　描绘轮廓

步骤 02　单击"风格"工具栏中的 ![显示材质贴图] （显示材质贴图）按钮，切换回"材质贴图"场景模式，使用推拉工具，根据场景需求，设置台阶以及花池高度，制作出大体的形体造型，效果如图 18-151 所示。

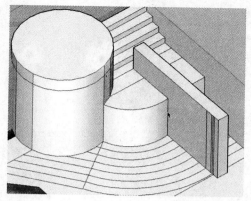

图 18-151　设置高度

步骤 03　单击"编辑"工具栏中的 ⚒ (移动/复制) 按钮，制作出花池隔档斜面，效果如图 18-152 所示。

步骤 04　单击"编辑"工具栏中的 ⚒ (偏移复制) 按钮，复制出花池隔档的内轮廓线，如图 18-153 所示。

步骤 05　单击"编辑"工具栏中的 ⚒ (拉伸) 按钮，向下推拉制作出花池的厚度，如图 18-154 所示。

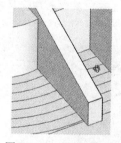

图 18-152　制作斜面

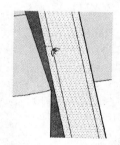

图 18-153　复制轮廓

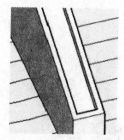

图 18-154　向下推拉

步骤 06　单击"编辑"工具栏中的 ⚒ (拉伸) 按钮，结合上述步骤中的分割线，分别设置每节台阶高度，每节台阶之间高度相差 200mm，效果如图 18-155 所示。

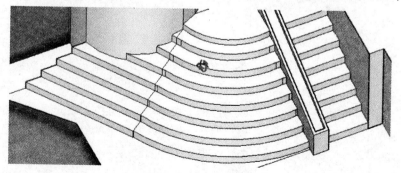

图 18-155　设置高度

步骤 07　将建好的模型体块全部选择后，单击"常用"工具栏中的 ⚒ (材质) 按钮，在弹出的材质面板中选择模型中使用过的"石头"材质，整体赋予材质，效果如图 18-156、

18-157 所示。

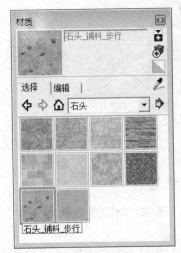

图 18-156 选择材质

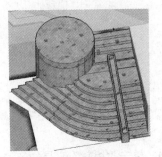

图 18-157 赋予材质

步骤 08 修改部分材质，单击"常用"工具栏中的 （选择）按钮，运用框选和加选，选择需要修改的材质，效果如图 18-158 所示。

步骤 09 在单击"常用"工具栏中的 （材质）按钮，在弹出的材质面板中选择模型中使用过的石头材质，整体赋予材质，效果如图 18-159 所示。

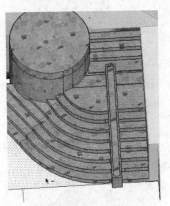

图 18-158 选择体块

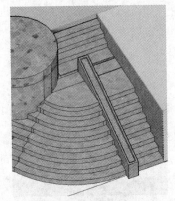

图 18-159 赋予材质

步骤 10 单击"编辑"工具栏中的 （偏移复制）按钮，复制花池内轮廓线，距离外轮廓线 450mm，效果如图 18-160 所示。

步骤 11 单击"编辑"工具栏中的 （拉伸）按钮，向下推拉 150mm，制作植物厚度效果。

步骤 12 单击"常用"工具栏中的 （材质）按钮，在弹出的材质面板中选择模型中使用过的"草地"材质，赋予材质，效果如图 18-161 所示。

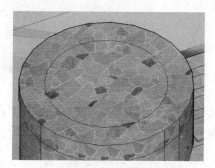

图 18-160　复制轮廓

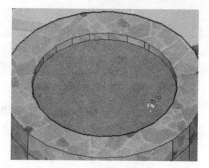

图 18-161　赋予材质

步骤13　根据上述过程中的大体模型开始细化花池部分，单击"编辑"工具栏中的🔧（拉伸）按钮工具将最底层花池高度向上推拉 400mm，和相邻的台阶高度进行区分，效果如图 18-162 所示。

步骤14　单击"编辑"工具栏中的🔧（偏移复制）按钮，复制花池内轮廓线，距离外轮廓线 60mm，效果如图 18-163 所示。

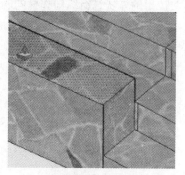

图 18-162　设置高度

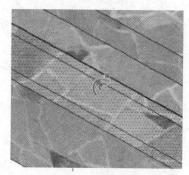

图 18-163　复制轮廓

步骤15　单击"编辑"工具栏中的🔧（拉伸）按钮，向下推拉出植物厚度效果，并赋予相同的植物材质，效果如图 18-164 所示。

接下来运用相同方法依次制作出每个花池，需要注意每个花池的高度依次比相邻台阶高两个阶梯的高度，花池效果制作完成，如图 18-165 所示。

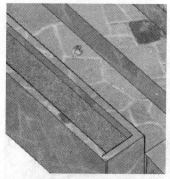

图 18-164　赋予材质

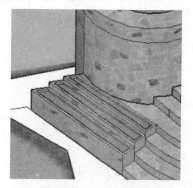

图 18-165　花池效果图

18.3.11　制作河堤

步骤 **01**　单击"风格"工具栏中的 （X 光模式）按钮，切换场景至"X 光模式"，根据底图描绘出河堤的大体轮廓。

步骤 **02**　选择所有轮廓线单击鼠标右键进行"创建组件"，在组件中完成下面的建模步骤。运用推拉工具将河堤推拉至中心广场景观地平线，效果如图 18-166、18-167 所示。

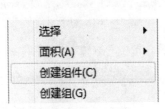

图 18-166　创建组件

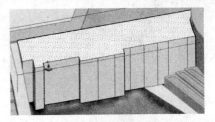

图 18-167　设置高度

步骤 **03**　单击"绘图"工具栏中的 （线）按钮，对拉出的体块进行纵向和横向的分割。

步骤 **04**　单击"编辑"工具栏中的 （拉伸）按钮，制作凹凸的河堤侧立面效果，效果如图 18-168、18-169 所示。

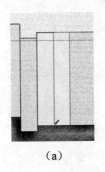

（a）　　　　　　（b）

图 18-168　线段分割

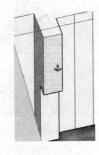

图 18-169　推拉立面

步骤 **05**　单击"编辑"工具栏中的 （移动/复制）按钮，制作出斜面造型，并结合上述步骤制作完成河堤侧立面效果，如图 18-170、18-171 所示。

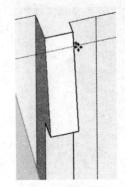

图 18-170　制作斜面

图 18-171　侧立面效果

在建模过程中要制作出大小不一，倾斜角度也不一样的局部立面，使整个河堤侧立面形成不规则立面，这样才不会显得呆板，具有一定的视觉美感。

步骤06 全选河堤模型，单击"常用"工具栏中的 ❀（材质）按钮，在弹出的材质面板中选择石头材质，赋予河堤材质，效果如图 18-172、18-173 所示。

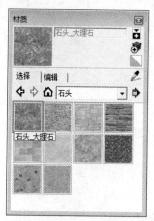

图 18-172　选择材质

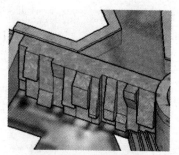

图 18-173　赋予材质

18.3.12　制作河道

步骤01 单击"风格"工具栏中的 ❀（X 光模式）按钮，切换场景至"X 光模式"，根据底图绘制出河道大体轮廓。

步骤02 单击"绘图"工具栏中的 ✎（线）按钮，根据底图描绘出小区内的景观轮廓线，在初步绘制中，忽略所有曲线形式，统一采用直线对其进行大体的描绘。

步骤03 单击"绘图"工具栏中的 ◠（圆弧）按钮，对曲线部分进行修正，同时删除多余辅助线，效果如图 18-174、18-175、18-176 所示。

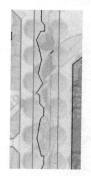

图 18-174　描绘轮廓

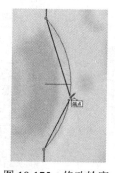

图 18-175　修改轮廓

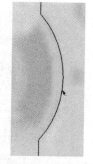

图 18-176　删除线段

步骤04 河道绘制完成后，参考底图，单击"绘图"工具栏中的 ✎（线）按钮和 ◠（圆弧）按钮，绘制出河岸细节，效果如图 18-177 所示。

步骤05 切换场景为"材质贴图"模式，单击"编辑"工具栏中的 ❀（拉伸）按钮，设置河岸整体高度 250mm，与河道相邻的河岸高度为河岸整体高度的一半，形成高低的落差感，效果如图 18-177、18-179 所示。

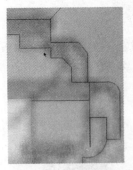

图 18-177　绘制细节

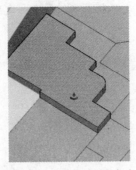

图 18-178　设置河岸高度

图 18-179　设置高度

步骤 06　河岸体块建成后单击"常用"工具栏中的 ❸（材质）按钮，在弹出的材质面板中选择模型中使用过的石头材质，赋予河岸材质，效果如图 18-180 所示。

步骤 07　接下来结合使用上述步骤制作完成河道与河岸的景观，效果如图 18-181、18-182、18-183 所示。

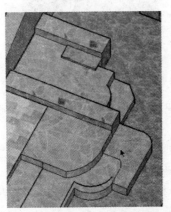

图 18-180　赋予材质

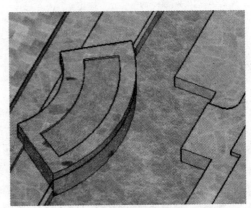

图 18-181　制作花池 1

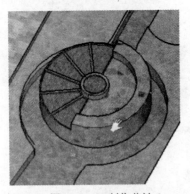

图 18-182　制作花池 2

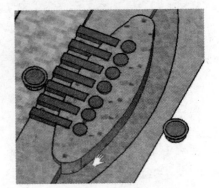

图 18-183　制作景观小品

18.3.13　制作楼间景观

步骤 01　单击"风格"工具栏中的 🔲（X 光模式）按钮，切换场景为"X 光模式"，根据底图，

　　结合使用▼（多边形工具）、●（圆工具）和⌒（弧线工具），描绘出楼间景观的大体轮廓线，效果如图 18-184（a）、18-184（b）所示。

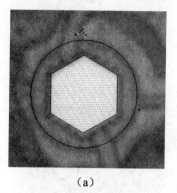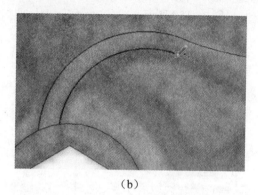

（a）　　　　　　　　　　　　　　　　　（b）

图 18-184　描绘底图

步骤 02　单击"绘图"工具栏中的⌂（徒手画笔）按钮，根据底图绘制出不规则的铺装边缘，效果如图 18-185 所示。

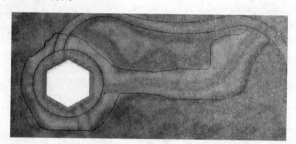

图 18-185　描绘底图

步骤 03　单击"常用"工具栏中的◈（材质）按钮，在弹出的材质面板中选择瓷砖材质，赋予道路材质，效果如图 18-186、18-187 所示。

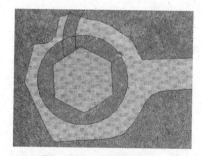

图 18-186　选择材质　　　　　　　　图 18-187　赋予材质

步骤 04　单击"常用"工具栏中的◈（材质）按钮，在弹出的材质面板中选择创建材质，效果如图 18-188 所示。

步骤 **05** 在弹出的对话框中选择"鹅卵石"材质,对材质进行编辑,赋予道路材质,效果如
图 18-189 所示。

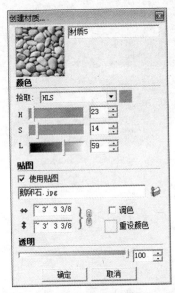

图 18-188　创建材质

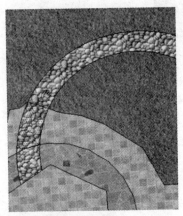

图 18-189　赋予材质

步骤 **06** 接下来使用上述方法制作出小区内其他楼间景观,只需要做出其大致体块模型,不
需要像中心景观和河道景观一样细致,效果如图 18-190 所示。

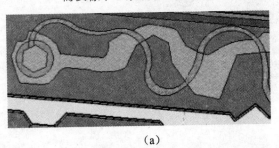

（a）

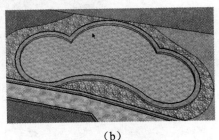

（b）

图 18-190　楼间景观

18.3.14　制作简易楼体

步骤 **01** 单击"编辑"工具栏中的 🔼（拉伸）按钮,设置楼层高度 3000mm。

步骤 **02** 单击"编辑"工具栏中的 🔼（拉伸）按钮,继续使用推拉工具,按住键盘的 Ctrl 键,
在原有推拉高度上创建一个新的开始面,设置高度统一为 3000mm,由下往上依次
制作,有几层楼高,就推拉几次,制作出楼层的效果,效果如图 18-191 所示。

（a）

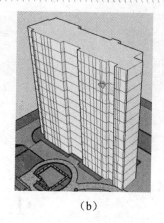
（b）

图 18-191　设置高度

步骤 03 单击"编辑"工具栏中的 ✄（移动/复制）按钮，使用"移动/复制"工具，并结合沿轴镜像命令，复制出相同的楼体模型。

步骤 04 对于不同的楼体模型可采用上述方法进行建模，小区内楼体模型制作完成，效果如图 18-192 所示。

图 18-192　楼体效果图

18.4　插入植物组件

步骤 01 插入植物组件前，首先选择楼体模型，单击鼠标右键将上述过程中制作的楼体模型进行隐藏，一是为了下面建模方便，二是为了在建模过程中保证电脑的运行速度，效果如图 18-193 所示。

步骤 02 单击工具栏中的"窗口"选择"组件"，在弹出的对话框中选择树木的组件插入到模型中，效果如图 18-194~18-196 所示。

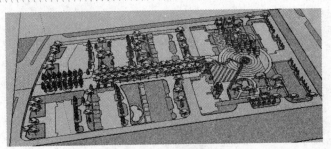

图 18-193　隐藏楼体模型

图 18-194　选择命令

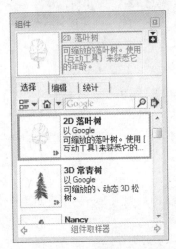

图 18-195　选择树木组件

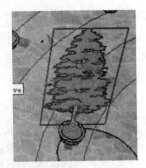

图 18-196　插入树木组件

步骤 03　植物组件插入完成，小区整体模型制作效果如图 18-197 所示。

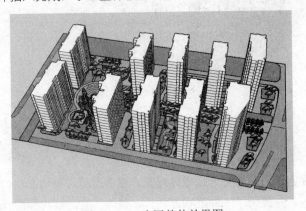

图 18-197　小区整体效果图

步骤 04　小区景观的设计包括对基地自然状况的研究和利用，对空间关系的处理和发挥，与小区整体风格的融合和协调。在本章节的景观设计中充分体现了这些设计中的关系处理，景观节点则是体现设计的点睛之笔，如图 18-198、18-199 所示。

图 18-198　景观节点 1

图 18-199　景观节点 2

步骤 05　小区景观包括道路的布置、水景的组织、路面的铺砌、照明设计、小品的设计、公共设施的处理等，这些方面既有功能意义，又涉及到视觉和心理感受。如图 18-200、18-201 所示分别为景观元素的局部效果图。

图 18-200　局部效果图 1

图 18-201　局部效果图 2

步骤 06　在进行小区景观设计时，应注意整体性、实用性、艺术性、趣味性的结合，形势与功能相结合，使景观更具有实用性，如图 18-202 所示。

图 18-202　景观透视图

18.5　本章小结

　　随着社会经济的发展，居民生活质量要求的提高，人们普遍追求营造高品质的小区环境。小区景观设计并非只是在空地上配置花草树木，而是一个集总体规划、空间层次、建筑形态、竖向设计、花木配置等功能为一体的综合概念，整体化的设计已成为住宅小区景观规划设计的必然手法。本章节中，详细地讲解了在居住小区的景观设计中应注意的问题，以及设计与软件的结合，望有助于阅读者学习参考。

附　录

　　为了方便读者在绘图中提高作图效率，更准确地绘制模型，特列出快捷键表格，方便大家学习和熟记 SketchUp 的命令。

快捷键表格

命令	快捷键	命令	快捷键
查看/工具栏/相机	Ctrl＋4	查看/页面/更新	Alt＋U
查看/显示剖切	Alt＋	工具/材质	X
查看/页面/幻灯演示	Alt＋Space	工具/测量/辅助线	Alt＋M
查看/X 光模式	T	查看/页面/创建	Alt＋A
窗口/材质浏览器	Shift＋X	窗口/阴影设置	Shift＋S
窗口/图层	Shift＋E	窗口/系统属性	Shift＋P
窗口/页面设置	Alt＋L	窗口/场景信息	Shift＋F1
窗口/组建	Shift＋C	查看/阴影	Alt＋S
工具/测量/辅助线	Alt＋M	查看/坐标轴	Alt＋Q
查看/页面/上一页	pageup	查看/页面/下一页	pagedown
查看/页面/幻灯演示	Alt＋Space	查看/页面/删除	Alt＋D
查看/页面/演示设置	Alt＋:	查看/显示剖切	Alt＋
窗口/组建	Shift＋C		

参 考 文 献

[1] 卫涛，王松，陈劢.建筑草图大师 SketchUp 效果图设计流程详解. 北京：清华大学出版社，2006

[2] 万磊.SketchUp 5 草图大师基础与实例教程. 北京：水利水电出版社，2006

[3] 张传毓.SketchUp 室内外效果图制作典型实例. 北京：清华大学出版社，2007

[4] 刘嘉，叶楠，史晓松.SketchUp 草图大师：园林景观设计. 北京：中国电力出版社，2007

[5] 卫涛，陈李波，王松.SketchUp 草图大师：建筑设计. 北京：中国电力出版社，2007

[6] 姚勇，鄢竣.SketchUp 草图大师&Piranesi 彩绘大师基础与案例剖析. 北京：电子工业出版社，2007

[7] 刘强，漆波. 建筑草图大师：SketchUp 效果图设计完全解析. 北京：兵器工业出版社，2007

[8] 刘畅.SketchUp6.0（中文版）建筑草图大师基础与范例. 北京：机械工业出版社，2008

[9] 张莉萌.SketchUp 草图大师——建筑 室内 景观设计详解. 北京：中国电力出版社，2008

[10] 聚光数码科技.SketchUp 草图大师高级建模与动画方案实例详解. 北京：电子工业出版社，2008

[11] 孙晓璐，赵志刚.SketchUP 建筑草图大师表现技法. 北京：机械工业出版社，2009

[12] 张恒国.SketchUp 7 建筑草图设计. 北京：人民邮电出版社，2010

[13] 唐海玥，白峻宇，李海英.建筑草图大师 SketchUp 7 效果图设计流程详解. 北京：清华大学出版社，2011

[14] 马卫东.安藤忠雄全建筑. 上海：同济大学出版社，2012